面向数字化时代高等学校计算机系列教材

数据库原理及应用教程
SQL Server 2019

微课视频·题库版

尹志宇 李涵玥 主编
解春燕 于富强 李青茹 副主编

清华大学出版社
北京

内容简介

本书全面讲述数据库的基本原理和 SQL Server 2019 的应用,全书以"理论够用、实用,实践第一"为原则,使读者能够快速、轻松地掌握 SQL Server 数据库技术与应用。全书共 15 章,第 1~4 章讲述数据库的基本理论知识,内容包括数据库系统概述、数据库的数据模型、关系数据库系统和数据库设计;第 5~14 章讲述数据库管理系统 SQL Server 2019 的应用,内容包括 SQL Server 2019 基础、数据库的概念和操作、表的操作、数据库查询、T-SQL 编程、视图和索引、存储过程和触发器、事务与并发控制、数据库系统的安全性、数据库的备份与还原;第 15 章介绍基于 C#.NET 的数据库应用系统开发。

本书理论与实践相结合,既阐述了数据库的基本理论,又结合了 SQL Server 2019 数据库管理系统的应用,内容翔实、实例丰富、图文并茂、体系完整、通俗易懂,有助于读者理解数据库的基本概念,掌握要点和攻克难点。为便于学习,每章还配有丰富的习题;附录包含每章的实验,供读者进行操作实践。

本书可作为高等院校"SQL Server 数据库"课程的教学用书,也可作为培养数据库系统工程师的培训教材,还可作为数据库管理人员及数据库应用系统开发人员的参考用书。

版权所有,侵权必究。举报:010-62782989,beiqinquan@tup.tsinghua.edu.cn。

图书在版编目(CIP)数据

数据库原理及应用教程:SQL Server 2019:微课视频:题库版/尹志宇,李涵玥主编. -- 北京:清华大学出版社,2025.3. --(面向数字化时代高等学校计算机系列教材). -- ISBN 978-7-302-68704-7

Ⅰ. TP311.132.3

中国国家版本馆 CIP 数据核字第 2025YX8411 号

策划编辑:魏江江
责任编辑:王冰飞 吴彤云
封面设计:刘 键
责任校对:申晓焕
责任印制:丛怀宇

出版发行:清华大学出版社
网　址:https://www.tup.com.cn,https://www.wqxuetang.com
地　址:北京清华大学学研大厦 A 座
邮　编:100084
社 总 机:010-83470000
邮　购:010-62786544
投稿与读者服务:010-62776969,c-service@tup.tsinghua.edu.cn
质量反馈:010-62772015,zhiliang@tup.tsinghua.edu.cn
课件下载:https://www.tup.com.cn,010-83470236

印 装 者:三河市天利华印刷装订有限公司
经　　销:全国新华书店
开　本:185mm×260mm
印　张:20.75
字　数:505 千字
版　次:2025 年 5 月第 1 版
印　次:2025 年 5 月第 1 次印刷
印　数:1~1500
定　价:59.80 元

产品编号:101530-01

前言

党的二十大报告指出：教育、科技、人才是全面建设社会主义现代化国家的基础性、战略性支撑。必须坚持科技是第一生产力、人才是第一资源、创新是第一动力，深入实施科教兴国战略、人才强国战略、创新驱动发展战略，开辟发展新领域新赛道，不断塑造发展新动能新优势。高等教育与经济社会发展紧密相连，对促进就业创业、助力经济社会发展、增进人民福祉具有重要意义。

数据库最初是在大公司或大机构中用作大规模事务处理的基础工具。后来随着个人计算机的普及和互联网的兴起，数据库的应用范围呈指数级扩大，遍及各行各业，如铁路、证券、银行、医院、学校、商场等，在国家政府部门、国防军工、科技发展等领域也有长足发展。

随着信息技术的发展，具备更多功能、应用在一些新兴领域的数据库应运而生，例如处理声音、图像和视频等数据的多媒体数据库，在移动计算机系统（如笔记本电脑、掌上电脑等）上发展起来的移动数据库，用于地理信息系统和计算机辅助设计的空间数据库，根据用户输入从数据库中查找相关文档或信息的信息检索系统，以及随着人工智能的发展逐渐被广泛应用的专家决策系统等。

SQL Server 2019 是一个功能完备的数据库管理系统，提供了完整的关系数据库创建、开发和管理功能。它功能强大、操作简便，日益被广大数据库用户所喜爱，而且越来越多的开发工具提供 SQL Server 接口。

本书系统地介绍数据库技术的基本理论，全面介绍 SQL Server 2019 的各项功能、数据库系统设计方法以及数据库系统开发应用的相关技术。全书共 15 章，第 1～4 章系统讲述数据库的基本理论知识，内容包括数据库系统概述、数据库的数据模型、关系数据库系统和数据库设计；第 5～14 章全面讲述数据库管理系统 SQL Server 2019 的应用，内容包括 SQL Server 2019 基础、数据库的概念和操作、表的操作、数据库查询、T-SQL 编程、视图和索引、存储过程和触发器、事务与并发控制、数据库系统的安全性、数据库的备份与还原；第 15 章结合"教学管理系统"实例介绍基于 C♯ .NET 的数据库应用系统开发。

本书编者长期从事计算机类专业的教学工作，不仅具有丰富的教学经验，还具有多年的数据库开发经验。依据长期的教学经验，编者深知数据库的主要知识点和重点、难点，学生及各类读者对数据库的学习方式和兴趣所在，以及如何组织内容更利于教学和自学，从而形成本书的结构体系。

本书内容翔实，体系完整，图文并茂，具有较强的系统性和实用性；章节安排合理，理论与实践紧密结合，每章都配有习题，有助于读者理解概念、巩固知识、掌握重点、攻克难点。另外，书后的附录包含每章的实验，供读者进行操作实践。

为便于教学，本书提供丰富的配套资源，包括教学大纲、教学课件、电子教案、数据库代码、章节代码、在线题库、习题答案、实验答案和 1400 分钟的微课视频。

资源下载提示

课件等资源：扫描封底的"图书资源"二维码，在公众号"书圈"下载。

素材(源码)等资源：扫描目录上方的二维码下载。

在线自测题：扫描封底的作业系统二维码，再扫描自测题二维码，可以在线做题及查看答案。

微课视频：扫描封底的文泉云盘防盗码，再扫描书中相应章节的视频讲解二维码，可以在线学习。

本书可作为高等院校"SQL Server 数据库"课程的教学用书，也可作为培养数据库系统工程师的培训教材，还可作为数据库管理人员及数据库应用系统开发人员的参考用书。

本书第 1～4 章和第 14 章由尹志宇编写，第 5～10 章由李涵玥编写，第 11 章由解春燕编写，第 12 章由李青茹编写，第 13 章由于富强编写，第 15 章由解春燕和李涵玥编写。附录实验由尹志宇编写。

由于编者水平有限，书中难免有疏漏之处，衷心希望广大读者批评指正。

编　者
2025 年 1 月

目 录

扫一扫

源码下载

第 1 章　数据库系统概述 ··· 1

　1.1　数据库技术发展史 ··· 1
　　　1.1.1　数据处理技术 ▷ ··· 1
　　　1.1.2　数据库技术的 3 个发展阶段 ▷ ·· 2
　1.2　数据库系统组成 ▷ ··· 4
　1.3　数据库的体系结构 ··· 6
　　　1.3.1　数据库的三级模式结构 ▷ ··· 6
　　　1.3.2　数据库的两级映像 ▷ ··· 7
　习题 1 ··· 8

第 2 章　数据库的数据模型 ·· 9

　2.1　信息的 3 种世界 ▷ ·· 9
　2.2　概念模型 ·· 10
　　　2.2.1　基本概念 ▷ ·· 10
　　　2.2.2　E-R 模型 ▷ ·· 11
　2.3　数据模型 ▷ ··· 12
　　　2.3.1　层次模型 ▷ ·· 13
　　　2.3.2　网状模型 ▷ ·· 14
　　　2.3.3　关系模型 ▷ ·· 14
　习题 2 ·· 16

第 3 章 关系数据库系统 ·· 17

3.1 关系数据结构 ·· 17
3.1.1 关系的定义和性质 ·· 17
3.1.2 关系数据库 ·· 19
3.2 关系的完整性 ·· 19
3.3 关系运算 ··· 21
3.3.1 传统的集合运算 ··· 21
3.3.2 专门的关系运算 ··· 23
3.4 关系的规范化 ·· 27
3.4.1 函数依赖 ··· 27
3.4.2 关系规范化的目的 ·· 28
3.4.3 关系规范化的过程 ·· 30
习题 3 ··· 33

第 4 章 数据库设计 ··· 34

4.1 数据库设计简介 ·· 34
4.2 需求分析 ··· 34
4.2.1 需求分析的任务 ··· 35
4.2.2 需求分析的方法 ··· 35
4.2.3 数据流图和数据字典 ·· 36
4.3 概念结构设计 ·· 38
4.3.1 概念结构设计的方法 ·· 38
4.3.2 概念结构设计的步骤 ·· 39
4.4 逻辑结构设计 ·· 40
4.4.1 将 E-R 图转换为关系数据模型 ·· 40
4.4.2 关系模式的优化 ··· 42
4.4.3 设计用户外模式 ··· 43
4.5 物理结构设计 ·· 43
4.5.1 确定数据库的物理结构 ··· 43
4.5.2 评价物理结构 ·· 45
4.6 数据库实施和运行、维护 ·· 45
4.6.1 数据库实施 ·· 45
4.6.2 数据库的运行与维护 ·· 46
4.7 数据库设计实例 ·· 46
4.7.1 银行卡管理系统数据库设计 ·· 46
4.7.2 图书借阅管理系统数据库设计 ··· 47
4.7.3 钢材仓库管理系统数据库设计 ··· 49
习题 4 ··· 52

目 录

第 5 章 SQL Server 2019 基础 … 53

5.1 SQL Server 2019 简介 … 53
- 5.1.1 SQL Server 的发展史 … 53
- 5.1.2 SQL Server 2019 新增功能 … 54
- 5.1.3 SQL Server 2019 的协议 … 59

5.2 SQL Server 2019 的安装与配置 … 60
- 5.2.1 SQL Server 2019 的版本 … 60
- 5.2.2 SQL Server 2019 的环境需求 … 61
- 5.2.3 SQL Server 2019 的安装过程 … 62
- 5.2.4 SQL Server Management Studio 的安装过程 … 68

5.3 SQL Server 2019 的管理工具 … 70
- 5.3.1 SQL Server Management Studio … 70
- 5.3.2 SQL Server 配置管理器 … 71
- 5.3.3 SQL Server Profiler 跟踪工具 … 72

5.4 T-SQL 基础 … 74
- 5.4.1 T-SQL 的特点 … 74
- 5.4.2 T-SQL 的分类 … 75
- 5.4.3 T-SQL 的基本语法 … 75

习题 5 … 77

第 6 章 数据库的概念和操作 … 78

6.1 数据库基本概念 … 78
- 6.1.1 物理数据库 … 78
- 6.1.2 逻辑数据库 … 79

6.2 数据库操作 … 80
- 6.2.1 创建数据库 … 80
- 6.2.2 修改数据库 … 85
- 6.2.3 删除数据库 … 87

习题 6 … 87

第 7 章 表的操作 … 88

7.1 创建表 … 88
- 7.1.1 数据类型 … 88
- 7.1.2 使用界面方式创建表 … 91
- 7.1.3 使用 T-SQL 语句创建表 … 93

7.2 修改表 … 95
- 7.2.1 使用界面方式修改表 … 95
- 7.2.2 使用 T-SQL 语句修改表 … 95

7.3 列约束和表约束 ·· 96
　　7.3.1 PRIMARY KEY 约束 ▷ ·· 96
　　7.3.2 UNIQUE 约束 ▷ ··· 97
　　7.3.3 FOREIGN KEY 约束 ▷ ·· 98
　　7.3.4 CHECK 约束 ▷ ··· 102
　　7.3.5 DEFAULT 约束 ▷ ··· 103
7.4 表数据操作 ·· 104
　　7.4.1 向表中添加数据 ▷ ··· 104
　　7.4.2 修改表中数据 ▷ ··· 106
　　7.4.3 删除表中数据 ▷ ··· 107
7.5 删除表 ··· 108
7.6 数据的导出/导入 ··· 109
　　7.6.1 导出数据 ··· 109
　　7.6.2 导入数据 ··· 114
习题 7 ··· 118

第 8 章 数据库查询 ··· 119

8.1 SELECT 查询语法 ▷ ·· 119
8.2 简单查询 ··· 120
　　8.2.1 投影查询 ▷ ··· 120
　　8.2.2 选择查询 ▷ ··· 122
　　8.2.3 聚合函数查询 ▷ ··· 126
8.3 分组查询 ▷ ··· 127
　　8.3.1 简单分组 ··· 127
　　8.3.2 CUBE 和 ROLLUP 的应用 ·· 128
8.4 连接查询 ··· 130
　　8.4.1 内连接 ▷ ··· 130
　　8.4.2 自连接 ▷ ··· 131
　　8.4.3 外连接 ▷ ··· 132
　　8.4.4 交叉连接 ··· 133
8.5 子查询 ··· 134
　　8.5.1 无关子查询 ▷ ··· 134
　　8.5.2 相关子查询 ▷ ··· 136
8.6 其他查询 ··· 138
　　8.6.1 集合运算查询 ▷ ··· 138
　　8.6.2 对查询结果排序 ▷ ··· 139
　　8.6.3 存储查询结果 ▷ ··· 140
8.7 在数据操作中使用 SELECT 子句 ▷ ·· 141
　　8.7.1 在 INSERT 语句中使用 SELECT 子句 ··· 141

　　　　8.7.2　在 UPDATE 语句中使用 SELECT 子句 ································· 142
　　　　8.7.3　在 DELETE 语句中使用 SELECT 子句 ································· 142
　习题 8 ··· 143

第 9 章　T-SQL 编程 ·· 144

　9.1　T-SQL 编程基础 ·· 144
　　　9.1.1　标识符 ▷ ·· 144
　　　9.1.2　变量 ▷ ··· 145
　　　9.1.3　运算符 ··· 146
　　　9.1.4　批处理 ▷ ·· 149
　　　9.1.5　注释 ·· 149
　9.2　流程控制语句 ·· 150
　　　9.2.1　SET 语句 ··· 150
　　　9.2.2　BEGIN⋯END 语句 ··· 150
　　　9.2.3　IF⋯ELSE 语句 ▷ ·· 150
　　　9.2.4　CASE 语句 ▷ ·· 151
　　　9.2.5　WHILE 语句 ··· 154
　　　9.2.6　GOTO 语句 ·· 154
　　　9.2.7　RETURN 语句 ··· 155
　9.3　函数 ··· 156
　　　9.3.1　系统内置函数 ··· 156
　　　9.3.2　用户定义函数 ▷ ··· 158
　9.4　游标 ··· 161
　　　9.4.1　游标简介 ·· 162
　　　9.4.2　游标的类型 ·· 162
　　　9.4.3　游标的操作 ·· 163
　习题 9 ··· 167

第 10 章　视图和索引 ·· 168

　10.1　视图 ··· 168
　　　10.1.1　视图简介 ▷ ·· 168
　　　10.1.2　创建视图 ▷ ·· 169
　　　10.1.3　修改视图 ▷ ·· 172
　　　10.1.4　使用视图 ▷ ·· 174
　　　10.1.5　删除视图 ··· 177
　10.2　索引 ··· 177
　　　10.2.1　索引简介 ▷ ·· 177
　　　10.2.2　索引类型 ▷ ·· 178
　　　10.2.3　创建索引 ▷ ·· 179

    10.2.4 查看索引信息 ………………………………………………………… 184
    10.2.5 删除索引 …………………………………………………………… 186
  习题 10 …………………………………………………………………………… 187

第 11 章 存储过程和触发器 …………………………………………………… 188

  11.1 存储过程 …………………………………………………………………… 188
    11.1.1 存储过程简介 ……………………………………………………… 188
    11.1.2 存储过程的类型 …………………………………………………… 189
    11.1.3 创建存储过程 ……………………………………………………… 190
    11.1.4 执行存储过程 ……………………………………………………… 194
    11.1.5 查看存储过程 ……………………………………………………… 196
    11.1.6 修改和删除存储过程 ……………………………………………… 198
  11.2 触发器 ……………………………………………………………………… 199
    11.2.1 触发器简介 ………………………………………………………… 199
    11.2.2 触发器的分类 ……………………………………………………… 200
    11.2.3 创建触发器 ………………………………………………………… 201
    11.2.4 查看触发器信息及修改触发器 …………………………………… 209
    11.2.5 禁止、启用和删除触发器 ………………………………………… 211
  习题 11 …………………………………………………………………………… 212

第 12 章 事务与并发控制 ……………………………………………………… 213

  12.1 事务简介 …………………………………………………………………… 213
  12.2 事务的类型 ………………………………………………………………… 214
    12.2.1 根据系统的设置分类 ……………………………………………… 214
    12.2.2 根据运行模式分类 ………………………………………………… 215
  12.3 事务处理语句 ……………………………………………………………… 216
  12.4 事务的并发控制 …………………………………………………………… 218
    12.4.1 并发带来的问题 …………………………………………………… 218
    12.4.2 锁的基本概念 ……………………………………………………… 219
    12.4.3 锁的类型 …………………………………………………………… 220
    12.4.4 锁的信息 …………………………………………………………… 221
    12.4.5 死锁的产生及解决办法 …………………………………………… 222
    12.4.6 手工加锁 …………………………………………………………… 223
  习题 12 …………………………………………………………………………… 225

第 13 章 数据库系统的安全性 ………………………………………………… 226

  13.1 身份验证 …………………………………………………………………… 226
    13.1.1 SQL Server 的身份验证模式 ……………………………………… 226
    13.1.2 设置身份验证模式 ………………………………………………… 227

13.2 账号管理 ·· 229
　　13.2.1 服务器登录账号 ▷ ··· 229
　　13.2.2 数据库用户账号 ▷ ··· 233
13.3 角色管理 ▷ ·· 235
　　13.3.1 固定服务器角色 ·· 235
　　13.3.2 数据库角色 ··· 236
　　13.3.3 应用程序角色 ··· 240
13.4 权限管理 ▷ ·· 241
　　13.4.1 权限的类别 ··· 241
　　13.4.2 权限操作 ··· 241
13.5 数据加密 ··· 247
　　13.5.1 数据加密简介 ··· 247
　　13.5.2 数据加密和解密操作 ·· 248
习题 13 ··· 253

第14章 数据库的备份与还原　　254

14.1 数据库备份简介 ▷ ·· 254
　　14.1.1 数据库备份计划 ·· 254
　　14.1.2 数据库备份的类型 ··· 256
14.2 数据库还原简介 ▷ ·· 257
　　14.2.1 数据库还原策略 ·· 257
　　14.2.2 数据库恢复模式 ·· 258
14.3 数据库备份操作 ▷ ·· 260
14.4 数据库还原操作 ▷ ·· 264
　　14.4.1 自动还原 ··· 264
　　14.4.2 手动还原 ··· 264
14.5 数据库分离与附加 ··· 267
　　14.5.1 分离数据库 ··· 267
　　14.5.2 附加数据库 ··· 269
习题 14 ··· 271

第15章 基于 C♯ .NET 的数据库应用系统开发　　272

15.1 C♯语言简介 ·· 272
15.2 使用 ADO.NET 访问 SQL Server 数据库 ·· 273
　　15.2.1 ADO.NET 的对象模型 ·· 273
　　15.2.2 使用 ADO.NET 访问数据库的基本操作 ··· 275
15.3 LINQ to SQL 数据库技术 ··· 277
　　15.3.1 使用 LINQ 技术查询数据 ··· 277
　　15.3.2 使用 LINQ 技术插入数据 ··· 279

· IX ·

　　　　15.3.3　使用 LINQ 技术删除数据 ………………………………………………… 280
　　　　15.3.4　使用 LINQ 技术更新数据 ………………………………………………… 283
　　15.4　基于 C♯ .NET 的数据库应用系统开发实例 ……………………………………… 284
　　　　15.4.1　数据库设计 ………………………………………………………………… 285
　　　　15.4.2　应用系统设计与实现 ……………………………………………………… 290
　　习题 15 ……………………………………………………………………………………… 316
附录 A　实验 ………………………………………………………………………………… 317
参考文献 ……………………………………………………………………………………… 318

第1章 数据库系统概述

数据库技术是一门信息管理自动化学科,是计算机学科的一个重要分支。数据库技术所研究的问题是如何科学地组织和存储数据,在数据库系统中减少数据存储冗余,实现数据共享,以及如何保障安全、有效地获取和处理数据。

本章主要介绍数据库技术发展史,数据库系统组成以及数据库的体系结构。

1.1 数据库技术发展史

从 20 世纪 60 年代末开始到现在,数据库技术已经发展了 50 多年。在这 50 多年的历程中,人们在数据库技术的理论研究和系统开发上取得了辉煌的成就,数据库系统已经成为现代计算机系统的重要组成部分。数据库技术最初是在大公司或大机构中用作大规模事务处理;随着个人计算机的普及,数据库技术被移植到个人计算机(Personal Computer,PC)上供单用户应用;接着,由于 PC 在工作组内联成网,数据库技术就移植到工作组级;如今,数据库技术正在 Internet 中被广泛使用。

1.1.1 数据处理技术

1. 数据

数据(Data)是描述现实世界中各种具体事物或抽象概念的符号记录。除了常用的数字数据外,文字(如名称)、图形、图像、声音等信息也都是数据。日常生活中,人们使用交流语言(如汉语)描述事物;在计算机中,为了存储和处理这些事物,就要抽出对这些事物感兴趣的特征组成一个记录来描述。例如,在学生管理中,可以对学生的学号、姓名、性别和年龄等情况这样描述:202201001,张三,男,19。

2. 数据处理

数据处理(Data Process)是指对数据的收集、分类、组织、编码、存储、加工、计算、检索、维护、传播以及打印等一系列的活动。数据处理的目的是从大量的数据中,根据数据自身的规律和它们之间固有的联系,通过分析、归纳、推理等科学手段,提取出有效的信息资源。

在数据处理中,通常数据的加工、计算等比较简单,而数据的管理比较复杂。数据管理是数据处理的核心,是指数据的收集、分类、组织、编码、存储、检索、维护等操作。这部分操作是数据处理业务的基本环节,是任何数据处理业务中必不可少的共有部分,因此学习和掌握数据管理技术,能为数据处理提供有力的支持。

1.1.2 数据库技术的3个发展阶段

随着计算机硬件和软件的发展,数据库技术也不断地发展。从数据管理的角度,数据库技术经历了人工管理、文件系统和数据库系统3个阶段。

1. 人工管理阶段

20世纪50年代中期以前,计算机主要用于科学计算。从硬件上看,外部存储器只有磁带、卡片和纸带等,还没有磁盘等直接存取的存储设备;从软件上看,没有操作系统,没有管理数据的软件,没有高级语言,只有汇编语言。

这个阶段数据管理的特点如下。

(1) 数据无独立性。数据由计算或处理它的程序自行携带,程序和数据是一个不可分割的整体,应用程序依赖于数据的物理组织,数据脱离了程序就无任何价值。数据只有与相应的程序一起保存才有价值,否则就毫无用处。所以,所有程序的数据均不单独保存。

(2) 数据不能共享。不同的程序均有各自的数据,这些数据对不同的程序通常是不相同的,当然不可共享;即使不同的程序使用了相同的一组数据,这些数据也不能共享,程序中仍然需要各自加入这组数据,谁也不能省略。这种数据的不可共享性,必然导致程序与程序之间存在大量的重复数据,浪费了存储空间。

人工管理阶段应用程序与数据之间的关系如图1-1所示。

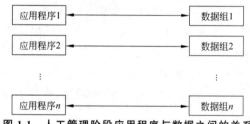

图1-1 人工管理阶段应用程序与数据之间的关系

2. 文件系统阶段

20世纪50年代后期至20世纪60年代中后期,计算机的应用范围逐渐扩大,不仅用于科学计算,还大量用于管理。随着数据量的增加,数据的存储、检索和维护问题成为迫切的需要,数据结构和数据管理技术迅速发展起来。在硬件方面,外部存储器已有磁盘、磁鼓等直接存取的存储设备;在软件方面,出现了高级语言和操作系统。操作系统中的文件系统是专门管理外存的数据管理软件,该系统把计算机中的数据组织成相互独立的数据文件。数据处理方式有批处理,也有联机实时处理。

这个阶段数据管理的特点。

(1) 数据以"文件"形式可长期保存在外部存储器的磁盘上。对数据的操作以记录为单位,文件的建立、存取、查询、插入、删除、修改等所有操作,都要用程序来实现。

(2) 程序与数据之间具有了一定的独立性——"设备独立性",即程序只用文件名就可与数据打交道,不必关心数据的物理位置。

(3) 文件结构的设计仍然是基于特定的用途,程序基于特定的物理结构和存取方法,因此程序与数据结构之间的依赖关系并未根本改变。由于文件之间缺乏联系,造成每个应用程序都有对应的文件,有可能同样的数据在多个文件中重复存储,数据冗余度大。

文件系统阶段应用程序与数据之间的关系如图1-2所示。

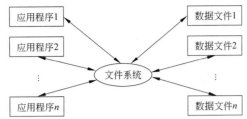

图1-2 文件系统阶段应用程序与数据之间的关系

3.数据库系统阶段

20世纪60年代后期以来,计算机应用越来越广泛,数据量急剧增加,而且数据的共享要求越来越高。计算机的硬件和软件都有了进一步的发展。在硬件方面,有了大容量的磁盘;在软件方面,传统的文件系统已经不能满足人们的需求,能够统一管理和共享数据的数据库管理系统(Database Management System,DBMS)应运而生。所以,此阶段将数据集中存储在各数据库中,由DBMS进行统一组织和管理。从处理方式上讲,联机实时处理要求更多了,并开始提出和考虑分布处理。

这个阶段,数据管理的特点也是优点如下。

1) 数据结构化

数据结构化是数据库系统与文件系统的根本区别。有了DBMS后,数据库中的数据不再针对某一应用,而是面向整个应用系统,它是对整个组织的各种应用(包括将来可能的应用)进行通盘考虑后建立起来的总的数据结构。

2) 较高的数据共享性

数据共享是指允许多个用户同时存取数据而互不影响,该特征正是数据库技术先进性的体现。数据库系统从整体角度描述数据,数据不再面向某个应用而是面向整个系统,因此数据可以被多个用户、多个应用共享使用。数据共享可以大大减少数据冗余,节约存储空间。

3) 较高的数据独立性

所谓数据独立,是指数据与应用程序之间的彼此独立,它们之间不存在相互依赖的关系。应用程序不随数据存储结构的变化而变化,因为应用程序以简单的逻辑结构操作数据而无须考虑数据的物理结构,简化了应用程序的编制,减轻了程序员的工作负担。

4) 数据由DBMS统一管理和控制

数据库的共享是并发的共享,即多个用户可以同时存取数据库中的数据,甚至可以同时存取数据库中的同一数据。因此,DBMS还必须提供数据的统一管理和控制功能。

DBMS加入了安全保密机制,可以防止数据被非法存取;DBMS的数据完整性保护可以保障数据的正确性、有效性和相容性,完整性检查将数据控制在有效的范围内或保证数据之间满足一定的关系;当多个用户的并发进程同时存取、修改数据库时,可能会发生相互干扰而得到错误的结果,或使数据库的完整性遭到破坏,因此DBMS必须对多用户的并发操作加以控制和协调;另外,DBMS还采取了一系列措施,以实现对数据库破坏后的恢复。

数据库系统阶段应用程序与数据之间的关系如图1-3所示。

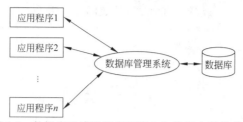

图 1-3　数据库系统阶段应用程序与数据之间的关系

1.2 数据库系统组成

数据库系统(Database System,DBS)是指在计算机系统中引入数据库后的系统,通常由软件、数据库和人员组成。软件包括操作系统、基于某种宿主语言的数据库开发工具、数据库应用系统实用程序以及数据库管理系统;数据库由数据库管理系统统一管理,数据的插入、修改和检索都要通过数据库管理系统进行;人员包括数据管理员、程序员和终端用户。

数据库系统一般由数据库、数据库管理系统、数据库开发工具、数据库应用系统和人员构成。数据库系统可以用图 1-4 表示。

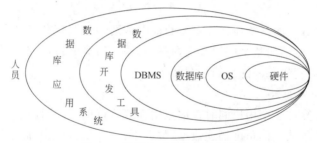

图 1-4　数据库系统的层次结构

1. 数据库

数据库(Database,DB)是指长期存储在计算机内有组织的、可共享的数据集合,即在计算机系统中按一定的数据模型组织、存储和使用的相关联的数据集合。它不仅包括描述事物的数据本身,还包括相关事物之间的联系。数据库中的数据以文件的形式存储在存储介质上,它是数据库系统操作的对象和结果。

2. 数据库管理系统

数据库管理系统(DBMS)是数据库系统的核心,是为数据库的建立、使用和维护而配置的软件。它是建立在操作系统的基础上,位于用户与操作系统之间的一层数据管理软件,它为用户或应用程序提供访问数据库的方法,包括数据库的创建、查询、更新及各种数据控制等。数据库中数据的插入、修改和检索都要通过数据库管理系统进行,用户发出的或应用程序中的各种操作数据库中数据的命令都要通过数据库管理系统来执行。数据库管理系统还承担着数据库的维护工作,能够按照数据库管理员所规定的要求,保证数据库的安全性和完整性。

一般来说,数据库管理系统的功能主要包括以下 5 方面。

1) 数据定义功能

DBMS 提供数据定义语言(Data Definition Language,DDL)对数据库中的对象进行定义,使用户能够定义构成数据库结构的各级模式,包括定义表结构、定义索引以及定义视图,也能够定义数据库的完整性、安全性等。这些定义存储在数据字典中,是 DBMS 运行的基本依据。

2) 数据操纵功能

DBMS 提供数据操纵语言(Data Manipulation Language,DML)操纵数据库中的数据,实现对数据库的基本操作,包括对数据库中的数据进行检索、插入、修改和删除等基本操作。

3) 数据库运行控制功能

对数据库的运行进行管理是数据库管理系统运行时的核心部分,包括对数据库进行并发控制、安全性检查、完整性约束条件的检查和执行以及数据库的内部维护等。所有访问数据库的操作都要在这些控制程序的统一管理下进行,以保证数据的安全性、完整性、一致性以及多用户对数据库的并发使用。

4) 数据库的组织、存储和管理

数据库中需要存放多种数据,如数据字典、用户数据、存取路径等,数据库管理系统负责分门别类地组织、存储和管理这些数据,确定以何种文件结构和存取方式物理地组织这些数据,如何实现数据之间的联系,以便提高存储空间利用率以及随机查找、顺序查找、插入、删除和修改等操作的时间效率。

5) 建立和维护数据库

建立数据库包括数据库初始数据的输入与数据转换等。维护数据库包括数据库的备份和还原、数据库的重组织与重构造、性能的监视与分析等。

常见的数据库管理系统有 Access、SQL Server、MySQL、Oracle、DB2 等。

3. 数据库应用系统

凡使用数据库技术管理其数据的系统都称为数据库应用系统(Database Application System,DBAS)。数据库应用系统的应用非常广泛,它可以用于事务管理、计算机辅助设计、计算机图形分析和处理以及人工智能等系统中。

4. 人员

1) 终端用户

终端用户(End User)是数据库的使用者,通过应用程序与数据库进行交互。他们不需要具有数据库的专业知识,只是通过应用程序的用户接口存取数据库的数据,使用数据库来完成其业务活动,直观地显示和使用数据。

2) 应用程序员

程序员(Programmer)负责分析、设计、开发、维护数据库系统中各类应用程序,数据库系统一般需要一个以上的程序员在开发周期内完成数据库结构设计、应用程序开发等任务,在后期管理应用程序,保证使用周期中对应用程序在功能及性能方面的维护、修改工作。

3) 数据库管理员

数据库管理员(Database Administrator,DBA)的职能是管理、监督、维护数据库系统的正常运行,负责全面管理和控制数据库系统。数据库管理员的主要职责包括设计与定义数据库系统、帮助最终用户使用数据库系统、监督与控制数据库系统的使用和运行、改进和重组数据库系统、优化数据库系统的性能、定义数据的安全性和完整性约束、备份与恢复数据库等。

1.3 数据库的体系结构

虽然现在 DBMS 的产品多种多样,在不同的操作系统支持下工作,但是大多数系统在总的体系结构上都具有三级模式的结构特征。

1.3.1 数据库的三级模式结构

为了保障数据与程序之间的独立性,使用户能以简单的逻辑结构操作数据而无须考虑数据的物理结构,简化应用程序的编制和程序员的负担,增强系统的可靠性,通常 DBMS 将数据库的体系结构分为三级模式:外模式、模式和内模式。三级模式结构如图 1-5 所示。

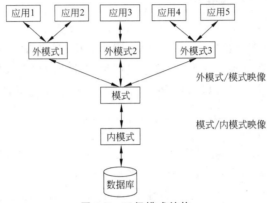

图 1-5 三级模式结构

1. 模式

模式(Schema)也称为概念模式或逻辑模式,是对数据库中全部数据的逻辑结构和特征的描述,是所有用户的公共数据视图。一个数据库只有一个模式,通常以某种数据模型为基础,统一、综合地考虑了所有用户的需求,并将这些需求有机地结合成一个逻辑整体。定义模式时不仅要定义数据的逻辑结构,如数据记录由哪些数据项构成,数据项的名称、类型、取值范围等,而且还要定义数据项之间的联系、不同记录之间的联系,以及与数据有关的完整性、安全性等要求。数据库管理系统提供模式描述语言(模式 DDL)定义模式。

2. 内模式

内模式(Internal Schema)也称为存储模式或物理模式,是对数据物理结构和存储方式的描述,是数据在数据库内部的表示方式,一个数据库只有一个内模式。例如,记录的存储方式是顺序存储、按 B+树结构存储还是按 Hash(哈希)方法存储;索引按照什么方式组织;数据是否压缩存储、是否加密等。数据库管理系统提供内模式描述语言(内模式 DDL)定义内模式。

3. 外模式

外模式(External Schema)也称为子模式或用户模式,它是对数据库用户能够看见和使用的局部数据的逻辑结构和特征的描述。外模式通常是模式的子集,一个数据库可以有多个外模式,但一个应用程序只能使用同一个外模式。外模式是保证数据库安全性的一个有效措施,每个用户只能看见或访问所对应的外模式中的数据,数据库中的其余数据是不可见的。数据库管理系统提供外模式描述语言(外模式 DDL)定义外模式。

图书出版公司数据库三级模式实例如图 1-6 所示,其中,模式和内模式都只有一个,外模式有 3 个。

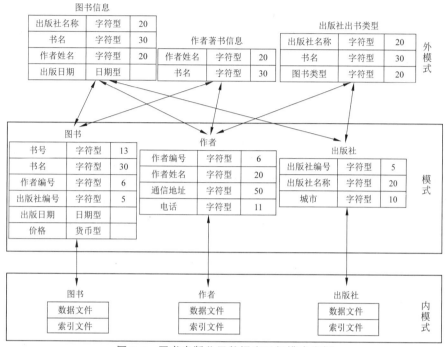

图 1-6　图书出版公司数据库三级模式实例

1.3.2　数据库的两级映像

数据库的三级模式结构是数据的 3 个抽象级别。它把数据的具体组织留给 DBMS 去做,用户只要抽象地处理数据,而不必关心数据在计算机中的表示和存储,这样就减轻了用户使用系统的负担。

三级模式结构之间差别往往很大,为了实现这 3 个抽象级别的联系和转换,DBMS 在三级模式结构之间提供了两级映像:外模式/模式映像、模式/内模式映像。

1. 外模式/模式映像

模式描述的是数据的全局逻辑结构,外模式描述的是数据的局部逻辑结构,对应同一个模式,可以有任意多个外模式。对于每个外模式,数据库系统都有一个外模式/模式映像,它定义了该外模式与模式之间的对应关系。这些映像定义通常包含在各自外模式的描述中。当模式改变时(如增加新的关系、新的属性、改变属性的数据类型等),由数据库管理员对各个外模式/模式映像作相应改变,可以使外模式保持不变。应用程序是依据数据的外模式编写的,因而应用程序不必修改,保证了数据与程序的逻辑独立性,简称逻辑数据独立性。

2. 模式/内模式映像

数据库中只有一个模式,也只有一个内模式,所以模式/内模式映像是唯一的,它定义了数据库全局逻辑结构与存储结构之间的对应关系,如说明逻辑记录和字段在内部是如何表示的。该映像定义通常包含在模式描述中。当数据库的存储结构改变了(如选用了另一种存储结构),由数据库管理员对模式/内模式映像作相应改变,可以保证模式保持不变,因而应用程序也不必改变,保证了数据与程序的物理独立性,简称物理数据独立性。

数据与程序之间的独立性,使数据的定义和描述可以从应用程序中分离出去。另外,由于数据的存取由 DBMS 管理,用户不必考虑存取路径等细节,从而简化了应用程序的编写,大大减少了对应用程序的维护和修改。

 习题 1

习题

自测题

第2章 数据库的数据模型

数据库系统中是如何抽象、表示、处理现实世界中的信息和数据的呢？客观事物是信息之源，是设计、建立数据库的出发点，也是使用数据库的最后归宿。计算机不能直接处理现实世界中的具体事物，所以人们必须事先将具体事物转换为计算机能够处理的数据，这就是数据库的数据模型。

本章主要介绍信息的3种世界、概念模型以及最常见的3种数据模型。

2.1 信息的3种世界

计算机信息处理的对象是现实生活中的客观事物，在对客观事物实施处理的过程中，首先要经历了解、熟悉的过程，从观测中抽象出大量描述客观事物的信息，再对这些信息进行整理、分类和规范，进而将规范化的信息数据化，最终由数据库系统存储、处理。在这一过程中，涉及3个层次，即现实世界、信息世界和数据世界，经历了两次抽象和转换。

1. 现实世界

现实世界(Real World)就是人们所能看到的、接触到的世界。现实世界当中的事物是客观存在的，事物与事物之间的联系也是客观存在的。

现实世界就是存在于人脑之外的客观世界，客观事物及其相互联系就处于现实世界中。客观事物可以用对象和性质来描述。

2. 信息世界

信息世界(Information World)就是现实世界在人们头脑中的反映，又称为概念世界。客观事物在信息世界中称为实体，反映事物间联系的是实体模型或概念模型。现实世界是物质的，相对而言，信息世界是抽象的。

3. 数据世界

数据世界(Data World)又叫作机器世界(Computer World)，就是信息世界中的信息数据化后对应的产物。现实世界中的客观事物及其联系，在数据世界中以数据模型描述。相对于信息世界，数据世界是量化的、物化的。

在数据库技术中，用数据模型对现实世界数据特征进行抽象，描述数据库的结构与语义。不同的数据模型是提供给人们模型化数据和信息的不同工具。根据模型应用的不同目的，可以将模型分为两类：概念模型和数据模型。概念模型是按用户的观点对数据和信息建模，数据模型是按计算机系统的观点对数据建模。

2.2 概念模型

概念模型是现实世界的抽象反映,它表示实体类型及实体间的联系,是独立于计算机系统的模型,是现实世界到机器世界的一个中间层。

2.2.1 基本概念

1. 实体

客观存在并可以相互区分的事物叫作实体(Entity)。从具体的人、物、事件到抽象的状态与概念都可以用实体抽象地表示。实体不仅可指事物本身,也可指事物之间的具体联系。例如,在学校里,一名学生、一名教师、一门课程、一次会议等都称为实体。

2. 属性

属性(Attribute)是实体所具有的某些特性,通过属性对实体进行描述。实体是由属性组成的。一个实体本身具有许多属性,能够唯一标识实体的属性称为该实体的码。例如,学生实体可由学号、姓名、性别、年龄、系、专业等组成,(2022020001、张强、男、19、计算机、软件工程)这些属性组合起来就可以表示"张强"这个学生。

3. 码

一个实体往往有多个属性,这些属性之间是有关系的,它们构成该实体的属性集合。如果其中有一个属性或属性集能够唯一标识每个实体,则称该属性或属性集为该实体的码(Key)。例如,学号是学生实体的码,每个学生都有一个属于自己的学号,通过学号可以唯一确定是哪位学生,在学校里,不可能有两个学生具有相同的学号。需要注意的是,实体的属性集可能有多个码,每个码都称为候选码。但一个属性集只能确定其中一个候选码作为唯一标识,一旦选定,就称其为该实体的主码。

4. 实体型

具有相同属性的实体必然具有共同的特征和性质。用实体名及其属性名集合抽象和刻画同类实体,称为实体型(Entity Type)。例如,学生(学号,姓名,性别,年龄,系,专业)就是一个实体型。

5. 实体集

同型实体的集合称为实体集(Entity Set)。例如,全体学生就是一个学生实体集。

6. 联系

现实世界的事物之间是有联系的,即各实体型之间是有联系(Relationship)的。例如,教师实体与院系实体之间存在"属于"联系,学生和课程之间存在"选课"联系。实体间的联系是错综复杂的,但就两个实体型的联系来说,主要有以下 3 种情况。

(1) 一对一联系(1∶1):对于实体集 A 中的每个实体,实体集 B 中至多有一个实体与之对应,反之亦然,则称实体集 A 与实体集 B 具有一对一联系,记为 1∶1,如图 2-1 所示。例如,部门与经理之间的联系、学校与校长之间的联系等就是一对一联系。

(2) 一对多联系(1∶M):对于实体集 A 中的每个实体,实体集 B 中有多个实体与之对应;反过来,对于实体集 B 中的每个实体,实体集 A 中至多有一个实体与之对应,则称实体集 A 与实体集 B 具有一对多联系,记为 1∶M,如图 2-2 所示。例如,一个班可以有多个学生,但一个学生只能属于一个班。班级与学生之间的联系就是一对多联系。

(3) 多对多联系($M:N$):对于实体集 A 中的每个实体,实体集 B 中有多个实体与之对应;反过来,对于实体集 B 中的每个实体,实体集 A 中也有多个实体与之对应,则称实体集 A 与实体集 B 具有多对多联系,记为 $M:N$,如图 2-3 所示。例如,学生在选课时,一个学生可以选多门课程,一门课程也可以被多个学生选择,则学生和课程之间具有多对多联系。

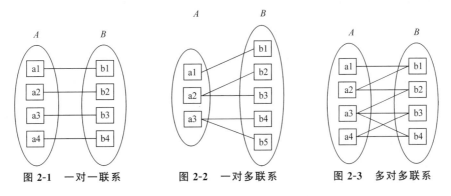

图 2-1　一对一联系　　　图 2-2　一对多联系　　　图 2-3　多对多联系

2.2.2　E-R 模型

扫一扫

视频讲解

概念模型的表示方法很多,其中最著名和使用最广泛的是 P.P.Chen 于 1976 年提出的 E-R 模型。实体-联系(Entity-Relationship,E-R)模型是直接从现实世界中抽象出实体类型及实体间的联系,是对现实世界的一种抽象,主要包括实体、联系和属性。E-R 模型的图形表示称为 E-R 图。

E-R 图通用的表示方式如下。

(1) 用矩形表示实体,在矩形框内写上实体名。例如,学生实体与班级实体如图 2-4 所示。

(2) 用椭圆形表示实体的属性,并用无向边把实体和属性连接起来。例如,学生实体有学号、姓名、性别、出生日期等属性,班级实体有班级名、班主任等属性,如图 2-5 所示。

图 2-4　学生实体与班级实体　　　图 2-5　学生、班级实体及其属性

(3) 用菱形表示实体间的联系,在菱形框内写上联系名,用无向边分别把菱形框与有关实体连接起来,在无向边旁注明联系的类型。如果实体间的联系也有属性,则把属性和菱形框也用无向边连接起来。例如,学生实体和班级实体的联系如图 2-6 所示。

【例 2-1】　有一个简单的学生信息数据库系统,包含班级、学生和课程实体,其中一个班可以有若干个学生,一个学生只能属于一个班;一个学生可以选修多门课,一门课也可以有多个学生选修,学生选课后有成绩。该数据库系统的 E-R 图如图 2-7 所示。

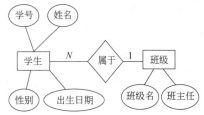
图 2-6 学生实体和班级实体的联系

图 2-7 学生信息数据库系统的 E-R 图

【例 2-2】 有一个高等学校信息数据库系统,包含学生、教师、专业、教科书和课程 5 个实体,其中一个专业可以有若干个学生,一个学生只能属于一个专业;一个专业可以开多门课,一门课只能在一个专业开课;一个专业可以有若干个教师,一个教师只能属于一个专业;一个教师可以讲授多门课,一门课也可以有多个教师讲授,每个教师讲授的每门课都有一个开课学期;一个专业可以订购若干本教科书,一本教科书也可以有多个专业订购,每个专业订购的教科书都有一个数量;一个学生可以选修多门课,每一门课都可以有多个学生选修,学生选课后有成绩。该数据库系统的 E-R 图如图 2-8 所示。

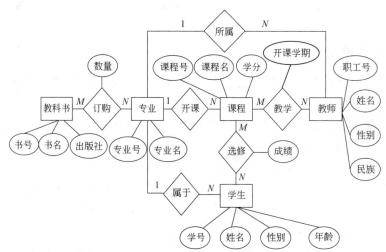
图 2-8 高等学校信息数据库系统的 E-R 图

概念模型是从用户角度看到的模型,是第 1 层抽象,要求概念简单、表达清晰、易于理解,它与具体的计算机硬件、操作系统(Operating System,OS)及 DBMS 无关。而数据模型是从计算机角度看到的模型,要求用有严格语法和语义的语言对数据进行严格的形式化定义、限制和规定,使模型能转换为计算机可以理解的格式。

2.3 数据模型

数据模型是对客观事物及联系的数据描述,是概念模型的数据化,即数据模型提供表示和组织数据的方法。一般地讲,数据模型是严格定义的概念的集合,这些概念精确地描述系统的静态特征、动态特征和完整性约束条件。因此,数据模型通常由数据结构、数据操作和数据的完整性约束三要素组成。

1. 数据结构

数据结构是对计算机的数据组织方式和数据之间联系进行框架性描述的集合,是对数据库静态特征的描述。它研究存储在数据库中的对象类型的集合,这些对象类型是数据库的组成部分。数据库系统是按数据结构的类型组织数据的,因此数据库系统通常按照数据结构的类型命名数据模型。常见的3种数据模型,如层次结构、网状结构和关系结构的模型分别命名为层次模型、网状模型和关系模型,其中层次模型和网状模型统称为非关系模型。

2. 数据操作

数据操作是指数据库中各记录允许执行的操作的集合,包括操作方法及有关的操作规则,是对数据库动态特征的描述。例如,插入、删除、修改、检索等操作,数据模型要定义这些操作的确切含义、操作符号、操作规则以及实现操作的语言等。

3. 数据的完整性约束

数据的完整性约束条件是关于数据状态和状态变化的一组完整性约束规则的集合,以保证数据的正确性、有效性和一致性。数据模型中的数据及其联系都要遵循完整性规则的制约,例如,数据库的主码不能允许取空值,性别的取值为男或女等。此外,数据模型应该提供定义完整性约束条件的机制以反映某个应用所涉及的数据必须遵守的特定的语义约束条件。

2.3.1 层次模型

层次模型用树状结构表示各类实体以及实体间的联系。每个节点表示一个记录类型,节点之间的连线表示记录类型间的联系,这种联系只能是父子联系。最著名最典型的层次模型数据库系统是 IBM 公司于 1968 年开发的 IMS(Information Management System),它是一种适合其主机的层次模型数据库。

层次模型具有以下特点。

(1) 只有一个节点没有双亲节点,称为根节点。

(2) 根节点以外的其他节点有且只有一个双亲节点。

在这种模型中,数据被组织成由"根"开始的"树",每个实体由根开始沿着不同的分支放在不同的层次上,如果不再向下分支,那么此分支序列中最后的节点称为"叶"。上级节点与下级节点之间为一对一或一对多联系,层次模型不能直接表示多对多联系。学校教学机构的层次模型如图 2-9 所示。

层次数据模型的操纵主要有查询、插入、删除和更新。进行插入、删除、更新操作时要满足层次模型的完整性约束条件如下。

(1) 进行插入操作时,如果没有相应的双亲节点值,就不能插入子女节点值。

(2) 进行删除操作时,如果删除双亲节点值,则相应的子女节点值也被同时删除。

(3) 进行更新操作时,应更新所有相应记录,以保证数据的一致性。

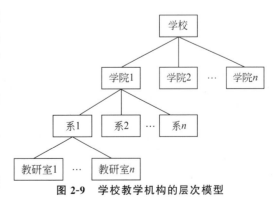

图 2-9 学校教学机构的层次模型

层次模型的优点是模型本身比较简单,只需很少几条命令就能操纵数据库;对于实体间联系是固定的且预先定义好的应用系统,采用层次模型最易实现。但其缺点也很多,如插入和删除操作的限制比较多、查询子女节点必须通过双亲节点、无法直接表示多对多联系等。

2.3.2 网状模型

1964年,通用电气公司(GE)的Charles Bachman成功地开发出世界上第1个网状模型数据库管理系统,也即第1个数据库管理系统——集成数据存储(Integrated Data Store,IDS),奠定了网状模型数据库的基础,并在当时得到了广泛的发行和应用。

网状数据模型是一种比层次模型更具普遍性的结构,它去掉了层次模型的两个限制,允许多个节点没有双亲节点,也允许一个节点有多个双亲节点。因此,网状模型可以方便地表示各种类型的联系。网状模型是一种比较通用的模型,从图论的观点看,它是一个不加任何条件的无向图。一般来说,层次模型是网状模型的特殊形式,网状模型是层次模型的一般形式。学生选课系统的网状模型如图2-10所示。

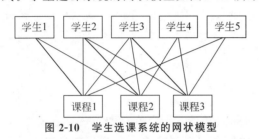

图2-10 学生选课系统的网状模型

网状数据模型的操纵主要包括查询、插入、删除和更新数据。进行插入、删除、更新操作时要满足网状模型的完整性约束条件如下。

(1)插入操作允许插入尚未确定双亲节点值的子女节点值。

(2)删除操作允许只删除双亲节点值。

(3)更新操作只需要更新指定记录即可。

(4)查询操作可以有多种方法,可根据具体情况选用。

网状模型与层次模型相比,具有更大的灵活性,能更直接地描述现实世界,性能和效率也比较好。网状模型的缺点是结构比较复杂,用户不易掌握;DDL和DML复杂,用户不易使用;记录之间联系变动后涉及链接指针的调整,扩充和维护都比较复杂。

总之,对于两种非关系模型,对数据的操作是过程化的,由于实体间的联系本质上是通过存取路径指示的,因此应用程序在访问数据时要指定存取路径。

2.3.3 关系模型

网状模型和层次模型已经很好地解决了数据的集中和共享问题,但是在数据独立性和抽象级别上仍有很大欠缺。用户在对这两种数据模型进行存取时,仍然需要明确数据的存储结构,指出存取路径。而后来出现的关系模型较好地解决了这些问题。1970年,IBM研究员E.F.Codd博士在刊物 *Communication of the ACM* 上发表了一篇名为 *A Relational Model of Data for Large Shared Data Banks* 的论文,提出了关系模型的概念,奠定了关系模型的理论基础。

用二维表格结构表示实体以及实体之间的联系的数据模型称为关系模型。关系模型在用户看来是一张二维表格,其概念单一,容易被初学者接受。在关系模型中,操作的对象和操作结果都是二维表。

下面以如表2-1所示的职工信息表为例介绍关系模型中的基本概念。

表 2-1　职工信息表

职 工 号	姓　　名	性　　别	年　　龄	工　　资
200331	张玉	男	50	6000
200332	黎明	男	40	4900
200334	王洪	男	33	4600
200346	赵小溪	女	42	5000

1. 关系

一个关系就是一张二维表,每个关系都有一个关系名,如表 2-1 就是一张职工信息关系表。在计算机中,一个关系可以存储为一个文件。

2. 元组

二维表中的行称为元组,每行是一个元组。元组对应存储文件中的一个记录,如职工信息表中包括 4 个元组。

3. 属性

二维表的列称为属性,每列有一个属性名,属性值是属性的具体取值。属性对应存储文件中的一个字段。例如,职工信息表包括 5 个属性,属性名分别是职工号、姓名、性别、年龄和工资,属性的具体取值就形成表中的一个个元组。

4. 域

域是属性的取值范围。例如,职工信息表中性别的取值范围只能是男或女,即性别的域为(男,女)。

5. 关系模式

对关系的信息结构及语义限制的描述称为关系模式,用关系名和所包含的属性名的集合表示。例如,职工信息表的关系模式是:职工(职工号,姓名,性别,年龄,工资),属性间用逗号间隔。

6. 关键字或码

在关系的属性中,能够用来唯一标识元组的属性(或属性组合)称为关键字或码。

7. 候选关键字或候选码

如果在一个关系中,存在多个属性(或属性组合)都能用来唯一标识该关系中的元组,这些属性(或属性组合)都称为该关系的候选关键字或候选码,候选码可以有多个。例如,在职工信息表中,如果没有重名的元组,则职工号和姓名都是职工信息表的候选码。

8. 主键或主码

在一个关系的若干候选关键字中,被指定作为关键字的候选关键字称为该关系的主键或主码(Primary Key)。一般习惯选择号码作为一个关系的主码,如在职工信息表中,一般会选择职工号作为该关系的主码;当然,在姓名也是候选码的情况下,也可以选择姓名作为该关系的主码。但是,一个关系的主码,在同一时刻只能有一个。

9. 主属性和非主属性

在一个关系中,包含在任何候选关键字中的各个属性都称为主属性;不包含在任何候选关键字中的属性都称为非主属性。例如,职工信息表中的职工号和姓名是主属性,而性别、年龄和工资是非主属性。

10. 外键或外码

一个关系的某个属性(或属性组合)不是该关系的主键或只是主键的一部分,却是另一个关系的主键,则称这样的属性为该关系的外键或外码(Foreign Key)。外码是表与表联系的纽带。例如,表 2-2 所示的学生表中的系编号不是学生表的主码,却是表 2-3 所示的系信息表的主码,因此系编号是学生表的外码,通过系编号可以使学生表与系信息表建立联系。

表 2-2 学生表

学 号	姓 名	性 别	系编号
2022002	张三	男	01
2021025	李四	女	02
2022023	刘明	男	03
2021033	王晓	女	03

表 2-3 系信息表

系编号	系 名	系主任	电 话
01	电子	张伟	82222288
02	机械	李丽华	82222289
03	网络	王晓辉	82222290

关系模型的操作主要包括查询、插入、删除和修改数据。这些操作必须满足关系的完整性约束条件,使关系数据库从一种一致性状态转变到另一种一致性状态。

关系模型中的数据操作是集合操作,操作对象和操作结果都是关系(元组的集合),而不像非关系模型中那样是单记录的操作方式。另外,关系模型把存取路径向用户隐藏起来,用户只要指出"做什么"或"找什么",不必详细说明"怎么做"或"怎么找"。

关系模型的完整性规则也可称为关系的约束条件,它是对关系的一些限制和规定。通过这些限制保证数据库中数据的有效性、正确性和一致性。关系模型必须遵循实体完整性规则、参照完整性规则和用户定义的完整性规则。详细内容见第 3 章。

习题 2

扫一扫
习题

扫一扫
自测题

第3章 关系数据库系统

关系数据库系统是支持关系模型的数据库系统,它由关系数据结构、关系操作集合和关系完整性约束三要素组成。在关系数据库设计中,为使其数据模型合理可靠、简单实用,需要使用关系数据库的规范化设计理论。

本章首先介绍关系数据库的基本概念,围绕关系数据模型的三要素展开,利用集合、代数等抽象的数学知识,深刻而透彻地介绍关系数据结构、关系数据库操作及关系数据库完整性等内容;然后讲述函数依赖的概念及分类、常见的几种范式、关系规范化理论及方法。

3.1 关系数据结构

在关系数据模型中,现实世界的实体以及实体间的各种联系均用关系来表示。在用户看来,关系模型中数据的逻辑结构是一张二维表。

3.1.1 关系的定义和性质

关系就是一张二维表,但并不是任何二维表都叫作关系,我们不能把日常生活中所用的任何表格都当成一个关系直接存放到数据库里。

1. 关系的数学定义

(1) 域:一组具有相同数据类型的值的集合。

(2) 笛卡儿积:设 $D_1, D_2, \cdots, D_n$ 为任意的 n 个域,定义 $D_1, D_2, \cdots, D_n$ 的笛卡儿积为 $D_1 \times D_2 \times \cdots \times D_n = \{(d_1, d_2, \cdots, d_n) | d_i \in D_i, i = 1, 2, \cdots, n\}$。

例如,有两个域,D_1=动物集合={猫,狗,猪},D_2=食物集合={鱼,骨头,白菜},则 D_1 与 D_2 的笛卡儿积为 $D_1 \times D_2$={(猫,鱼)(狗,鱼)(猪,鱼)(猫,骨头)(狗,骨头)(猪,骨头)(猫,白菜)(狗,白菜)(猪,白菜)}。

我们可以把这个笛卡儿积做成二维表的形式,如表 3-1 所示。

取每种动物最喜欢吃的食物的行中的数据形成动物食物表的子集,即动物食物关系表,如表 3-2 所示。

(3) 关系:$D_1 \times D_2 \times \cdots \times D_n$ 中有关系的行形成的一个子集叫作 $D_1 \times D_2 \times \cdots \times D_n$ 上的一个关系(Relation),用 $R(D_1, D_2, \cdots, D_n)$ 表示。其中,R 表示关系名,n 表示关系的目或元或度。

表 3-1 动物食物表

动物	食物	动物	食物
猫	鱼	猪	骨头
狗	鱼	猫	白菜
猪	鱼	狗	白菜
猫	骨头	猪	白菜
狗	骨头		

表 3-2 动物食物关系表

动物	食物
猫	鱼
狗	骨头
猪	白菜

IBM 公司的 E.F.Codd 于 1970 年发表了关于"关系模型"的概念,但 1980 年才真正实现,然后大规模使用。其真正的实现难度在前 6 年,因为层次模型和网状模型所采用的树和图结构用计算机表达和实现已经非常成熟,而关系模型采用的是数学概念,如何用计算机实现,用计算机表达,要考虑很多问题(如时间、空间复杂度等)才能得出一个合理的方法。"关系模型"真正实现后,数据处理变得简单、直观,编程也很容易,所以一直沿用至今。

2. 关系的性质

关系数据库要求其中的关系必须是具有以下性质的。

(1) 列是同质的,即每列中的分量是同一类型的数据,来自同一个域。

(2) 在同一个关系中,不同列的数据可以是同一种数据类型,但各属性的名称都必须互不相同。

(3) 在同一个关系中,任意两个元组都不能完全相同。

(4) 在同一个关系中,列的次序无关紧要,即列的排列顺序是不分先后的,但一般按使用习惯排列各列的顺序。

(5) 在同一个关系中,元组的位置无关紧要,即排行不分先后,可以任意交换两行的位置。同样,一般按使用习惯排列行的顺序。

(6) 关系中的每个属性必须是单值,即不可再分,这就要求关系的结构不能嵌套。这是关系应满足的最基本的条件。

例如,有这样一张复合表,如表 3-3 所示,这种表格就不是关系,应对其进行结构上的修改,才能成为数据库中的关系。对于该复合表,可以把它转换为一个关系,即学生成绩关系(学号,姓名,性别,系编号,C 语言,英语,高数);也可以转换为两个关系(见表 3-4 和表 3-5),即学生关系(学号,姓名,性别,系编号)和成绩关系(学号,C 语言,英语,高数)。

表 3-3 复合表示例

学号	姓名	性别	系编号	成绩		
				C 语言	英语	高数
2022001	张三	男	01	77	87	86
2022002	李四	女	02	69	89	76
2022003	刘明	男	03	79	84	82
2022004	王晓	女	03	66	90	76

表 3-4 学生表

学　号	姓　名	性　别	系编号
2022001	张三	男	01
2022002	李四	女	02
2022003	刘明	男	03
2022004	王晓	女	03

表 3-5 成绩表

学　号	C 语言	英　语	高　数
2022001	77	87	86
2022002	69	89	76
2022003	79	84	82
2022004	66	90	76

3.1.2 关系数据库

关系数据库中,关系模式是型,关系是值。关系模式(Relation Schema)是对关系的描述。因此,关系模式必须指出这个元组集合的结构,即它由哪些属性构成,这些属性来自哪些域,以及属性与域之间的映像关系。

一个关系模式应当是一个五元组,关系模式可以形式化地表示为 $R(U,D,\mathrm{dom},F)$。其中,R 是关系名;U 是组成该关系的属性名集合;D 是属性组 U 中属性所来自的域;dom 是属性向域的映像集合;F 是属性间的数据依赖关系集合。

关系模式通常可以简记为 $R(U)$ 或 $R(A_1,A_2,\cdots,A_n)$。其中,R 是关系名,$A_1,A_2,\cdots,A_n$ 是属性名;域名及属性向域的映像,常常直接说明为属性的类型和长度。

【例 3-1】 已知学生情况表如表 3-6 所示,写出其对应的关系模式。

表 3-6 学生情况表

学　号	姓　名	性　别	年　龄	所　在　系
2021000101	王萧	男	20	计算机系
2021000207	李云虎	男	20	物理系
2021010302	郭敏	女	19	数学系
2022010408	高红	女	18	数学系
2022020309	王睿	男	19	美术系
2022020506	张旭	女	18	美术系

表 3-6 的学生情况表的关系模式可以描述为:学生情况表(学号,姓名,性别,年龄,所在系)。

关系实际上就是关系模式在某一时刻的状态或内容。也就是说,关系模式是型,关系是它的值。关系模式是静态的、稳定的,而关系是动态的、随时间不断变化的,因为关系操作在不断地更新着数据库中的数据。但在实际应用中,人们常常把关系模式和关系统称为关系。

关系数据库就是采用关系模型的数据库。在一个给定的应用领域中,所有实体及实体之间联系的关系的集合构成一个关系数据库。关系数据库的型也称为关系数据库模式,是对关系数据库的描述,它包括若干域的定义以及在这些域上定义的若干关系模式。关系数据库的值是这些关系模式在某一时刻对应的关系的集合。

3.2 关系的完整性

数据完整性是指关系模型中数据的正确性与一致性。

关系模型一般定义 3 类完整性约束:实体完整性、参照完整性和用户自定义的完整性。

1. 实体完整性规则

实体完整性规则(Entity Integrity Rule)：要求关系的主码具有唯一性且主码中的每个属性都不能取空值。例如，表 3-6 学生情况表中的学号属性既具有唯一性又不能为空。

关系模型必须遵守实体完整性规则的原因如下。

(1) 现实世界中的实体和实体之间都是可区分的，即它们具有某种唯一性标识，而关系模型中以主码作为唯一性标识。

(2) 空值就是"不知道"或"无意义"的值。主码中属性取空值，就说明存在某个不可标识的实体，这与第(1)条矛盾。

2. 参照完整性规则

设 F 是基本关系 R 的一个或一组属性，但不是关系 R 的主码，如果 F 与另一个基本关系 S 的主码 K 相对应，则称 F 是基本关系 R 的外码(Foreign Key)，并称基本关系 R 为参照关系(Referencing Relation)，基本关系 S 为被参照关系(Referenced Relation)或目标关系(Target Relation)。关系 R 和 S 也可以是同一个的关系，即自身参照。

目标关系 S 的主码 K 和参照关系的外码 F 可以不同名但必须定义在同一个(或一组)域上。参照完整性规则就是定义外码与主码之间的引用规则。

参照完整性规则(Reference Integrity Rule)：若属性(或属性组)F 是基本关系 R 的外码，它与基本关系 S 的主码 K 相对应(基本关系 R 和 S 也可能是同一个关系)，则对于 R 中每个元组在 F 上的取值必须为：或者取空值(F 的每个属性值均为空值)；或者等于 S 中某个元组的主码值。

【例 3-2】 学生实体和系实体可以用下面的关系表示，其中主码用下画线标识。

学生(<u>学号</u>,姓名,性别,年龄,系号)

系(<u>系号</u>,系名,系主任)

学生关系的系号属性与系关系的系号主码相对应，因此，系号属性是学生关系的外码。这里系关系是被参照关系，学生关系为参照关系；学生关系中的每个元组的系号属性只能取两类值：空值或系关系中系号已经存在的值。

【例 3-3】 学生关系的自身参照，其中主码用下画线标识。

学生(<u>学号</u>,姓名,性别,年龄,系号,班长学号)

学生关系的班长学号与其主码学号形成参照和被参照的自身参照关系，即班长学号为学生关系的外码。学生关系中的每个元组的班长学号属性只能取两类值：空值或学生关系中学号已经存在的值。

3. 用户自定义的完整性规则

用户自定义的完整性规则(User-Defined Integrity Rule)：由用户根据实际情况对数据库中数据的内容进行的规定，也称为域完整性规则。

通过这些规则限制数据库只接受符合完整性约束条件的数据，不接受违反约束条件的数据，从而保证数据库中数据的有效性和可靠性。

例如，表 3-4 的学生表中的性别数据只能是"男"或"女"，表 3-5 的成绩表中的各科成绩数据为 0～100。

数据完整性的作用就是要保证数据库中的数据是正确的。通过在数据模型中定义实体完整性规则、参照完整性规则和用户自定义的完整性规则，数据库管理系统将检查和维护数据库中数据的完整性。

3.3 关系运算

关系代数是以关系为运算对象的一组高级运算的集合。关系代数是一种抽象的查询语言,是关系数据操纵语言的一种传统表达方式。关系代数的运算对象是关系,运算结果也是关系。

关系代数中的运算可以分为以下两类。

(1) 传统的集合运算:并、差、交、笛卡儿积。

(2) 专门的关系运算:投影(对关系进行垂直分割)、选择(对关系进行水平分割)、连接(关系的结合)、除法(笛卡儿积的逆运算)等。

在两类关系运算中,还将用到以下两类辅助操作符。

(1) 比较运算符:$>$、$\geq$、$<$、$\leq$、$=$、$\neq$。

(2) 逻辑运算符:$\vee$(或)、$\wedge$(与)、$\neg$(非)。

3.3.1 传统的集合运算

传统的集合运算包括笛卡儿积、并、差和交。

1. 笛卡儿积

设关系 R 和 S 的元数(属性个数)分别为 r 和 s,定义 R 和 S 的笛卡儿积(Cartesian Product)是一个 $r+s$ 元的元组集合,每个元组的前 r 个分量(属性值)来自 R 的一个元组,后 s 个分量来自 S 的一个元组,记为 $R \times S$。形式化定义如下。

$$R \times S = \{t \mid t = <t^r, t^s> \wedge t^r \in R \wedge t^s \in S\}$$

其中,t^r、t^s 中 r、s 为上标。若 R 有 m 个元组,S 有 n 个元组,则 $R \times S$ 有 mn 个元组。

实际操作时,可从 R 的第1个元组开始,依次与 S 的每个元组组合,然后对 R 的下一个元组进行同样的操作,直至 R 的最后一个元组也进行完同样的操作为止,即可得到 $R \times S$ 的全部元组。

【例3-4】 已知关系 R 和 S,如表3-7和表3-8所示,求 R 和 S 的笛卡儿积。

R 和 S 的笛卡儿积如表3-9所示。

表3-7 关系 R

A	B	C
a1	b2	c1
a2	b1	c3
a3	b3	c2

表3-8 关系 S

E	F	D
e1	f2	d2
e2	f3	d1
e3	f1	d3

表3-9 $R \times S$

A	B	C	E	F	D
a1	b2	c1	e1	f2	d2
a1	b2	c1	e2	f3	d1
a1	b2	c1	e3	f1	d3

续表

A	B	C	E	F	D
a2	b1	c3	e1	f2	d2
a2	b1	c3	e2	f3	d1
a2	b1	c3	e3	f1	d3
a3	b3	c2	e1	f2	d2
a3	b3	c2	e2	f3	d1
a3	b3	c2	e3	f1	d3

2. 并

设关系 R 和 S 具有相同的关系模式，R 和 S 是 n 元关系，R 和 S 的并(Union)是由属于 R 或属于 S 的元组构成的集合，记为 $R \cup S$。形式化定义如下。

$$R \cup S = \{t \mid t \in R \vee t \in S\}$$

其含义为：任取元组 t，当且仅当 t 属于 R 或 t 属于 S 时，t 属于 $R \cup S$。$R \cup S$ 是一个 n 元关系。

关系的并操作对应于关系的插入或添加记录的操作，俗称"＋操作"，是关系代数的基本操作。

【例 3-5】 已知关系 R 和 S 分别如表 3-10 和表 3-11 所示，求 R 和 S 的并。

R 和 S 的并如表 3-12 所示。

表 3-10 关系 R

a	b	c
1	2	3
4	5	6
7	8	9

表 3-11 关系 S

a	b	c
1	2	3
10	11	12
7	8	9

表 3-12 $R \cup S$

a	b	c
1	2	3
4	5	6
7	8	9
10	11	12

注意：并运算可以去掉某些元组，避免表中出现重复行。

3. 差

设关系 R 和 S 具有相同的关系模式，R 和 S 是 n 元关系，R 和 S 的差(Difference)是由属于 R 但不属于 S 的元组构成的集合，记为 $R-S$。形式化定义如下。

$$R - S = \{t \mid t \in R \wedge t \notin S\}$$

其含义为：当且仅当 t 属于 R 并且不属于 S 时，t 属于 $R-S$。$R-S$ 也是一个 n 元关系。关系的差操作对应于关系的删除记录的操作，俗称"－操作"。

【例 3-6】 已知关系 R 和 S 分别如表 3-10 和表 3-11 所示，求 R 和 S 的差。

R 和 S 的差如表 3-13 所示。

4. 交

设关系 R 和 S 具有相同的关系模式，R 和 S 是 n 元关系，R 和 S 的交(Intersection)是由属于 R 且属于 S 的元组构成的集合，记为 $R \cap S$。形式化定义如下。

$$R \cap S = \{t \mid t \in R \wedge t \in S\}$$

其含义为：任取元组 t，当且仅当 t 既属于 R 又属于 S 时，t 属于 $R \cap S$。$R \cap S$ 也是一

个 n 元关系。

关系的交操作对应于寻找两关系共有记录的操作,是一种关系查询操作,是关系代数的基本操作。

【例 3-7】 已知关系 R 和 S 分别如表 3-10 和表 3-11 所示,求 R 和 S 的交。

R 和 S 的交如表 3-14 所示。

表 3-13 $R-S$

a	b	c
4	5	6

表 3-14 $R \cap S$

a	b	c
1	2	3
7	8	9

3.3.2 专门的关系运算

专门的关系运算包括选择、投影、连接等。

1. 选择

选择(Selection)运算是在关系 R 中选择满足给定条件的诸元组,记作

$$\sigma_F(R)=\{t\mid t\in R \wedge F(t)='真'\}$$

其中,F 表示选择条件,它是一个逻辑表达式,取逻辑值"真"或"假"。逻辑表达式 F 的基本形式为 $X_1\theta Y_1[\Phi X_2 \theta Y_2]\cdots$,其中 θ 表示比较运算符,可以是 $>$、$\geqslant$、$<$、$\leqslant$、$=$ 或 $\neq$;X_1、Y_1 等是属性名或常量或简单函数,属性名也可以用它的序号来代替;Φ 表示逻辑运算符,可以是 $\neg$、$\wedge$ 或 $\vee$;[ ]表示任选项,即[ ]中的部分可要可不要。

选择运算实际上是从关系 R 中选取使逻辑表达式 F 为真的元组,是从行的角度进行的运算。选择运算操作示意图如图 3-1 所示。

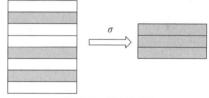

图 3-1 选择运算

设有一个学生-课程数据库,其中包括学生情况表(student)、课程表(course)和成绩表(score),其内容如表 3-15~表 3-17 所示。

表 3-15 学生情况表(student)

学号(no)	姓名(name)	性别(sex)	年龄(age)	所在系(dep)
2022001	张超	男	18	物理系
2022002	李岚	女	17	信息系
2022003	王芳	女	19	数学系
2022004	刘娟	女	18	信息系
2022005	赵强	男	19	物理系

表 3-16 课程表(course)

课程号(cno)	课程名(cname)	学分(credit)	课程号(cno)	课程名(cname)	学分(credit)
1	数据库	4	4	操作系统	3
2	高等数学	3	5	数据结构	5
3	信息系统	2	6	C程序设计	3

表 3-17 成绩表(score)

学号(no)	课程号(cno)	成绩(grade)	学号(no)	课程号(cno)	成绩(grade)
2022001	2	78	2022003	4	70
2022001	3	88	2022003	5	57
2022001	5	81	2022003	1	89
2022002	1	90	2022005	2	93
2022002	4	68	2022005	5	79

【例 3-8】 查询数学系学生的信息。

$$\sigma_{dep='数学系'}(student) \quad 或 \quad \sigma_{5='数学系'}(student)$$

结果如表 3-18 所示。

表 3-18 查询数学系学生的信息

学号(no)	姓名(name)	性别(sex)	年龄(age)	所在系(dep)
2022003	王芳	女	19	数学系

【例 3-9】 查询 17 岁以上女同学的信息。

$$\sigma_{age>17 \land sex="女"}(student) \quad 或 \quad \sigma_{4>17 \land 3="女"}(student)$$

结果如表 3-19 所示。

表 3-19 查询 17 岁以上女同学的信息

学号(no)	姓名(name)	性别（sex）	年龄(age)	所在系(dep)
2022003	王芳	女	19	数学系
2022004	刘娟	女	18	信息系

扫一扫
视频讲解

2. 投影

关系 R 上的投影(Projection)是从 R 中选择出若干属性列组成新的关系,记作

$$\Pi_A(R) = \{t[A] | t \in R\}$$

其中,A 为 R 中的属性列。

投影之后不仅取消了原关系中的某些列,而且还可能取消某些元组,因为取消了某些属性列后,就可能出现重复行,应取消这些完全相同的行。这个操作是从列的角度进行的运算,是对一个关系进行垂直分割。投影运算的直观意义如图 3-2 所示。

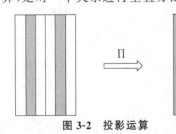

图 3-2 投影运算

【例 3-10】 查询学生情况表(student)中学生的学号和姓名。

$$\Pi_{no,name}(student) \quad 或 \quad \Pi_{1,2}(student)$$

查询结果如表 3-20 所示。

【例 3-11】 查询课程表中的课程名和课程号。

$$\Pi_{cname,cno}(course) \quad 或 \quad \Pi_{2,1}(course)$$

查询结果如表 3-21 所示。

扫一扫
视频讲解

3. 连接

1) 连接运算的含义

连接(Join)也称为 θ 连接,是从两个关系的笛卡儿积中选取满足某规定条件的全体元

表 3-20　查询学生情况表中学生的学号和姓名

学　号（no）	姓　名（name）
2022001	张超
2022002	李岚
2022003	王芳
2022004	刘娟
2022005	赵强

表 3-21　查询课程表中的课程名和课程号

课程名（cname）	课程号（cno）
数据库	1
高等数学	2
信息系统	3
操作系统	4
数据结构	5
C 程序设计	6

组，形成一个新的关系，记作

$$R\underset{A\theta B}{\infty}S=\{t_r t_s | t_r \in R \wedge t_s \in S \wedge t_r[A]\theta t_s[B]\}$$

其中，A 是 R 的属性组 $(A_1, A_2, \cdots, A_k)$；B 是 S 的属性组 $(B_1, B_2, \cdots, B_k)$；$A\theta B$ 的实际形式为 $A_1\theta B_1[[\wedge A_2\theta B_2]\wedge \cdots \wedge A_k\theta B_k]$；$A_i$ 和 $B_i(i=1,2,\cdots,k)$ 不一定同名，但必须可比；$\theta \in \{>, <, \leqslant, \geqslant, =, \neq\}$。

连接操作是从行和列的角度进行的运算，连接运算的直观意义如图 3-3 所示。

2）连接运算的过程

首先，确定结果中的属性列；然后，确定参与比较的属性列；最后，逐一取 R 中的元组分别和 S 中与其符合比较关系的元组进行拼接。

3）两种的常用连接运算

（1）等值连接。

θ 为 = 的连接运算称为等值连接（Equal-Join），它是从关系 R 与 S 的笛卡儿积中选取 A、B 属性值相等的那些元组。等值连接记作

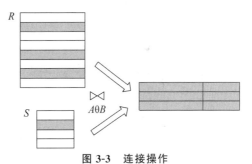

图 3-3　连接操作

$$R\underset{A=B}{\infty}S=\{t_r t_s | t_r \in R \wedge t_s \in S \wedge t_r[A]=t_s[B]\}$$

（2）自然连接。

自然连接（Natural Join）是一种特殊的等值连接，即若 A、B 是相同的属性组，就可以在结果中把重复的属性去掉。这种去掉了重复属性的等值连接称为自然连接。自然连接可记作

$$R\infty S=\{t_r t_s | t_r \in R \wedge t_s \in S \wedge t_r[B]=t_s[B]\}$$

【例 3-12】　已知关系 R 和关系 S 如表 3-22 和表 3-23 所示，求：小于连接 $R\underset{B<E}{\infty}S$，等值连接 $R\underset{B=E}{\infty}S$，自然连接 $R\infty S$。

表 3-22　关系 R

A	B	C
a1	6	c1
a2	7	c2
a1	9	c2
a3	12	c3

表 3-23　关系 S

E	D	C
5	e2	c2
7	e1	c1
10	e3	c3
6	e2	c2

小于连接结果如表 3-24 所示,等值连接结果如表 3-25 所示,自然连接结果如表 3-26 所示。

表 3-24 小于连接结果

A	B	R.C	E	D	S.C
a1	6	c1	7	e1	c1
a1	6	c1	10	e3	c3
a2	7	c2	10	e3	c3
a1	9	c2	10	e3	c3

表 3-25 等值连接结果

A	B	R.C	E	D	S.C
a1	6	c1	6	e2	c2
a2	7	c2	7	e1	c1

表 3-26 自然连接结果

A	B	C	E	D
a1	6	c1	7	e1
a2	7	c2	5	e2
a2	7	c2	6	e2
a1	9	c2	5	e2
a1	9	c2	6	e2
a3	12	c3	10	e3

【例 3-13】 求学生情况表 student(见表 3-15)、课程表 course(见表 3-16)和成绩表 score(见表 3-17)的自然连接结果。

student∞course∞score,按学生情况表和成绩表的相同属性(学号)等值连接,再按成绩表和课程表的相同属性(课程号)等值连接,最后过滤掉重复的列,即可得到这 3 张表的自然连接结果,如表 3-27 所示。

表 3-27 student∞course∞score

学号 (no)	姓名 (name)	性别 (sex)	年龄 (age)	所在系 (dep)	课程号 (cno)	课程名 (cname)	学分 (credit)	成绩 (grade)
2022001	张超	男	18	物理系	2	高等数学	3	78
2022001	张超	男	18	物理系	3	信息系统	2	88
2022001	张超	男	18	物理系	5	数据结构	3	81
2022002	李岚	女	17	信息系	1	数据库	4	90
2022002	李岚	女	17	信息系	4	操作系统	5	68
2022003	王芳	女	19	数学系	4	操作系统	5	70
2022003	王芳	女	19	数学系	5	数据结构	3	57
2022003	王芳	女	19	数学系	1	数据库	4	89
2022005	赵强	男	19	物理系	2	高等数学	3	93
2022005	赵强	男	19	物理系	5	数据结构	3	79

关系的除操作,也是一种由关系代数基本操作复合而成的查询操作,能用其他基本操作表示,这里不再讲述。

4. 专门的关系运算操作举例

设教学数据库中有 3 个关系,分别为学生关系:S(SNO,SN,AGE,SEX)、学习关系:SC(SNO,CNO,SCORE)、课程关系:C(CNO,CN,TEACHER)。

(1) 检索选修 C3 课程的学生的学号和成绩。

$$\Pi_{SNO,SCORE}(\sigma_{CNO='C3'}(SC))$$

(2) 检索选修 C4 课程的学生的学号和姓名。

$$\Pi_{SNO,SN}(\sigma_{CNO='C4'}(S\infty SC))$$

(3) 检索选修 MATHS 课程的学生的学号和姓名。

$$\Pi_{SNO,SN}(\sigma_{CN='MATHS'}(S\infty SC\infty C))$$

(4) 检索选修 C1 或 C3 课程的学生的学号。

$$\Pi_{SNO}(\sigma_{CNO='C1' \vee CNO='C3'}(SC))$$

(5) 检索没有选修 C2 课程的学生的学号、姓名和年龄。

$$\Pi_{SNO,SN,AGE}(S) - \Pi_{SNO,SN,AGE}(\sigma_{CNO='C2'}(S\infty SC))$$

3.4 关系的规范化

客观世界的实体间有着错综复杂的联系。实体的联系有两类,一类是实体与实体之间的联系;另一类是实体内部各属性间的联系。定义属性值间的相互关联(主要体现在值的相等与否)就是数据依赖,它是数据库模式设计的关键。数据依赖是现实世界属性间相互联系的抽象,是世界内在的性质,是语义的体现。

为使数据库模式设计合理可靠、简单实用,长期以来,形成了关系数据库设计理论,即规范化理论。它是根据现实世界存在的数据依赖而进行的关系模式的规范化处理,从而得到一个合理的数据库模式设计效果。

3.4.1 函数依赖

数据依赖共有 3 种:函数依赖(Functional Dependency,FD)、多值依赖(Multivalued Dependency,MVD)和连接依赖(Join Dependency,JD),其中最重要的是函数依赖。

1. 函数依赖的概念

函数依赖是关系模式中各个属性之间的一种依赖关系,是规范化理论中一个最重要、最基本的概念。

所谓函数依赖,是指在关系 R 中,X、Y 为 R 的两个属性或属性组,如果关系 R 存在:对于 X 的每个具体值,Y 都只有一个具体值与之对应,则称属性 Y 函数依赖于属性 X,记作 $X \rightarrow Y$。当 Y 不函数依赖于 X 时,记作 $X \nrightarrow Y$。当 $X \rightarrow Y$ 且 $Y \rightarrow X$ 时,则记作 $X \leftrightarrow Y$。

简单表述:如果属性 X 的值决定属性 Y 的值,那么属性 Y 函数依赖于属性 X;或者,如果知道 X 的值,就可以获得 Y 的值。

【例 3-14】 学生情况表如表 3-28 所示,其对应的关系模式可描述为:学生情况(学号,姓名,专业名,性别,出生日期,总学分)。其中,学号为关键字。求其函数依赖关系。

表 3-28 学生情况表

学号	姓名	专业名	性别	出生日期	总学分
20211101	王林	计算机	男	2002-02-10	150
20211102	程大伟	计算机	男	2003-02-01	150
20211103	王燕妮	计算机	女	2001-10-06	150
20212104	张明	网络	男	2003-08-26	150
20212106	李方方	网络	女	2002-11-20	150

由函数依赖的定义可知,存在以下函数依赖关系集。

学号→姓名;学号→专业名;学号→性别;学号→出生日期;学号→总学分

2. 几种特定的函数依赖

1) 平凡的函数依赖和非平凡的函数依赖

设关系模式 $R(U)$,U 是 R 上的属性集,$X,Y \subseteq U$;如果 $X \to Y$,且 Y 是 X 的子集,则称 $X \to Y$ 为平凡的函数依赖;如果 $X \to Y$,且 Y 不是 X 的子集,则称 $X \to Y$ 为非平凡的函数依赖。

【例 3-15】 在学生课程(学号,课程号,成绩)关系中,存在函数依赖:(学号,课程号)→成绩,为非平凡的函数依赖;而(学号,课程号)→学号,为平凡的函数依赖。

以下所讨论的全部为非平凡的函数依赖。

2) 完全函数依赖和部分函数依赖

设关系模式 $R(U)$,U 是 R 上的属性集,$X,Y \subseteq U$;如果 $X \to Y$,并且对于 X 的任何一个真子集 Z,$Z \to Y$ 都不成立,则称 Y 完全函数依赖于 X;如果 $X \to Y$,但对于 X 的某一个真子集 Z,有 $Z \to Y$ 成立,则称 Y 部分函数依赖于 X。

【例 3-16】 在学生课程(学号,课程号,成绩)关系中,学号、课程号是主码,由于学号→成绩不成立,课程号→成绩也不成立,因此,成绩完全函数依赖于(学号,课程号)。

【例 3-17】 在学生课程(学号,姓名,课程号,成绩)关系中,学号、课程号是主码,由于学号→姓名成立,因此,姓名部分函数依赖于(学号,课程号)。

3) 传递函数依赖

设关系模式 $R(U)$,$X \subseteq U$,$Y \subseteq U$,$Z \subseteq U$;如果 $X \to Y$,$Y \nrightarrow X$,且 $Y \to Z$ 成立,则称 $X \to Z$ 为传递函数依赖。

【例 3-18】 学生关系(学号,姓名,性别,年龄,所在系,系主任)中,学号为主码,其上的函数依赖包括:学号→姓名、学号→性别、学号→年龄、学号→所在系、所在系→系主任,则学号→系主任为传递函数依赖。

3. 码的函数依赖表示

使用函数依赖的概念可以给出关系模式中码的更严格定义。

候选码(Candidate Key):设 K 为关系模式 $R(U)$ 中的属性或属性集合。若 $K \to U$,则 K 称为 R 的一个候选码。

主码(Primary Key):若关系模式 R 有多个候选码,则选定其中一个作为主码。

3.4.2 关系规范化的目的

若设计一个描述学校的数据库:一个系有若干学生,一个学生只属于一个系;一个系只有一名系主任；一个学生可以选修多门课程，每门课程有若干学生选修；每个学生所学的每门课程都有一个成绩。学生信息表如表3-29所示。

表3-29　学生信息表

学　　号	姓　　名	年　　龄	系　　别	系　主　任	课程号	成　绩
20221001	赵红	20	计算机	张力	C1	90
20221001	赵红	20	计算机	张力	C2	85
20222002	王小明	17	数学	王晓	C5	57
20222002	王小明	17	数学	王晓	C6	80
20222002	王小明	17	数学	王晓	C7	76
20222002	王小明	17	数学	王晓	C4	70
20223003	吴林	19	信息	赵钢	C1	75
20223003	吴林	19	信息	赵钢	C2	70
20221004	张涛	21	计算机	张力	C1	93

上述数据库对应的关系模式为学生信息表(学号,姓名,年龄,系别,系主任,课程号,成绩),(学号,课程号)为主键。

上述关系模式存在以下问题。

(1) 数据冗余。数据在数据库中的重复存放称为数据冗余。冗余度大,不仅浪费存储空间,重要的是在对数据进行修改时,又易造成数据的不一致性。例如,系名、学生姓名、年龄等都要重复存储多次,当它们发生改变时,就需要修改多次,一旦遗漏就导致数据不一致。

(2) 更新异常。因为存在数据冗余,更新数据时,维护数据完整性代价就会增大。如果某学生改名,则该学生的所有记录都要逐一修改姓名的值,稍有不慎,就有可能漏改某些记录。

(3) 插入异常。无法插入某部分信息称为插入异常,即该插的数据插不进去。例如,如果一个系刚成立,尚无学生,我们就无法把这个系及其系主任的信息存入数据库,因为学号与课程号是主键,主键不能为空。

(4) 删除异常。不该删除的数据不得不删除。例如,如果某个系的学生全部毕业了,我们在删除该系学生信息的同时,把这个系及其系主任的信息也丢掉了。

上述关系模式设计不合理,不是一个好的关系模式,"好"的关系模式不会发生插入异常、删除异常、更新异常,数据冗余也应尽可能少。

关系模式规范化的目的就是解决关系模式中存在的数据冗余、插入和删除异常以及更新异常等问题。其基本思想是消除数据依赖中的不合适部分,使各关系模式达到某种程度的分离,使一个关系描述一个概念、一个实体或实体间的一种联系。因此,规范化的实质是概念的单一化。

关系数据库中的关系必须满足一定的规范化要求,对于不同的规范化程度,可用范式来衡量。范式(Normal Form,NF)是符合某一种级别的关系模式的集合,是衡量关系模式规范化程度的标准,达到的关系才是规范化的。目前主要有6种范式：第一范式、第二范式、第三范式、BC范式、第四范式和第五范式。满足最低要求的为第一范式,简称为1NF。在第一范式基础上进一步满足一些要求的为第二范式,简称为2NF。其余以此类推。显然,各种范式之间存在联系：1NF⊆2NF⊆3NF⊆BCNF⊆4NF⊆5NF。

通常把某一关系模式 R 为第 n 范式简记为 $R\in n\text{NF}$。

范式的概念最早是由 E.F.Codd 提出的。在 1971—1972 年,他先后提出了 1NF、2NF、3NF 的概念,1974 年他又和 Boyee 共同提出了 BCNF 的概念,1976 年 Fagin 提出了 4NF 的概念,后来又有人提出了 5NF 的概念。在这些范式中,最重要的是 3NF 和 BCNF,它们是进行规范化的主要目标。

3.4.3 关系规范化的过程

一个低一级范式的关系模式,通过模式分解可以转换为若干个高一级范式的关系模式的集合,这个过程称为规范化。通常实际情况下,规范化到 3NF 就可以了。

1. 第一范式

设 R 是一个关系模式,如果 R 的每个属性的值域都是不可分的简单数据项(原子值),则称这个关系模式属于第一范式,简记作 $R\in 1\text{NF}$。

也可以说,如果关系模式 R 的每个属性都是不可分解的,则 R 为第一范式的关系模式,1NF 是规范化最低的范式。

在任何一个关系数据库系统中,关系至少应该是第一范式,不满足第一范式的数据库模式不能称为关系数据库。注意,第一范式不能排除数据冗余和异常情况的发生。

例如,表 3-30 描述的是某单位职工情况。

表 3-30 职工情况表(非规范化)

职 工 号	姓 名	工 资		
		基本工资	职务工资	工龄工资
20011	李岚	5290	2200	1430
20012	王晓江	5000	2300	1240
20013	张华	5800	2500	1620

由于表 3-30 中工资一项包括 3 部分,不满足每个属性不能分解,是非规范化表,不是第一范式。可将其规范化为表 3-31。

表 3-31 职工情况表(规范化)

职 工 号	姓 名	基本工资	职务工资	工龄工资
20011	李岚	5290	2200	1430
20012	王晓江	5000	2300	1240
20013	张华	5800	2500	1620

2. 第二范式

如果关系模式 R 属于第一范式,且它的每个非主属性都完全函数依赖于码(候选码),则称 R 为满足第二范式的关系模式,简记作 $R\in 2\text{NF}$。

注意,在一个关系中,包含在任何候选码中的各个属性称为主属性;不包含在任何候选码中的属性称为非主属性。

从第二范式开始,规范化时,我们采用的是每个关系的最小函数依赖集。最小函数依赖集是符合以下条件的函数依赖集 F:

(1) F 中任何一个函数依赖的右边仅含有一个属性;

(2) F 中的所有函数依赖的左边都没有冗余属性;
(3) F 中不存在冗余的函数依赖。

【例 3-19】 学生关系 S(学号,姓名,性别,课程号,成绩),其中学号和课程号的组合为主码,姓名、性别、成绩为非主属性,关系 S 中的最小函数依赖集为

$$学号 \to 姓名, 学号 \to 性别, (学号, 课程号) \to 成绩$$

实际上,函数依赖(学号,课程号)→姓名也成立,但左边的课程号是多余的;函数依赖学号→学号也成立,但这是一个冗余的函数依赖。

推论 1 关系 $R \in 1\text{NF}$,且其主码为单个属性,则关系 R 一定属于第二范式。

【例 3-20】 在关系 R(学号,姓名,性别,出生日期)中,主码为学号,姓名、性别、出生日期为非主属性,存在下列最小函数依赖集:

$$学号 \to 姓名, 学号 \to 性别, 学号 \to 出生日期$$

由于每个非主属性都完全函数依赖于码,所以关系 $R \in 2\text{NF}$。

推论 2 主码是属性的组合,这样的关系模式可能不属于第二范式。

对于例 3-19 中的最小函数依赖集,存在非主属性(姓名和性别)部分函数依赖于码,故关系 S 不属于 2NF。对上述关系模式进行分解,分解方法:每个非主属性与它所依赖的属性组成新关系,新关系要尽可能少,新关系的主码为函数依赖的左侧属性或属性集。于是,上述关系模式分解为两个关系:S_1(学号,姓名,性别)和 S_2(学号,课程号,成绩),且 $S_1 \in 2\text{NF}, S_2 \in 2\text{NF}$。

【例 3-21】 职工信息关系 P(职工号,姓名,职称,项目号,项目名称,项目排名),其中,主码为(职工号,项目号),非主属性为(姓名,职称,项目名称,项目排名)。关系 P 中的最小函数依赖集如下。

$$职工号 \to 姓名, 职工号 \to 职称, 项目号 \to 项目名称, (职工号, 项目号) \to 项目排名$$

由于存在非主属性部分依赖于码,故关系 P 不属于 2NF。对上述关系模式进行分解,分解为 3 个关系:职工信息表(职工号,姓名,职称)、项目排名表(职工号,项目号,项目排名)和项目表(项目号,项目名称)。

3. 第三范式

如果关系模式 R 属于第二范式,且没有一个非主属性传递函数依赖于码,则称 R 为满足第三范式的关系模式,简记作 $R \in 3\text{NF}$。

【例 3-22】 关系 ST(学号,楼号,收费),其中包含的最小函数依赖集为

$$学号 \to 楼号, 楼号 \to 收费$$

函数依赖学号→收费也成立,但因为收费不是直接而是传递函数依赖于学号,所以这是一个冗余的函数依赖。

对上述关系模式进行分解,分解为两个关系:ST_1(学号,楼号)和 ST_2(楼号,收费)。

推论 3 如果关系模式 $R \in 1\text{NF}$,且它的每个非主属性既不部分也不传递函数依赖于码,则 $R \in 3\text{NF}$。

通过 3NF 的定义,我们也可以得出这样的推论:不存在非主属性的关系模式一定属于 3NF。此推论由读者自行证明。

4. BC 范式

BC 范式(BCNF)的定义：关系模式 $R \in 1NF$，对任何非平凡的函数依赖 $X \to Y$，X 均包含码，则 $R \in BCNF$。

BCNF 是从 1NF 直接定义的，可以证明：如果 $R \in BCNF$，则 $R \in 3NF$。

由 BCNF 的定义可以看到，每个 BCNF 的关系模式都具有以下 3 个性质。

(1) 所有非主属性都完全函数依赖于每个候选码。

(2) 所有主属性都完全函数依赖于每个不包含它的候选码。

(3) 没有任何属性完全函数依赖于非码的任何一组属性。

如果关系模式 $R \in BCNF$，由定义可知，R 中不存在任何属性传递函数依赖或部分依赖于任何候选码，所以必定有 $R \in 3NF$。但是，如果 $R \in 3NF$，则 R 未必属于 BCNF。

所以，3NF 和 BCNF 是以函数依赖为基础的关系模式规范化程度的测度。

【例 3-23】 有这样一个关系 $R(A, B, C, D, E)$，其中包含的最小函数依赖集为

$$(A, B) \to C, (A, B) \to E, B \to D, (C, D) \to A, (C, D) \to B, (C, D) \to E$$

通过以上函数依赖可知，关系 R 的候选码为 (A, B) 和 (C, D)，只有 E 为非主属性，所以不存在非主属性对码的部分和传递函数依赖，$R \in 3NF$。但是，存在主属性 D 部分函数依赖于不包含它的候选码 (A, B)，所以 R 不属于 BCNF。

可以将关系 R 分解为 $R_1(A, B, C, E)$ 和 $R_2(B, D)$。

如果一个关系数据库中的所有关系模式都属于 BCNF，那么在函数依赖范畴内，它已实现了模式的彻底分解，达到了最高的规范化程度，消除了插入异常和删除异常。

在信息系统的设计中，普遍采用的是基于 3NF 的系统设计方法，就是由于 3NF 是无条件可以达到的，并且基本解决了"异常"的问题，因此这种方法目前在信息系统的设计中仍然被广泛应用。

如果仅考虑函数依赖这一种数据依赖，属于 BCNF 的关系模式已经很完美了。但如果考虑其他数据依赖，如多值依赖，属于 BCNF 的关系模式仍存在问题，不能算是一个完美的关系模式。而 4NF 研究的就是关系模式中多值依赖的问题，5NF 研究的是关系模式中连接依赖的问题，这里不再讲述。

5. 关系规范化总结

(1) 对 1NF 关系进行投影，消除原关系中非主属性对码的部分函数依赖，从而产生若干个 2NF 的关系。

(2) 对 2NF 关系进行投影，消除原关系中非主属性对码的传递函数依赖，从而产生若干个 3NF 的关系。

(3) 对 3NF 关系进行投影，消除原关系中主属性对码的部分函数依赖和传递函数依赖(也就是说，使决定属性都成为投影的候选码)，得到一组 BCNF 的关系。

总之，关系的规范化减少了冗余数据，节省了空间，避免了不合理的插入、删除、修改等操作，保持了数据的一致性。但是，也导致了一些缺点，如信息放在不同表中，查询数据时有时需要把多张表连接在一起，增加了操作的时间和难度。因此，关系模式要从实际目标出发进行设计。

 习题 3

习题

自测题

第4章 数据库设计

合理的数据库结构是数据库应用系统性能良好的基础和保证,但数据库的设计和开发却是一项庞大而复杂的工程。从事数据库设计的人员,不仅要具备数据库知识和数据库设计技术,还要有程序开发的实际经验,掌握软件工程的原理和方法;数据库设计人员必须深入应用环境,了解用户具体的专业业务;在数据库设计的前期和后期,与应用单位人员密切联系,共同开发,可大大提高数据库设计的成功率。

本章主要讲述数据库设计过程中的需求分析、概念结构设计、逻辑结构设计、物理结构设计、数据库实施和运行、维护等内容,以及按照规范设计的方法和步骤介绍3个数据库设计实例。

4.1 数据库设计简介

数据库设计是根据用户需求设计数据库结构的过程。具体来讲,数据库设计是对于给定的应用环境,在关系数据库理论的指导下,构造最优的数据库模式,在数据库管理系统上建立数据库及其应用系统,使之能有效地存储数据,满足用户各种需求的过程。

数据库设计方法有多种,概括起来分为四类:直观设计法、规范设计法、计算机辅助设计法和自动化设计法。按照规范设计的方法,考虑数据库及其应用系统开发全过程,数据库设计可分为6个阶段:需求分析阶段、概念结构设计阶段、逻辑结构设计阶段、物理结构设计阶段、数据库实施阶段以及数据库运行和维护阶段。

4.2 需求分析

需求分析是数据库设计的起点。需求分析就是数据库设计人员通过仔细地调查和向用户详细咨询,掌握用户的需求,理解用户的需求。需求分析的结果是否准确地反映了用户的实际需求,将直接影响到后面各个阶段的设计,并影响到设计结果是否合理和实用。如果投入大量的人力、物力、财力和时间开发出的软件却没人购买,那所有投入都是徒劳。如果费了很大的精力开发一个软件,最后却不满足用户的要求,从而要重新开发,这种返工是让人痛心疾首的。

总之,需求分析对数据库的开发起到了决策的作用,提供了开发的方向,并指明了开发的策略,在数据库开发及维护中起到了举足轻重的作用。可以说,在一个大型数据库系统的开发中,它的作用要远远大于其他各个阶段。永远别忘了,数据库设计得合理、可行、满足用户需求才是最重要的。

4.2.1 需求分析的任务

需求分析的任务是通过详细调查现实世界要处理的对象(如组织、部门、企业等),充分了解原系统(手工系统或计算机系统)工作概况,明确用户的各种需求,然后在此基础上确定新系统的功能。新系统必须充分考虑今后可能的扩充和改变,不能仅仅按当前应用需求设计数据库。

调查的重点是"数据"和"处理",通过调查、收集与分析,获得用户对数据库的如下要求。

1. 信息要求

信息要求指用户需要从数据库中获得信息的内容与性质。由信息要求可以导出数据要求,即在数据库中需要存储哪些数据。

2. 处理要求

处理要求指用户要完成什么处理功能,对处理的响应时间有什么要求,处理方式是批处理还是联机处理等。

3. 安全性与完整性要求

安全性要求是指对数据库的用户、角色、权限、加密方法等安全保密措施的要求。完整性要求是指对数据取值范围、数据之间各种联系的要求等。

确定用户的最终需求往往是一件很困难的事,这是因为一方面用户缺少计算机知识,开始时无法确定计算机究竟能为自己做什么,不能做什么,往往不能准确地表达自己的需求,所提出的需求往往不断地变化;另一方面,设计人员缺少用户的专业知识,不易理解用户的真正需求,甚至误解用户的需求。因此,设计人员必须不断深入地与用户交流,才能逐步确定用户的实际需求。

4.2.2 需求分析的方法

进行需求分析首先是调查清楚用户的实际需求,与用户达成共识,然后分析与表达这些需求。

1. 调查用户需求的具体步骤

(1) 调查组织机构情况,包括了解该组织的部门组成情况、各部门的职责等,为分析信息流程做准备。

(2) 调查各部门的业务活动情况,包括了解各个部门输入和使用什么数据,如何加工处理这些数据,输出什么信息,输出到什么部门,输出结果的格式,这是调查的重点。

(3) 在熟悉业务活动的基础上,协助用户明确对新系统的各种要求,包括信息要求、处理要求、完全性与完整性要求,这是调查的又一个重点。

(4) 确定新系统的边界,对前面调查的结果进行初步分析,确定哪些功能由计算机完成或将来准备让计算机完成,哪些活动由人工完成。由计算机完成的功能就是新系统应该实现的功能。在调查过程中,可以根据不同的问题和条件,使用不同的调查方法。

2. 常用的调查方法

(1) 跟班作业。通过亲身参加业务工作了解业务活动的情况。这种方法可以比较准确地理解用户的需求,但比较耗费时间。

(2) 开座谈会。通过与用户座谈了解业务活动情况及用户需求。座谈时,参加者之间可以相互启发,一般可按职能部门组织座谈会。

(3) 询问或请专人介绍。一般应包括领导、管理人员、操作员等。

(4) 设计调查表请用户填写需求。如果调查表设计得合理,这种方法很有效,也易于被用户接受。

(5) 查阅记录。查阅与原系统有关的数据记录。

做需求调查时,往往需要同时采用上述多种方法。但无论使用何种调查方法,都必须有用户的积极参与和配合,最好能建立由双方人员参加的项目实施保障小组负责沟通联系。

4.2.3 数据流图和数据字典

数据流图(Data Flow Diagram,DFD)和数据字典(Data Dictionary,DD)是对需求分析结果进行描述的两个主要工具。

1. 数据流图

数据流图表达了数据和处理过程的关系,反映的是对事务处理所需的原始数据及经处理后的数据及其流向。在结构化分析方法中,任何一个系统都可抽象成如图 4-1 所示的数据流图。

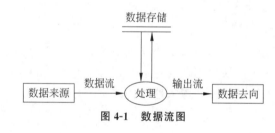

图 4-1 数据流图

1) 数据流

在数据流图中,用箭头表示数据流,数据流由一组确定的数据组成。名字表示流经的数据,箭头表示数据流动的方向。

2) 处理

在数据流图中,用圆圈表示处理,处理是对数据进行的操作或处理。

3) 数据存储

在数据流图中,用双线段表示存储的信息,文件数据暂时存储或永久保存的地方可以是数据库存储文件,如学生表、开课计划表等。

4) 外部实体

外部实体指独立于系统存在但又和系统有联系的实体。它表示数据的外部来源和最后的去向。确定系统与外部环境之间的界限,从而可确定系统的范围。在数据流图中,用矩形表示外部实体。外部实体可以是某人员、组织、系统或某事物。

数据流图清楚地表达了数据与处理之间的关系。在结构化分析方法中,处理过程常常借助判定表或判定树来描述,而系统中的数据则用数据字典来描述。

2. 数据字典

数据字典是数据库系统中各类数据详细描述的集合。在数据库设计中,它提供了对各类数据描述的集中管理,是一种数据分析、系统设计和管理的有力工具。数据字典要有专人或专门小组进行管理,及时对数据字典进行更新,保证字典的安全可靠。

数据字典通常包括数据项、数据存储、数据流和数据加工 4 部分。下面以货物销售网站的数据库为例,介绍数据字典的设计。

1) 数据项

数据项是最小的数据单位,通常包括数据项名称、别名、含义、类型、长度、取值范围及含义、与其他数据项的逻辑联系等。数据项条目定义格式示例如下。

数据项名称:货物编号

别名:Goods-No

含义:公司所有货物的编号

类型:字符串

长度:10

取值范围及含义:

  第1位字符:进口/国产

  第2~4位字符:类别

  第5~7位字符:规格

  第8~10位字符:品名编号

2) 数据存储

数据存储是数据停留并保存的地方,也是数据流的来源和去向之一。它可以是手工文档或凭单,也可以是计算机文档。数据存储包括数据存储名称、别名、说明、组成的成分(数据结构或数据项)、输入/输出、存取方式、操作方式等。数据存储条目定义格式示例如下。

数据存储名称:库存

别名:Inventory

说明:货物存放于仓库的情况

组成:货物编号+仓库编号+存放位置+库存量

输入:进货单

输出:供货单

存取方式:索引文件,以货物编号+仓库编号为关键字

操作方式:立即查询

3) 数据流

数据流表示数据项或数据结构在某一加工过程的输入或输出。数据流包括数据流名称、说明、输入/输出的加工名、组成的成分。数据流条目定义格式示例如下。

数据流名称:订单

说明:顾客订货时填写的项目

输入:顾客提交

输出:订单检验

组成:编号+订货日期+顾客编号+地址+电话+银行账号+货物名称+规格+数量

4) 数据加工

数据加工的具体处理逻辑一般用判定表或判定树来描述,包括加工名、操作条件、输入/输出数据流、加工过程简介等。加工条目是用来说明DFD中基本加工的处理逻辑的,由于上层的加工是由下层的基本加工分解而来,只要有了基本加工的说明,就可理解其他加工。基本加工条目定义格式示例如下。

加工名:查阅库存

操作条件：接收到合格订单时

输入：合格订单

输出：可供货订单或缺货订单

加工过程：根据订单数量和总库存数量判断可以供货或缺货

数据字典是在需求分析阶段建立，并在数据库设计过程中不断修改、充实、完善的。

4.3 概念结构设计

系统需求分析报告反映了用户的需求，但只是现实世界的具体要求，这是远远不够的。我们还要将其转换为信息（概念）世界的结构，这就是概念设计阶段所要完成的任务。

数据库概念结构设计是整个数据库设计的关键，此阶段要做的工作不是直接将需求分析得到的数据格式转换为 DBMS 能处理的数据模型，而是将需求分析得到的用户需求抽象为反映用户观点的概念模型，以此作为各种数据模型的共同基础，从而能更好、更准确地用某一 DBMS 实现这些需求。

描述概念结构的模型应具有以下几个特点。

（1）具有丰富的语义表达能力。能表达用户的各种需求，反映现实世界中各种数据及其复杂的联系，以及用户对数据的处理要求等。

（2）易于理解和交流。概念模型是系统分析师、数据库设计人员和用户之间的主要交流工具。

（3）易于修改。概念模型能灵活地加以改变，以反映用户需求和环境的变化。

（4）易于向各种数据模型转换。设计概念模型的最终目的是向某种 DBMS 支持的数据模型转换，建立数据库应用系统。

人们提出了多种概念设计的表达工具，其中最常用、最著名的是 E-R 模型。

4.3.1 概念结构设计的方法

概括起来，设计概念模型的总体策略和方法可以归纳为 4 种。

1. 自顶向下法

首先认定用户关心的实体及实体间的联系，建立一个初步的概念模型框架，即全局 E-R 模型，然后再逐步细化，加上必要的描述属性，得到局部 E-R 模型。

2. 自底向上法

自底向上法有时又称为属性综合法，先将需求分析说明书中的数据元素作为基本输入，通过对这些数据元素的分析，把它们综合成相应的实体和联系，得到局部 E-R 模型，然后在此基础上再进一步综合成全局 E-R 模型。

3. 逐步扩张法

先定义最重要的核心概念 E-R 模型，然后向外扩充，以滚雪球的方式逐步生成其他概念 E-R 模型。

4. 混合策略

将单位的应用划分为不同的功能，每种功能相对独立，针对各个功能设计相应的局部 E-R 模型，最后通过归纳合并，消去冗余与不一致，形成全局 E-R 模型。

其中,最常用的策略是自底向上法,即先进行自顶向下的需求分析,再进行自底向上的概念设计。

4.3.2 概念结构设计的步骤

在概念结构设计时,自底向上法可以分为两步:①进行数据抽象,设计局部概念模型,即设计局部 E-R 图;②集成各局部 E-R 图,形成全局 E-R 图,即 E-R 图的集成。

1. 设计局部 E-R 图

局部 E-R 图的设计步骤包括以下 4 步。

1) 确定局部 E-R 图描述的范围

根据需求分析所产生的文档,可以确定每个局部 E-R 图描述的范围。通常采用的方法是将功能划分为几个系统,每个系统又可分为几个子系统。设计局部 E-R 模型的第 1 步就是划分适当的系统或子系统,在划分时过细或过粗都不太合适。划分过细将造成大量的数据冗余和不一致,过粗有可能漏掉某些实体。

一般可以遵循以下两条原则进行功能划分。

(1) 独立性原则:划分在一个范围内的应用功能具有独立性与完整性,与其他范围内的应用有最少的联系。

(2) 规模适度原则:局部 E-R 图规模应适度,一般以 6 个左右实体为宜。

2) 确定局部 E-R 图的实体

根据需求分析说明书,将用户的数据需求和处理需求中涉及的数据对象进行归类,指明对象的身份,是实体、联系还是属性。

3) 定义实体的属性

根据上一步确定的实体的描述信息确定其属性。

4) 定义实体间的联系

确定了实体及其属性后,就可以定义实体间的联系了。实体间的联系按其特点可分为 3 种:存在性联系(如学生有所属的班级)、功能性联系(如教师要教学生)、事件性联系(如学生借阅书籍)。实体间的联系方式分为一对一、一对多、多对多 3 种。

设计完成某一局部结构的 E-R 图后,再看还有没有其他的局部,如果有则转到第 2 步继续,直到所有局部 E-R 图都设计完成为止。

2. 局部 E-R 图的集成

由于局部 E-R 图反映的只是单位局部子功能对应的数据视图,可能存在不一致的地方,还不能作为逻辑设计的依据,这时可以去掉不一致和重复的地方,将各个局部 E-R 图合并为全局 E-R 图,即局部 E-R 图的集成。

一般来说,局部 E-R 图的集成可以有两种方式:一种是多个分 E-R 图一次集成;另一种是逐步集成,用累加的方式一次集成两个分 E-R 图。第 1 种方式比较复杂,做起来难度较大。第 2 种方式每次只集成两个分 E-R 图,可以降低复杂度。

无论采用哪种集成法,每次集成都分为两个阶段:第一步是合并,以消除各局部 E-R 图之间的不一致情况,生成初步全局 E-R 图;第二步是优化,消除不必要的数据冗余,包括冗余的数据和实体间冗余的联系,生成最终全局 E-R 图。

【例 4-1】 图 4-2 所示的教学信息数据库系统 E-R 图中,学生和教师之间不需要直接的联系,因为不常用,偶尔在用户程序中需要用到二者之间的连接查询时,可以通过课程实体间接实现,所以学生和教师之间为多余的联系;同样,学生和学院之间也为多余的联系;平均成绩为多余的属性,因为它完全可以通过其他属性计算得到,除非应用程序有特殊需要,否则不需要设置此属性。

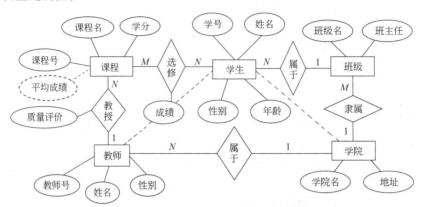

图 4-2 教学信息数据库系统 E-R 图

4.4 逻辑结构设计

数据库概念设计阶段得到的数据模式是用户需求的形式化,它独立于具体的计算机系统和 DBMS。为了建立用户所要求的数据库,必须把上述数据模式转换为某个具体的 DBMS 所支持的数据模式,并以此为基础建立相应的外模式,这是数据库逻辑设计的任务,是数据库结构设计的重要阶段。

逻辑设计的主要目标是产生一个 DBMS 可处理的数据模型,该模型必须满足数据库的存取、一致性及运行等各方面的用户需求。逻辑结构设计阶段一般要分为 3 步进行:将 E-R 图转换为关系数据模型、关系模式的优化、设计用户外模式。

4.4.1 将 E-R 图转换为关系数据模型

关系数据模型是一组关系模式的集合,而 E-R 图是由实体、属性和实体之间的联系三要素组成的。所以,将 E-R 图转换为关系数据模型实际上是要将实体、属性和实体之间的联系转换为关系模式。

转换过程中要遵循如下原则。

1. 实体的转换

一个实体转换为一个关系模式,实体的属性就是该关系模式的属性,实体的主码就是该关系模式的主码。

2. 联系的转换

(1) 两实体集间 1∶1 联系可以转换为一个独立的关系模式,也可以与任意一端对应的关系模式合并。

方法 1:转换为一个独立的关系模式。

转换后的关系模式中关系的属性包括与该联系相连的各实体的主码以及联系本身的属

性(如果有),关系的主码为两个实体的主码的组合。

【例 4-2】 将图 4-3 所示的 E-R 图按方法 1 转换为关系模式。

首先,将其中的两个实体按实体的转换原则转换为两个关系模式:班级和班长;然后,将班级和班长之间的一对一联系转换为一个独立的关系模式:班级-班长。3 个关系模式如下。

班级(<u>班号</u>,系别,班主任,入学时间)

班长(<u>学号</u>,姓名,性别,年龄)

班级-班长(<u>班号</u>,<u>学号</u>,任期)

方法 2:与某一端对应的关系模式合并。

合并后关系模式的属性包括自身关系模式的属性和另一关系模式的主码及联系本身的属性,合并后关系的主码不变。

【例 4-3】 将图 4-3 所示的 E-R 图按方法 2 转换为关系模式。

首先,将其中的两个实体按实体的转换原则转换为两个关系模式:班级和班长;然后,将班级和班长之间的一对一联系合并到班长或班级实体中。两个关系模式如下。

班级(<u>班号</u>,系别,班主任,入学时间)

班长(<u>学号</u>,姓名,性别,年龄,班号,任期)

或

班级(<u>班号</u>,系别,班主任,入学时间,班长学号,班长任期)

班长(<u>学号</u>,姓名,性别,年龄)

(2) 两实体集间 1∶N 联系可以转换为一个独立的关系模式,也可以与 N 端对应的关系模式合并。

方法 1:转换为一个独立的关系模式。

关系的属性包括与该联系相连的各实体的主码以及联系本身的属性,关系的主码为 N 端实体的主码。

【例 4-4】 将图 4-4 所示的 E-R 图按方法 1 转换为关系模式。

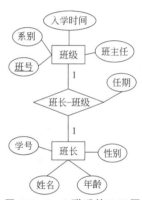

图 4-3 1∶1 联系的 E-R 图

图 4-4 1∶N 联系的 E-R 图

首先,将其中的两个实体按实体的转换原则转换为两个关系模式:系和教师;然后,将系和教师之间的一对多联系转换为一个独立的关系模式:工作。3 个关系模式如下。

系(<u>系号</u>,系名,系主任)

教师(<u>教师号</u>,教师姓名,年龄,职称)

工作(<u>教师号</u>,系号,入系日期)

方法 2:与 N 端对应的关系模式合并

合并后关系的属性包括在 N 端关系中加入 1 端关系的主码和联系本身的属性,合并后关系的主码不变。

【例 4-5】 将图 4-4 所示的 E-R 图按方法 2 转换为关系模式。

首先,将其中的两个实体按实体的转换原则转换为两个关系模式:系和教师;然后,将系和教师之间的一对多联系合并到多端教师实体中。两个关系模式如下。

系(系号,系名,系主任)

教师(教师号,教师姓名,年龄,职称,系号,入系日期)

注意：实际使用中,两实体间1∶1和1∶N联系通常采用方法2,以减少数据库系统中的关系模式,因为多一个关系模式就意味着查询过程中可能要进行连接运算,而连接运算会大大降低查询的效率。

(3) 同一实体集内实体间的1∶N联系,可在这个实体集所对应的关系模式中多设一个属性,用来作为与该实体相联系的另一个实体的主码。

例如,学生实体集中有部分学生是班长,就可以在学生关系模式中加入一个班长学号属性,表示这个学生所在班的班长。

(4) 两实体集间M∶N联系,必须为联系产生一个新的关系模式。该关系模式中至少包含被它所联系的双方实体的主码,若联系中有属性,也要并入该关系模式中。如果没有指定另外的属性(如此联系的ID作为该关系的主码),则该关系的主码一般为双方实体的主码的组合,也可能为双方实体主码再加其他属性的组合。

【例4-6】 将图4-5所示的E-R图转换为对应的关系模式。

图4-5 两实体间 M∶N 联系的E-R图

首先,将其中的两个实体按实体的转换原则转换为两个关系模式：职工和项目；然后,将职工和项目之间的多对多联系转换为一个独立的关系模式：参加。3个关系模式如下。

职工(职工号,姓名,性别,年龄,职务)

项目(项目号,项目名,起始日期,鉴定日期)

参加(职工号,项目号,薪酬)

(5) 同一实体集内实体间M∶N联系,必须为联系产生一个新的关系模式。该关系模式中至少包含被它所联系的双方实体的主码,若联系有属性,也要并入该关系模式中。

例如,学生实体集中有部分学生是社团的负责人,而一个学生可以参加多个社团,一个社团也可以有多个学生,所以学生实体集中学生和社团负责人就存在M∶N联系。学生实体集转换为一个学生关系,学生实体集内实体间M∶N联系就生成一个新的关系模式,该关系中至少包含学号和社团负责人编号两个属性。

(6) 两个以上实体集之间M∶N的联系,必须为联系产生一个新的关系模式,该关系模式中至少包含被它所联系的所有实体的主码,若联系有属性,也要并入该关系模式中,关系的主码可以指定一个单独的属性(如此联系的ID),否则一般为它所联系的所有实体的主码的组合,也可能为所有实体主码再加其他属性的组合。

4.4.2 关系模式的优化

通常情况下,数据库逻辑设计的结果不是唯一的。为了进一步提高数据库应用系统的性能,还应努力减少关系模式中存在的各种异常,改善完整性、一致性和存储效率。规范化理论是数据库逻辑设计的重要理论基础和进行关系模式优化的有力工具,规范化的具体过程详见第3章。

为了提高数据库应用系统的性能,规范化后的关系模式还需要进行修改,调整结构,这就是关系模式的进一步优化,通常采用合并或分解的方法。

关系模式的优化方法如下。

(1) 确定函数依赖。

(2) 对于各个关系模式之间的函数依赖进行极小化处理,消除冗余的函数依赖。

(3) 按照函数依赖的理论对关系模式逐一进行分析,考查是否存在部分函数依赖、传递函数依赖等,确定各关系模式分别属于第几范式,对不符合规范的关系模式规范化。

(4) 按照需求分析阶段得到的各种应用对数据处理的要求,分析对于这样的应用环境这些模式是否合适,确定是否要对它们进行合并或分解。

(5) 对关系模式进行必要的合并或分解。

规范化理论为数据库设计人员判断关系模式优劣提供了理论标准,可用来预测模式可能出现的问题,使数据库设计工作有了严格的理论基础。

4.4.3 设计用户外模式

外模式也叫作子模式或叫视图,是用户可直接访问的数据模式。同一系统中,不同用户可有不同的外模式。外模式来自逻辑模式,但在结构和形式上可以不同于逻辑模式,所以它不是逻辑模式简单的子集。

外模式的作用主要包括:通过外模式对逻辑模式的屏蔽,为应用程序提供了一定的逻辑独立性;可以更好地适应不同用户对数据的需求;为用户划定了访问数据的范围,有利于数据的保密等。

定义数据库全局模式主要是从系统的时间效率、空间效率、易维护等角度出发。由于用户外模式与模式是相对独立的,因此在定义用户外模式时可以注重考虑用户的习惯与方便。这些习惯与方便具体如下。

(1) 使用符合用户习惯的别名。

(2) 可以对不同级别的用户定义不同的视图,以保证系统的安全性。

(3) 简化用户对系统的使用。

如果某些局部应用中经常要使用某些很复杂的查询,为了方便用户,可以将这些复杂查询定义为视图,用户每次只对定义好的视图进行查询,大大简化了用户的使用。

4.5 物理结构设计

数据库最终要存储在物理设备上。将逻辑设计中产生的数据库逻辑模型结合指定的DBMS,设计出最适合应用环境的物理结构的过程,称为数据库的物理结构设计。

数据库的物理结构设计分为以下两个步骤。

(1) 确定数据库的物理结构。

(2) 对所设计的物理结构进行评价。

如果所设计的物理结构的评价结果满足原设计要求,则可进入物理实施阶段;否则,就需要重新设计或修改物理结构,有时甚至要返回逻辑设计阶段修改数据模型。

4.5.1 确定数据库的物理结构

数据库物理设计内容包括确定数据的存储结构、设计数据的存取路径、确定数据的存放位置和确定系统配置。

1. 确定数据的存储结构

确定数据库存储结构时要综合考虑存取时间、存储空间利用率和维护代价三方面的因素。

这三方面常常是相互矛盾的。例如,消除一切冗余数据虽然能够节约存储空间,但往往会导致检索代价的增加,因此必须进行权衡,选择一个折中方案。确定数据的存储结构包括为各行记录分配连续或不连续的物理块等。

2. 设计数据的存取路径

DBMS 常用存取方法有 B+树索引方法、聚簇(Cluster)方法和 Hash(哈希)索引方法。

1) B+树索引方法

B+树索引是一种自平衡的多路搜索树,因其可以减少磁盘 I/O 操作次数,显著提高数据查询速度,而成为目前数据库索引结构的首选。

在关系数据库中,选择存取路径主要是指确定如何建立索引。例如,建立单列索引还是复合索引,应把哪些列作为主关键字、哪些列作为次关键字建立索引,建立多少个索引合适,是否建立聚集索引等。

2) 聚簇方法

为了提高某个属性(或属性组)的查询速度,把这个或这些属性(称为聚簇码)上具有相同值的元组集中存放在连续的物理块称为聚簇。

聚簇可以大大提高按聚簇属性进行查询的效率。聚簇功能不但适用于单个关系,也适用于多个关系。假设用户经常要按系别查询学生成绩单,这一查询涉及学生关系和选修关系的连接操作,即需要按学号连接这两个关系,为提高连接操作的效率,可以把具有相同学号的学生元组和选修元组在物理上聚簇在一起。这就相当于把多个关系按"预连接"的形式存放,从而大大提高连接操作的效率。

3) Hash 索引方法

有些数据库管理系统提供了 Hash 索引方法。由于 Hash 索引比较的是进行 Hash 运算之后的 Hash 值,所以,满足下列两个条件之一,此关系才可以选择 Hash 索引方法。

(1) 该关系的属性主要出现在等值连接条件中或主要出现在相等、不等或属于比较选择条件中。Hash 索引在这几种情况中的查询效率要远高于 B+树索引。

(2) 该关系的大小可预知且关系的大小不变或该关系的大小动态改变但所选用的 DBMS 提供了动态 Hash 索引方法。

3. 确定数据的存放位置

为了提高系统性能,数据应该根据应用情况将易变部分与稳定部分分磁盘存放、经常存取部分和存取频率较低部分分磁盘存放或数据表和索引分磁盘存放、数据和日志分磁盘存放等。

4. 确定系统配置

DBMS 产品一般都提供了一些存储分配参数,供设计人员和 DBA 对数据库进行物理优化。初始情况下,系统都为这些变量赋予了合理的默认值。但是这些值不一定适合每种应用环境。

对系统配置的变量,如同时使用数据库的用户数、同时打开的数据库对象数、缓冲区分配参数、物理块装填因子、数据库的大小、锁的数目等,在物理设计时应根据应用环境确定这些参数值,以使系统性能最佳。

4.5.2 评价物理结构

数据库物理设计过程中需要对时间效率、空间效率、维护代价和各种用户要求进行权衡,其结果可以产生多种方案,数据库设计人员必须对这些方案进行细致的评价,从中选择一个较优的方案作为数据库的物理结构。

评价物理结构的方法完全依赖于所选用的DBMS,主要是从定量估算各种方案的存储空间、存取时间和维护代价入手,对估算结果进行权衡、比较,选择出一个较优的、合理的物理结构。如果该结构不符合用户需求,则需要修改设计。

4.6 数据库实施和运行、维护

在数据库正式投入运行之前,还需要完成很多工作。例如,在模式和子模式中加入数据库安全性、完整性的描述,完成应用程序和加载程序的设计,数据库系统试运行,并在试运行中对系统进行评价。如果评价结果不能满足要求,还需要对数据库进行修正设计,直到满意为止。数据库正式投入使用,也并不意味着数据库设计生命周期的结束,而是数据库维护阶段的开始。

4.6.1 数据库实施

根据逻辑和物理设计的结果,在计算机上建立起实际的数据库结构,并装入数据进行试运行和评价的过程,叫作数据库的实施(或实现)。

1. 建立实际的数据库结构

用DBMS提供的数据定义语言(DDL)编写描述逻辑设计和物理设计结果的程序(一般称为数据库脚本程序),经计算机编译处理和执行后就生成了实际的数据库结构。

2. 数据加载

数据库应用程序的设计应该与数据库设计同时进行。一般地,应用程序的设计应该包括数据库加载程序的设计。在数据加载前,必须对数据进行整理。由于用户缺乏计算机应用背景的知识,常常不了解数据的准确性对数据库系统正常运行的重要性,因而未对提供的数据作严格的检查。所以,数据加载前,要建立严格的数据登录、录入和校验规范,设计完善的数据校验与校正程序,排除不合格数据。

3. 数据库试运行和评价

当加载了部分必需的数据和应用程序后,就可以开始对数据库系统进行联合调试,称为数据库的试运行。一般将数据库的试运行和评价结合起来,目的是:①测试应用程序的功能;②测试数据库的运行效率是否达到设计目标,是否为用户所容忍。

测试的目的是发现问题,而不是为了说明能达到哪些功能。所以,测试中一定要有非设计人员的参与。

对于数据库系统的评价比较困难。需要估算不同存取方法的CPU服务时间及I/O服务时间。因此,一般还是从实际试运行中进行估价,确认其功能和性能是否满足设计要求,对空间占用率和时间响应是否满意等。

4.6.2 数据库的运行与维护

数据库试运行结果符合设计目标后,就可以真正投入运行了。数据库投入运行标志着开发任务的基本完成和维护工作的开始。

对数据库设计进行评价、调整、修改等维护工作是一个长期的任务,也是设计工作的继续和提高。

概括起来,维护工作包括以下内容:数据库的转储和恢复;数据库的安全性和完整性控制;数据库性能的监督、分析和改造;数据库的重组织和重构造。

4.7 数据库设计实例

4.7.1 银行卡管理系统数据库设计

1. 需求分析

与用户协商,了解用户的需求,需要哪些数据和操作(主要是查询),确定系统中应包含以下实体:储户、账户、交易记录。

储户的属性确定为:身份证号、姓名、电话、VIP;账户的属性确定为:账号、开户日期、类型、币种、密码、余额、有效日期;交易记录的属性确定为:交易时间、账号、支出、收入、对方账号、交易地点、摘要。其中,每个储户可以拥有多个账户;每个账户拥有多个交易记录。

2. 概念结构设计

画出银行卡管理系统的 E-R 图,如图 4-6 所示。

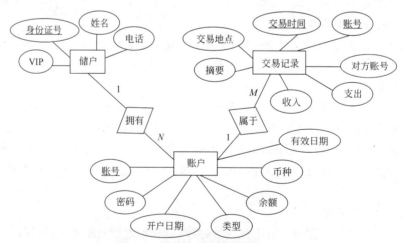

图 4-6 银行卡管理系统的 E-R 图

3. 逻辑结构设计

根据前面的转换原则,银行卡管理系统的关系模式设计如下。

储户(<u>身份证号</u>,姓名,电话,VIP)

账户(<u>账号</u>,身份证号,密码,开户日期,类型,币种,余额,有效日期)

交易记录(<u>交易时间</u>,<u>账号</u>,支出,收入,对方账号,交易地点,摘要)

表结构设计如表 4-1 ~ 表 4-3 所示。

表 4-1 储户表

属 性 名	类 型	宽 度	键 值	取 值 范 围
身份证号	字符型	18	主键	
姓名	字符型	10		
电话	字符型	11		数字字符
VIP	字符型	1		是或否

表 4-2 账户表

属 性 名	类 型	宽 度	键 值	取 值 范 围
账号	字符型	20	主键	数字字符
身份证号	字符型	18	外键	参考储户表主键
密码	字符型	6		数字字符
开户日期	日期型			默认值：当前日期
类型	字符型	3		信用卡、借记卡等
币种	字符型	3		人民币、美元等
余额	货币型			
有效日期	日期型			大于开户日期

表 4-3 交易记录表

属 性 名	类 型	宽 度	键 值	取 值 范 围
账号	字符型	20	主键 外键	数字字符，参考账户表主键
交易时间	日期型		主键	
支出	货币型			
收入	货币型			
对方账号	字符型	20		数字字符
交易地点	字符型	30		
摘要	字符型	20		转账、消费、工资、劳务等

4. 物理结构设计

根据查询需求设计每个关系的 B+ 树索引文件。在每张表上都按主键建立聚集索引；在账户表上分别按身份证号和开户日期建立非聚集索引；在交易记录表上分别按账号和交易时间建立非聚集索引。

4.7.2 图书借阅管理系统数据库设计

视频讲解

1. 需求分析

与用户协商，了解用户的需求，需要哪些数据和操作(主要是查询)，确定系统中应包含以下实体：书籍、员工、部门和出版社。

书籍的属性确定为：图书号、分类、书名、作者、单价、数量；员工的属性确定为：工号、姓名、性别、出生年月；部门的属性确定为：部门号、部门名称、电话；出版社的属性确定为：出版社名、地址、电话、联系人。

其中，每个员工可以借阅多本书，每本书也可以由多个员工借阅，每个员工每借一本书都有一个借阅日期、到期日期和实际还书日期；每个员工只属于一个部门；每本图书只能由一个出版社出版。

2. 概念结构设计

画出图书借阅管理系统的 E-R 图,如图 4-7 所示。

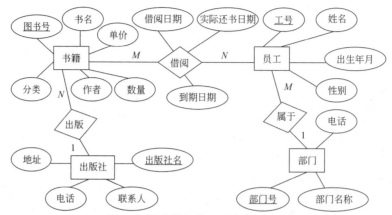

图 4-7　图书借阅管理系统的 E-R 图

3. 逻辑结构设计

根据前面的转换原则,图书借阅管理系统的关系模式设计如下。

书籍(图书号,分类,书名,作者,出版社名,单价,数量)

员工(工号,部门号,姓名,性别,出生年月)

部门(部门号,部门名称,电话)

出版社(出版社名,地址,电话,联系人)

借阅(工号,图书号,借阅日期,到期日期,实际还书日期)

表结构设计如表 4-4~表 4-8 所示。

表 4-4　书籍表

属 性 名	类　　型	宽　　度	键　　值	取 值 范 围
图书号	字符型	15	主键	
分类	字符型	10		
书名	字符型	30		
作者	字符型	10		
出版社名	字符型	20	外键	参考出版社表主键
单价	实型			0.00~999.99
数量	整型			

表 4-5　员工表

属 性 名	类　　型	宽　　度	键　　值	取 值 范 围
工号	字符型	5	主键	
部门号	字符型	4	外键	参考部门表主键
姓名	字符型	10		
性别	字符型	2		(男,女)
出生年月	日期型			1960-1-1—2050-1-1

表 4-6 部门表

属性名	类型	宽度	键值	取值范围
部门号	字符型	4	主键	
部门名称	字符型	20		
电话	字符型	11		数字字符

表 4-7 出版社表

属性名	类型	宽度	键值	取值范围
出版社名	字符型	20	主键	
地址	字符型	40		
电话	字符型	11		数字字符
联系人	字符型	10		

表 4-8 借阅表

属性名	类型	宽度	键值		取值范围
工号	字符型	5	主键	外键	参考员工表主键
图书号	字符型	15		外键	参考书籍表主键
借阅日期	日期型				2010-1-1—2050-1-1
到期日期	日期型				2010-1-1—2050-1-1
实际还书日期	日期型				2010-1-1—2050-1-1

4. 物理结构设计

根据查询需求设计每个关系的 B+树索引文件。在每张表上都按主键建立聚集索引；在书籍表上分别按分类、书名、作者和出版社名建立非聚集索引；在员工表上分别按姓名、部门名建立非聚集索引；在部门表上按姓名建立非聚集索引；在借阅表上分别按工号、图书号、借阅日期和到期日期建立非聚集索引。

4.7.3 钢材仓库管理系统数据库设计

1. 需求分析

与用户协商，了解用户的需求，需要哪些数据和操作（主要是查询），确定系统中应包含以下实体：职工、仓库、钢材和供应商。

职工的属性确定为：工号、姓名、性别、出生年月、工种（销售员、采购员、仓库管理员）；仓库的属性确定为：仓库编号、仓库名称、地址、联系电话、容量；钢材的属性确定为：钢材号、钢材名、品种、规格；供应商的属性确定为：供应商编号、供应商名称、地址、电话、联系人。

其中，一种钢材可以存放于多个仓库内，一个仓库也可以存放多种钢材；一个供应商可以供应多种钢材，一种钢材也可以由多个供应商提供，每个供应商供应一种钢材有一个报价；钢材、仓库与销售员之间有销售关系，它们是多对多的关系，每个销售员销售每个仓库的每种钢材都有一个出库单号、出库数量和出库日期；采购员、钢材与仓库之间有采购关系，它们是多对多的关系，每个采购员采购每种钢材都有一个入库单号、入库数量和入库日期；每个仓库有多名管理员,每名管理员只能管理一个仓库。

2. 概念结构设计

画出钢材仓库管理系统的 E-R 图,如图 4-8 所示。

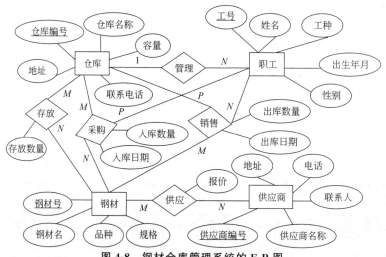

图 4-8 钢材仓库管理系统的 E-R 图

3. 逻辑结构设计

根据前面的转换原则,钢材仓库管理系统的关系模式设计如下。

职工(工号,姓名,性别,出生年月,工种,仓库编号)

仓库(仓库编号,仓库名称,地址,联系电话,容量)

钢材(钢材号,钢材名,品种,规格)

供应商(供应商编号,供应商名称,地址,电话,联系人)

存放(仓库编号,钢材号,存放数量)

供应(供应商编号,钢材号,报价)

销售(出库单号,钢材号,仓库编号,销售员工号,出库数量,出库日期)

采购(入库单号,钢材号,仓库编号,采购员工号,入库数量,入库日期)

其中,职工关系中如果职工的工种为仓库管理员,则仓库编号属性的取值为仓库关系中仓库编号属性的某个值,否则为空值。

表结构设计如表 4-9～表 4-16 所示。

表 4-9 职工表

属 性 名	类 型	宽 度	键 值	取 值 范 围
工号	字符型	5	主键	
姓名	字符型	10		
性别	字符型	2		(男,女)
出生年月	日期型			1960-1-1—2050-1-1
工种	字符型	10		(销售员,采购员,仓库管理员)
仓库编号	字符型	4	外键	参考仓库表主键

表 4-10 仓库表

属 性 名	类 型	宽 度	键 值	取 值 范 围
仓库编号	字符型	4	主键	
仓库名称	字符型	20		
地址	字符型	20		
联系电话	字符型	10		数字字符
容量	整型			大于或等于总存放数量

表 4-11 钢材表

属 性 名	类 型	宽 度	键 值
钢材号	字符型	4	主键
钢材名	字符型	20	
品种	字符型	10	
规格	字符型	10	

表 4-12 供应商表

属 性 名	类 型	宽 度	键 值	取 值 范 围
供应商编号	字符型	5	主键	
供应商名称	字符型	30		
地址	字符型	40		
电话	字符型	11		数字字符
联系人	字符型	10		

表 4-13 存放表

属 性 名	类 型	宽 度	键 值		取 值 范 围
仓库编号	字符型	4	主键	外键	参考仓库表主键
钢材号	字符型	4		外键	参考钢材表主键
存放数量	整型				

表 4-14 供应表

属 性 名	类 型	宽 度	键 值		取 值 范 围
供应商编号	字符型	5	主键	外键	参考供应商表主键
钢材号	字符型	4		外键	参考钢材表主键
报价	实型				0.00～9999.99

表 4-15 销售表

属 性 名	类 型	宽 度	键 值	取 值 范 围
出库单号	字符型	10	主键	
仓库编号	字符型	4	外键	参考仓库表主键
销售员工号	字符型	5	外键	参考员工表主键
钢材号	字符型	4	外键	参考钢材表主键
出库数量	整型			小于或等于存放数量
出库日期	日期型			2010-1-1—2050-1-1

表 4-16 采购表

属 性 名	类 型	宽 度	键 值	取 值 范 围
入库单号	字符型	10	主键	
仓库编号	字符型	4	外键	参考仓库表主键
采购员工号	字符型	5	外键	参考员工表主键
钢材号	字符型	4	外键	参考钢材表主键
入库数量	整型			
入库日期	日期型			2010-1-1—2050-1-1

4. 物理结构设计

根据查询需求设计每个关系的 B+ 树索引文件。在每张表上都按主键建立聚集索引；在职工表上按姓名建立非聚集索引；在仓库表上按仓库名称建立非聚集索引；在钢材表上分别按钢材名、品种和规格建立非聚集索引；在供应商表上按供应商名称建立非聚集索引；在供应表上按钢材号和报价的组合建立非聚集复合索引；在销售表上分别按仓库编号、销售员工号、钢材号和出库日期建立非聚集索引；在采购表上分别按仓库编号、采购员工号、钢材号和入库日期建立非聚集索引。

 习题 4

第5章 SQL Server 2019基础

SQL Server 是 Microsoft 公司推出的一种关系数据库管理系统,是一个可扩展的、高性能的、为分布式客户机/服务器计算所设计的数据库管理系统,实现了与 Windows NT 的有机结合,提供了基于事务的企业级信息管理系统方案。

SQL Server 提供了图形和命令行工具,用户可以使用不同的方法访问数据库,但这些工具的核心是 T-SQL。

SQL Server 2019 在早期版本的基础上构建,旨在将 SQL Server 发展成一个平台,以提供开发语言、数据类型、本地或云以及操作系统选项。SQL Server 2019 为所有数据工作负载带来了创新的安全性和合规性功能、业界领先的性能、任务关键型可用性和高级分析,现在还支持内置的大数据。

本章主要介绍 SQL Server 的发展史,SQL Server 2019 的新增功能、系统架构和协议,SQL Server 2019 安装的软、硬件需求及安装过程,SQL Server 2019 的主要组件及其初步使用以及 T-SQL 基础知识。

5.1 SQL Server 2019 简介

SQL Server 2019 建立在 SQL Server 2017 的基础之上,在性能、稳定性、易用性方面都有相当大的改进,而且引入了大数据库群集、数据分析服务及机器学习服务等新功能。

■ 5.1.1 SQL Server 的发展史

通常把 Microsoft SQL Server 简称为 SQL Server,但事实上,最早的 SQL Server 系统并不是 Microsoft 公司开发出来的,而是由赛贝斯公司推出的。

1987 年,赛贝斯公司发布了 Sybase SQL Server 系统。

1988 年,Microsoft 公司、Aston-Tate 公司加入赛贝斯公司的 SQL Server 系统开发中。

1989 年,SQL Server 1.0 for OS/2 系统推出。

1990 年,Aston-Tate 公司退出了联合开发团队,Microsoft 公司则希望将 SQL Server 移植到自己刚刚推出的新技术产品,即 Windows NT 系统中。

1992 年,Microsoft 公司与赛贝斯公司签署了联合开发用于 Windows NT 环境的 SQL Server 系统。

1993 年,Microsoft 公司与赛贝斯公司在 SQL Server 系统方面的联合开发正式结束。

1995年，Microsoft公司成功发布了Microsoft SQL Server 6.0系统。

1996年，Microsoft公司发布了Microsoft SQL Server 6.5系统。

1998年，Microsoft公司成功推出了Microsoft SQL Server 7.0系统。

2000年，Microsoft公司迅速发布了与传统SQL Server有重大不同的SQL Server 2000系统。

2005年12月，Microsoft公司发布了SQL Server 2005系统，可谓是"十年磨一剑"的精品之作。其高效的数据处理、强大的功能、简易而统一的界面操作，受到众多软件公司和企业的青睐。

2008年8月，Microsoft公司发布了SQL Server 2008系统，代码名称是Katmai。在安全性、可用性、易管理性、可扩展性、商业智能等方面有了更多的改进和提高，对企业的数据存储和应用需求提供了更强大的支持和便利。

2012年3月，Microsoft公司发布了SQL Server 2012系统，除保留了SQL Server 2008的风格，在安全性、高可用性、多维数据分析、报表分析以及大数据的支持等方面进行了较大的提高和突破。Microsoft此次版本发布的口号是"大数据"替代"云"的概念，对SQL Server 2012的定位是帮助企业处理每年大量的数据(ZB级别)增长。

2014年4月，Microsoft公司发布了SQL Server 2014系统。作为该公司数据平台"走向云端"的重要基石，这一版本有着相当重要的意义。SQL Server 2014带来了突破性的性能和全新的in-memory增强技术，启用了全新的混合云解决方案，通过与Excel和Power BI for Office 365的集成，提供了业内领先的商业智能功能。

2016年6月，Microsoft公司发布了SQL Server 2016系统。通过SQL Server 2016，可以使用可缩放的混合数据库平台生成任务关键型智能应用程序。此平台内置了需要的所有功能，包括内存中性能、高级安全性和数据库内分析。SQL Server 2016版本新增了安全功能、查询功能、Hadoop和云集成、R分析等，以及许多改进和增强功能。

2017年10月，Microsoft公司发布了SQL Server 2017系统。SQL Server 2017跨出了重要的一步，它力求通过将SQL Server的强大功能引入Linux、基于Linux的Docker容器和Windows，用户可以在SQL Server平台上选择开发语言、数据类型、本地开发或云端开发，以及操作系统开发。

2019年11月，Microsoft公司正式发布了新一代数据库产品SQL Server 2019。使用统一的数据平台实现业务转型SQL Server 2019附带Apache Spark和Hadoop Distributed File System(HDFS)，可实现所有数据的智能化。

目前，微软已经宣布旗下SQL Server 2022关系数据库管理系统的新预览。

■ 5.1.2 SQL Server 2019 新增功能

SQL Server 2019引入适用于SQL Server的大数据群集，同时为SQL Server数据库引擎、SQL Server Analysis Services、SQL Server机器学习服务、Linux上的SQL Server和SQL Server Master Data Services提供了附加功能和改进。

1. 数据虚拟化和 SQL Server 2019 大数据群集

当代企业通常掌管着庞大的数据资产，这些数据资产由托管在整个公司的孤立数据源中的各种不断增长的数据集组成。利用SQL Server 2019大数据群集，可以从所有数据中获得近乎实时的见解,该群集提供了一个完整的环境处理包括机器学习和人工智能(Artificial Intelligence,AI)功能在内的大量数据。

SQL Server 大数据集群允许用户部署运行在 Kubernetes 上的 SQL Server、Spark 和 HDFS 容器的可伸缩集群。这些组件并行运行,使用户能够在 Transact-SQL 或 Spark 中读取、写入和处理大数据,从而使用户能够轻松地将高价值的关系数据与高容量的大数据组合起来进行分析和使用。应用场景如下。

1)通过数据虚拟化打破数据孤岛

通过利用 SQL Server PolyBase,SQL Server 大数据集群可以在不移动或复制数据的情况下查询外部数据源。SQL Server 2019 引入了到数据源的新连接器。

2)在 SQL Server 中构建数据湖

SQL Server 大数据集群包括一个可伸缩的 HDFS 存储池。它可以用来存储大数据,这些数据可能来自多个外部来源。一旦大数据存储在大数据集群的 HDFS 中,用户就可以对数据进行分析和查询,并将其与关系数据结合起来使用。

3)扩展数据市场

SQL Server 大数据集群提供向外扩展的计算和存储,以提高分析任何数据的性能。来自各种数据源的数据可以被读取并分布在数据池节点上,作为进一步分析的缓存。

4)人工智能与机器学习相结合

SQL Server 大数据集群能够对存储在 HDFS 存储池和数据池中的数据执行人工智能和机器学习任务。用户可以使用 Spark 以及 SQL Server 中的内置 AI 工具,如 R、Python、Scala 或 Java。

5)应用程序部署

应用部署允许用户将应用程序作为容器部署到 SQL Server 大数据集群中。这些应用程序发布为 Web 服务,供应用程序使用。用户部署的应用程序可以访问存储在大数据集群中的数据,并且可以很容易地进行监控。

2. 智能数据库

SQL Server 2019 在早期版本中的创新的基础上构建,旨在提供开箱即用的业界领先性能。从智能查询处理到对永久性内存设备的支持,SQL Server 智能数据库功能提高了所有数据库工作负荷的性能和可伸缩性,而无须更改应用程序或数据库设计。

1)智能查询处理

通过智能查询处理,可以发现关键的并行工作负荷在大规模运行时性能得到了改进。同时,它们仍可适应不断变化的数据世界。默认情况下,最新的数据库兼容性级别设置上支持智能查询处理,这会产生广泛影响,可通过最少的实现工作量改进现有工作负荷的性能。新增或升级的功能主要包括行模式内存授予反馈、行存储上的批处理模式、标量用户定义函数(User-Defined Function,UDF)内联、表变量延迟编译和使用 APPROX_COUNT_DISTINCT 进行近似查询处理。

2)内存数据库

SQL Server 内存数据库技术利用现代硬件创新提供无与伦比的性能和规模。SQL Server 2019 在此领域早期创新的基础上构建,如内存中联机事务处理(Online Transaction Processing,OLTP),旨在为所有数据库工作负荷实现新的可伸缩性级别。新增或升级的功能主要包括混合缓冲池、内存优化 TempDB 元数据和内存中 OLTP 对数据库快照的支持。

3) 智能性能

SQL Server 2019 在早期版本的智能数据库创新的基础上构建，旨在确保提高运行速度。这些改进有助于突破已知的资源瓶颈，并提供配置数据库服务器的选项，以在所有工作负荷中提供可预测性能。新增或升级的功能主要包括数据库引擎内启用优化、强制快进和静态游标、减少对工作负荷的重新编译、间接检查点可伸缩性、并发页可用空间（Page Free Space，PFS）更新、计划程序辅助角色迁移以及资源调控。

4) 监视

监视改善情况可供用户在需要时随时对任何数据库工作负荷解锁性能见解。新增或升级的功能主要包括动态管理视图中新的等待类型、查询存储的自定义捕获策略、新数据库范围配置、扩展事件、新的动态管理函数（Dynamic Management Function，DMF）等。

3. 开发人员体验

SQL Server 2019 提供一流的开发人员体验，并增强了图形和空间数据类型、UTF-8 支持以及新扩展性框架。该框架使开发人员可以使用他们选择的语言获取其所有数据的见解。

1) 图形

图形数据类型可在图形数据库中边缘约束上定义级联删除操作；可以使用 MATCH 内的 SHORTEST_PATH 查找图中任意两个节点之间的最短路径，或执行任意长度遍历。图形还表现在支持表和索引分区以及在图形匹配查询中使用派生表或视图别名。

2) Unicode 支持

支持不同国家/地区和区域的业务，其中提供全球多语言数据库应用程序和服务的要求对于满足客户需求和符合特定市场规范至关重要。支持使用 UTF-8 进行导入和导出编码，并用作字符串数据的数据库级别或列级别排序规则。

3) 语言扩展

语言扩展主要包括新 Java 语言 SDK，简化了可从 SQL Server 运行的 Java 程序的开发，而且 Java 语言 SDK 是开放源代码的；还包括对 Java 数据类型的支持、SQL Server 语言扩展以及注册外部语言等。

4) 空间

新增功能或更新为新的空间引用标识符（Spatial Reference Identifier，SRID），提供了更为可靠和准确的数据，这些数据与全球定位系统提供的数据更加接近。新 SRID：7843，表示地理 2D；7844，表示地理 3D。

5) 错误消息

当提取、转换和加载（Extract-Transform-Load，ETL）进程由于源和目标没有匹配的数据类型和/或长度而失败时，故障排除会很耗时，尤其是在大型数据集中。通过 SQL Server 2019 的详细截断警告功能可更快速地深入了解数据截断错误。

4. 任务关键安全性

SQL Server 提供的安全体系结构旨在允许数据库管理员和开发人员创建安全的数据库应用程序并抵御威胁。每个版本的 SQL Server 都在早期版本的基础上进行了改进，并引

入了新的特性和功能，SQL Server 2019 在此基础上继续进行构建。

1）具有安全隔离区的始终加密

通过对服务器端安全 Enclave（隔离区）中的纯文本数据启用计算，使用就地加密和丰富计算扩展 Always Encrypted（始终加密）。就地加密可提高加密列、旋转列、加密密钥等加密操作的性能和可靠性，因为这样可以避免将数据移出数据库。

对丰富计算（模式匹配和比较操作）的支持可将 Always Encrypted 解锁到一组更广泛的方案和应用程序，这些方案和应用程序需要敏感数据保护，同时还需要在 Transact-SQL 查询中使用更丰富的功能。

2）SQL Server 配置管理器中的证书管理

可以使用 SQL Server 配置管理器执行查看和部署证书等证书管理任务。

3）数据发现和分类

数据发现和分类功能提供对用户表中的列进行分类和标记的功能，包括对敏感数据分类，如商业、财务、医疗保健、个人身份信息（Personally Identifiable Information，PII）等，这在组织的信息保护中起到关键作用。它可以充当基础结构，帮助满足数据隐私标准和法规遵从性要求各种安全方案，如监视（审核）以及对敏感数据异常访问的警报；可以更轻松地识别企业中敏感数据所在的位置，以便管理员采取保护数据库的正确措施。

4）SQL Server 审核

对审核进行了强化处理，在审核日志中包含了 data_sensitivity_information 新字段，其中包含查询返回的实际数据的敏感度分类（标签）。

5．高可用性

每位用户在部署 SQL Server 时都需执行一项常见任务，即确保所有任务关键型 SQL Server 实例以及其中的数据库在企业和最终用户需要时随时可用。可用性是 SQL Server 平台的关键支柱，并且 SQL Server 2019 引入了许多新功能和增强功能，使企业能够确保其数据库环境高度可用。

1）可用性组

最多五个同步副本：将同步副本的最大数目从 SQL Server 2017 中的 3 增加到了 SQL Server 2019 的 5，可以配置此组的 5 个副本在该组中进行自动故障转移，有 1 个主要副本以及 4 个同步的次要副本。

次要副本到主要副本连接重定向：允许客户端应用程序连接定向到主要副本，而不考虑在连接字符串中指定的目标服务器。

HADR（High Availability Disaster Recovery）权益：SQL Server 的每位软件保障客户都将能够对 Microsoft 仍支持的任何 SQL Server 版本使用 3 项增强权益。

2）加速数据库恢复

通过加速数据库恢复（Accelerated Database Recovery，ADR）减少重启或长时间运行事务回滚后的恢复时间。

3）可恢复操作

可恢复操作包括联机聚集列存储索引生成和重新生成、可恢复联机行存储索引生成及暂停和恢复透明数据加密（Transparent Data Encryption，TDE）的初始扫描。

6. 平台选择

SQL Server 2019 在 SQL Server 2017 已引入的创新的基础上构建，旨在使用户能够在所选平台上运行 SQL Server，并获得比以往更多的功能和更高的安全性。

1) Linux 平台

Linux 上的 SQL Server 实例可以参与任何类型的复制，支持 Microsoft 分布式事务处理协调器（MSDTC）；OpenLDAP 支持第三方 AD 提供商对 Linux 上的 SQL Server 使用 Active Directory 身份验证；Linux 上支持 SQL Server 机器学习服务（Python 和 R）；Linux 上的 SQL Server 新安装会根据逻辑核心数创建多个 TempDB 数据文件；Linux 上为非 Hadoop 连接器安装 PolyBase；Linux 上的 SQL Server 2019 支持变更数据捕获（Change Data Capture，CDC）。

2) 容器

最开始使用 SQL Server 的最简单方法是使用容器。SQL Server 2019 在早期版本引入的创新的基础上构建，旨在使用户能够以更安全的方式在新平台上部署 SQL Server 容器，并获得更多功能。

SQL Server 2019 将 Docker Hub 替换为新的官方 Microsoft 容器映像，引入了通过在默认情况下以非根用户身份启动 SQL Server 进程创建更安全容器的功能。从 SQL Server 2019 开始，可以在 Red Hat Enterprise Linux 上运行 SQL Server 容器，引入了使用 SQL Server 容器的新方法，如机器学习服务和 PolyBase。

7. 安装选项

新内存设置选项：在安装过程中设置"最小服务器内存（MB）"和"最大服务器内存（MB）"服务器配置。

新并行度设置选项：在安装过程中设置"最大并行度"服务器配置。

服务器/CAL 许可证产品密钥的设置警告：如果输入了企业服务器/CAL 许可证产品密钥，且计算机上有 20 多个物理内核，或者在启用超线程时有 40 个逻辑内核，则安装过程中会显示警告，但用户仍然可以确认限制并继续设置，或者输入支持操作系统最大处理器数量的许可证密钥。

8. SQL Server 机器学习服务

基于分区的建模：可以使用添加到 sp_execute_external_script 的新参数处理每个数据分区的外部脚本，此功能支持训练多个小型模型（每个数据分区一个模型），而不是一个大型模型。

Windows Server 故障转移群集：可在 Windows Server 故障转移群集上配置机器学习服务的高可用性。

9. SQL Server Analysis Services

SQL Server 2019 引入了新功能和针对性能、资源管理和客户端支持的改进。

表格模型中的计算组：通过将常见度量值表达式分组为"计算项"，计算组可显著减少冗余度量值的数量。

查询交叉：一种表格模型系统配置，可在高并发情况下改善用户查询响应时间。

表格模型中的多对多关系：允许表之间存在多对多关系，两张表中的列都是非唯一的。

资源管理的属性设置：SQL Server 2019 包含新的内存设置，针对资源管理的 Memory\

QueryMemoryLimit、DbpropMsmdRequestMemoryLimit 和 OLAP \ Query \ Rowset SerializationLimit。

Power BI 缓存刷新的调控设置：SQL Server 2019 引入了 ClientCacheRefreshPolicy 属性，该属性将替代缓存的仪表板磁贴数据以及 Power BI 服务初始加载 Live Connect 报表时的报表数据。

联机附加：可用于本地查询横向扩展环境中只读副本的同步。

10. SQL Server Integration Services

SQL Server 2019 引入了改进文件操作的新功能。

灵活的文件任务：在本地文件系统、Azure Blob 存储和 Azure Data Lake Storage Gen2 上执行文件操作。

灵活的文件源和目标：对 Azure Blob 存储和 Azure Data Lake Storage Gen2 读写数据。

11. SQL Server Master Data Services

支持 Azure SQL 托管实例数据库：Azure SQL 托管实例上的主机 Master Data Services。

新 HTML 控件：替换了所有以前的 Silverlight 组件，已删除 Silverlight 依赖项。

12. SQL Server Reporting Services

SQL Server 2019 的 SQL Server Reporting Services 功能支持 Azure SQL 托管实例、Power BI Premium 数据集、增强的可访问性、Azure Active Directory 应用程序代理以及透明数据库加密，还会更新 Microsoft 报表生成器。

5.1.3　SQL Server 2019 的协议

当客户端向 SQL Server 发送 SQL 命令时，客户端发出的命令必须符合一定的通信格式规范才能被数据库系统识别，而这个规范就是 TDS(Tabular Data Stream)。服务器和客户端上都有 Net-Libraries，它可以将 TDS 信息包转换为标准的通信协议包。

SQL Server 可以同时支持来自不同客户端的多种标准协议，其支持的协议如下。

共享内存(Shared Memory)：这是 SQL Server 默认开启的一个协议。该协议简单，无须配置。顾名思义，共享内存协议就是通过客户端和服务器共享内存的方式进行通信。所以，使用该协议的客户端必须和服务器在同一台机器上。由于共享内存协议简单，协议效率高而且安全，所以如果客户端(如 IIS)和数据库是在同一台机器上，那么使用共享内存协议是一个不错的选择。

命名管道(Named Pipes)：该协议是为局域网而开发的协议。命名管道协议和 Linux 的管道符号有点接近，一个进程使用一部分内存向另一个进程传递信息，一个进程的输出是另一个进程的输入。两个进程可以是同一台机器，也可以是局域网中的两台机器。

TCP/IP：该协议是因特网上广为使用的协议，可以用于不同硬件、不同操作系统、不同地域的计算机之间通信。由于 TCP/IP 没有共享内存协议和命名管道协议的限制，所以该协议在 SQL Server 上被大量使用。

5.2 SQL Server 2019 的安装与配置

SQL Server 版本很多，根据我们的需求，选择的版本也各不相同，而根据应用程序的需要，安装要求也会有所不同。不同版本的 SQL Server 能够满足单位和个人独特的性能、运行时以及价格要求。安装哪些 SQL Server 组件还取决于用户的具体需要。

扫一扫

视频讲解

5.2.1 SQL Server 2019 的版本

SQL Server 2019 分为企业版、标准版、开发者版、Web 版和精简版，其功能和作用也各不相同，其中 SQL Server 2019 精简版是免费版本。

1. SQL Server 2019 企业版

SQL Server 2019 企业版(Enterprise Edition)是一个全面的数据管理和业务智能平台，为关键业务应用提供了企业级的可扩展性、数据仓库、安全、高级分析和报表支持。作为高级产品/服务，SQL Server 企业版提供了全面的高端数据中心功能，具有极高的性能和无限虚拟化，还具有端到端商业智能，可以为任务关键工作负载和最终用户访问数据见解提供高服务级别。该版本位于产品系列的高端，消除了大部分可伸缩性限制，其支持任意数量的处理器、任意数据库尺寸，以及数据库分区。

2. SQL Server 2019 标准版

SQL Server 2019 标准版(Standard Edition)是一个完整的数据管理和业务智能平台，为部门级应用提供了最佳的易用性和可管理特性，支持将常用开发工具用于本地和云，有助于以最少的 IT 资源进行有效的数据库管理。SQL Server 2019 标准版包含 Integration Services，带有企业版中可用的数据转换功能的子集，还包括 Analysis Services 和 Reporting Services，但不具有在企业版中可用的高级可伸缩性和性能特性。

3. SQL Server 2019 开发者版

SQL Server 2019 开发者版(Developer Edition)允许开发人员构建和测试基于 SQL Server 的任意类型应用。该版本拥有所有企业版的特性，但有许可限制，只能用作开发和测试系统，而不能用作生产服务器。SQL Server 开发者版是构建和测试应用程序的人员的理想之选。

4. SQL Server 2019 Web 版

SQL Server 2019 Web 版是针对运行于 Windows 服务器中要求高可用、面向 Internet Web 服务的环境而设计的。对于 Web 主机托管服务提供商和 Web VAP，SQL Server Web 版本是一个总拥有成本较低的选择，它可针对从小规模到大规模 Web 资产等内容提供可伸缩性、经济性和可管理性能力。

5. SQL Server 2019 精简版

SQL Server 2019 精简版(Express Edition)是 SQL Server 的一个免费版本，是学习和构建桌面及小型服务器数据驱动应用程序的理想选择，可以直接在微软官方网站下载。它是 SQL Server 的一个微型版本，拥有核心的数据库功能，但其缺少管理工具、高级服务(如 Analysis Services)及可用性功能(如故障转移)。

下面总结各版本的选择。

对于大型的企业客户,大多希望以一种简洁的方式获得一个完整的、集成的数据平台,他们希望使用一个能够满足各方面需求的数据库产品,所以 SQL Server 2019 企业版是这部分客户的理想选择。

对于中小型的企业或机构客户,可以根据需求选择使用 SQL Server 2019 标准版。而对于个人用户,可以选择精简版。

对于数据库开发人员,开发者版包含企业版的所有功能,若希望使用 SQL Server 的所有功能而没有企业版,那么可以使用开发者版。SQL Server 2019 Web 版的性能要低于企业版和标准版,但对于 Web 宿主和网站的开发,是一个低成本、高可用性的选择。

5.2.2 SQL Server 2019 的环境需求

环境需求是指系统安装时对硬件、操作系统、网络等环境的要求,这些要求也是 SQL Server 系统运行所必需的条件。

1. 硬件需求

表 5-1 中的内存和处理器要求适用于所有 SQL Server 2019 版本。

表 5-1 SQL Server 2019 硬件需求

组 件	要 求
硬盘	SQL Server 要求最少 6GB 的可用硬盘空间。磁盘空间要求将随所安装的 SQL Server 组件不同而发生变化
监视	SQL Server 要求有 Super-VGA(800×600 像素)或更高分辨率的显示器
Internet	使用 Internet 功能,需要连接 Internet
内存	最低要求:精简版为 512MB;其他版本为 1GB 推荐:精简版为 1GB;其他版本至少 4GB,并且应随着数据库大小的增加而增加以确保最佳性能
处理器速度	最低要求:x64,1.4GHz 处理器 推荐:2.0GHz 或更快
处理器类型	x64 处理器:AMD Opteron、AMD Athlon 64、支持 Intel EM64T 的 Intel Xeon,以及支持 EM64T 的 Intel Pentium IV

2. 软件需求

表 5-2 中的软件要求适用于所有 SQL Server 2019 版本的安装。

表 5-2 SQL Server 2019 软件需求

组 件	要 求
操作系统	Windows 10 TH1 1507 或更高版本,Windows Server 2016 或更高版本
.NET Framework	最低版本操作系统包括最低版本 .NET 框架
网络软件	SQL Server 支持的操作系统具有内置网络软件。独立安装项的命名实例和默认实例支持以下网络协议:共享内存、命名管道和 TCP/IP

3. Windows 操作系统支持

SQL Server 2019 的 Windows 操作系统支持如表 5-3 所示。

表 5-3　SQL Server 2019 的 Windows 操作系统支持

Windows 版本	企业版	开发者版	标准版	Web 版	精简版
Windows Server 2022 Datacenter	是	是	是	是	是
Windows Server 2022 Datacenter：Azure Edition	是	是	是	是	是
Windows Server 2022 Standard	是	是	是	是	是
Windows Server 2019 Datacenter	是	是	是	是	是
Windows Server 2019 Standard	是	是	是	是	是
Windows Server 2019 Essentials	是	是	是	是	是
Windows Server 2016 Datacenter	是	是	是	是	是
Windows Server 2016 Standard	是	是	是	是	是
Windows Server 2016 Essentials	是	是	是	是	是
Windows 11 IoT 企业版	否	是	是	否	是
Windows 11 企业版	否	是	是	否	是
Windows 11 专业版	否	是	是	否	是
Windows 11 家庭版	否	是	是	否	是
Windows 10 IoT 企业版	否	是	是	否	是
Windows 10 企业版	否	是	是	否	是
Windows 10 专业版	否	是	是	否	是
Windows 10 家庭版	否	是	是	否	是

4. Linux 操作系统支持

SQL Server 在所有支持的平台(包括 Linux 和容器)上具有相同的基础数据库引擎。Red Hat Enterprise Server、SUSE Linux Enterprise Server 和 Ubuntu 均支持 SQL Server，还支持使用 Docker 在容器中运行。

SQL Server 的核心数据库引擎在 Linux 上与在 Windows 上是相同的。不过，Linux 当前不支持某些功能，如合并复制、Stretch DB、具有第三方连接的分布式查询、除 SQL Server 之外的数据源的链接服务器、系统扩展存储过程(XP_CMDSHELL 等)、托管备份、警报、数据库镜像、可扩展的密钥管理(Extensible Key Management，EKM)、链接服务器的 Active Directory 身份验证、SQL Server Browser、Analysis Services、Reporting Services 等。

5.2.3　SQL Server 2019 的安装过程

安装软件是使用任何软件系统之前必须做的事情，是使用软件系统的开始。正确地安装和配置系统，是确保软件系统安全、健壮运行的基础工作。

本节以在 Windows 10 操作系统安装 SQL Server 2019 Express 版为例，介绍安装步骤。

(1) 从微软官网免费下载 SQL Server 2019 Express 版，如图 5-1 所示。下载网址为 https://www.microsoft.com/zh-cn/sql-server/sql-server-downloads。

(2) 双击下载的 SQL Server 2019 Express 版安装程序 SQL2019-SSEI-Expr.exe，进入"选择安装类型"界面，如图 5-2 所示。

(3) 选择"自定义"，进入"指定 SQL Server 媒体下载目标位置界面"，如图 5-3 所示。可

第5章 SQL Server 2019基础

图 5-1　SQL Server 2019 Express 版下载

图 5-2　选择安装类型

图 5-3　指定 SQL Server 媒体下载目标位置

根据实际情况修改媒体存放位置。

（4）单击"安装"按钮，开始下载安装程序包，如图 5-4 所示。

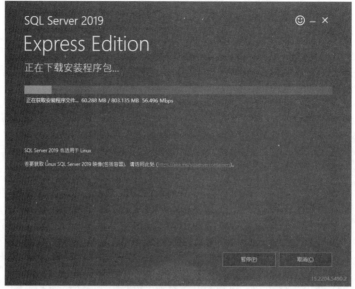

图 5-4　下载安装程序包

（5）安装程序包下载完成后，自动启动 SQL Server 安装中心，如图 5-5 所示。

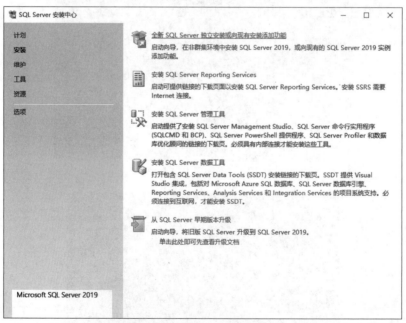

图 5-5　SQL Server 安装中心

（6）单击"全新 SQL Server 独立安装或向现有安装添加功能"选项，进入"许可条款"界面，如图 5-6 所示。

（7）勾选"我接受许可条款和隐私声明"复选框，单击"下一步"按钮，进入"安装安装程序文件"界面，系统将扫描产品更新，找到后安装更新，并安装程序支持文件，如图 5-7 所示。

第5章 SQL Server 2019基础

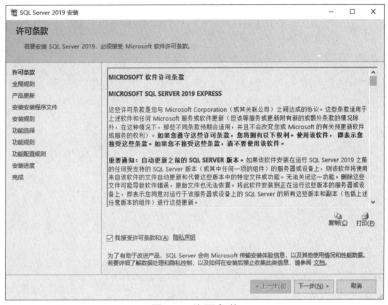

图 5-6 许可条款

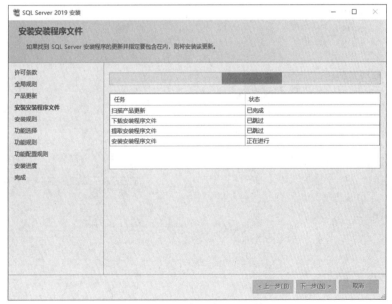

图 5-7 安装安装程序文件

（8）安装完成后，进入"安装规则"界面，系统根据安装程序支持规则检测当前环境是否符合 SQL Server 2019 的安装条件，如图 5-8 所示。

（9）单击"下一步"按钮，进入"功能选择"界面，如图 5-9 所示。

（10）"数据库引擎服务"为必选项，其他选项可根据实际需要进行选择；安装目录也可以根据实际情况进行修改。然后，单击"下一步"按钮，进入"实例配置"界面，如图 5-10 所示。SQL Server 允许在同一台计算机上同时运行多个实例，可以选择"默认实例"，安装成默认实例。默认实例仅由运行该实例的计算机的名称唯一标识，它没有单独的实例名，一台

图 5-8 安装规则

图 5-9 功能选择

计算机上只能有一个默认实例,而默认实例可以是 SQL Server 的任何版本。由于本机上已安装 SQL Server 的默认实例,则选择"命名实例",并在文本框中输入具体的实例名。

(11)这里选择"默认实例",然后单击"下一步"按钮,进入"服务器配置"界面,如图 5-11 所示。该界面主要配置服务的账户、启动类型、排序规则等,可以将账户名设置为 SYSTEM 等,如果账户名设置错误,系统将会提示,而且也不能执行下一步操作,所以必须确保每个服务的账户名都正确。这里选择默认账户名,其他选项也都采用默认值。

(12)单击"下一步"按钮,进入"数据库引擎配置"界面,用于配置数据库账户、数据目录

第5章 SQL Server 2019基础

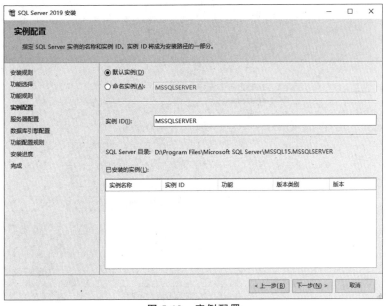

图 5-10 实例配置

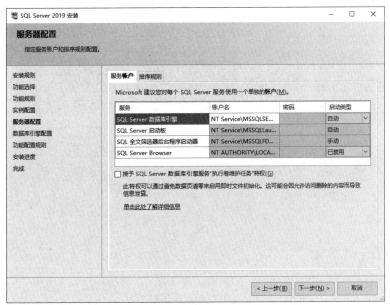

图 5-11 服务器配置

和 FILESTREAM，如图 5-12 所示。

SQL Server 2019 有两种身份验证模式：Windows 身份验证模式和混合模式。Windows 身份验证模式是只允许 Windows 中的账户和域账户访问数据库；而混合模式除了允许 Windows 账户和域账户访问数据库外，还可以使用在 SQL Server 中配置的用户名密码访问数据库。如果使用混合模式，则可以通过 sa 账户登录，在该界面中则需要设置 sa 的密码。

这里选择的是 Windows 身份验证模式，其他选项都采用默认值。

图 5-12 数据库引擎配置

（13）单击"下一步"按钮，SQL Server 2019 将按照向导中的配置将数据库安装到计算机中，如图 5-13 所示。

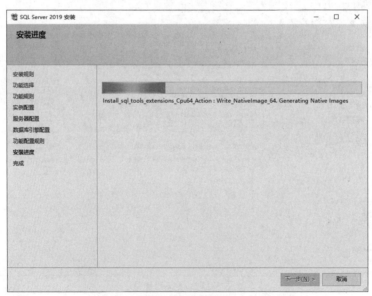

图 5-13 安装进度

（14）安装完成后，显示安装已成功完成的页面，如图 5-14 所示。单击"关闭"按钮，SQL Server 2019 Express 版顺利安装完成。

5.2.4 SQL Server Management Studio 的安装过程

Microsoft SQL Server Management Studio（SQL Server 管理控制台，SSMS）是从 Microsoft SQL Server 2005 版本开始提供的一种集成环境，用于访问、配置、控制、管理和开发 SQL Server 的所有组件。SSMS 将一组多样化的图形工具与多种功能齐全的脚本编辑

第5章 SQL Server 2019基础

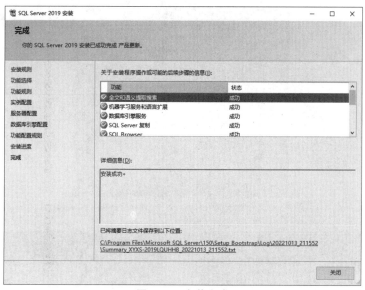

图 5-14　安装完成

器组合在一起，可为各种技术级别的开发人员和管理员提供对 SQL Server 的访问。

在 SQL Server 安装中心中"安装 SQL Server 管理工具"，可以进入微软官网下载 SQL Server Management Studio，也可以直接进入如图 5-15 所示的网址（https://www.microsoft.com/zh-cn/sql-server/sql-server-downloads）进行下载。

图 5-15　SQL Server Management Studio 下载

（1）双击下载的 SQL Server Management Studio 安装文件 SSMS-Setup-CHS.exe，如图 5-16 所示。

（2）可以更改安装的位置，如安装到 D 盘，然后单击"安装"按钮，开始安装，如图 5-17 所示。

（3）安装完成，出现如图 5-18 所示的界面，单击"关闭"按钮即可。

图 5-16 开始安装 SQL Server Management Studio

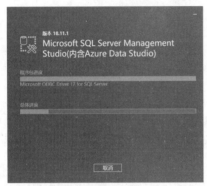

图 5-17 安装进度

图 5-18 安装完成

5.3 SQL Server 2019 的管理工具

完成 SQL Server 2019 的安装后,可以使用图形化工具和命令提示实用工具进一步配置 SQL Server。下面介绍用来管理 SQL Server 2019 实例的工具。

5.3.1 SQL Server Management Studio

1. 访问 SQL Server Management Studio

单击"开始"菜单,选择 Microsoft SQL Server Tools 18 程序组中 Microsoft SQL Server Management Studio 选项,弹出如图 5-19 所示的"连接到服务器"对话框。

在该对话框中可以选择服务器类型、服务器名称及身份验证模式。这里,服务器类型是数据库引擎。如果在安装时使用的是默认实例,则服务器的名称就是机器名或 IP 地址,本实例即为默认实例,服务器名为 XYXS-2019LQUHHB;如果在安装时使用的是命名实例,那么服务器名称中还要包括

图 5-19 "连接到服务器"对话框

实例名,如机器名\实例名可以为 XYXS-2019LQUHHB\SQLEXPRESS。身份验证使用 Windows 身份验证,如果在安装数据库时配置了 sa 的登录密码,也可以选择 SQL Server 身份认证,在"用户名"文本框中输入 sa,然后输入配置的密码。

单击"连接"按钮后,SSMS 将连接到指定的服务器。Microsoft SQL Server Management Studio 管理工具界面如图 5-20 所示。

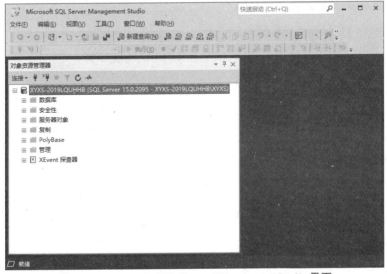

图 5-20　Microsoft SQL Server Management Studio 界面

2. 对象资源管理器

SSMS 的对象资源管理器组件是一种集成工具,可以查看和管理所有服务器类型的对象。用户可以通过该组件操作数据库,包括新建、修改、删除数据库、表、视图等数据库对象,以及新建查询、设置关系图、设置系统安全、数据库复制、数据备份、恢复等操作。对象资源管理器 SSMS 是最常用也是最重要的一个组件,类似于 SQL Server 2000 中的企业管理器。

5.3.2　SQL Server 配置管理器

SQL Server 配置管理器用于管理与 SQL Server 相关联的服务、配置 SQL Server 使用的网络协议以及从 SQL Server 客户端计算机管理网络连接配置。

使用 SQL Server 配置管理器可以启动、暂停、恢复或停止服务,查看或更改服务属性,还可以配置服务器和客户端网络协议以及连接选项。

单击"开始"菜单,选择 Microsoft SQL Server 2019 程序组中的"SQL Server 配置管理器"选项,弹出 SQL Server Configuration Manager 界面如图 5-21 所示。

1. 管理 SQL Server 服务

在 SQL Server 配置管理器中启动或停止服务的方法是:首先单击 SQL Server 配置管理器左侧窗口中的"SQL Server 服务",此时右侧窗口会出现已安装的所有服务,如图 5-22 所示。可以选中某个服务,然后单击工具栏中的相应按钮,或右击某个服务名称,在弹出的快捷菜单中选择相应的菜单选项启动或停止服务。

其中,SQL Full-text Filter Daemon Launcher 为全文筛选器后台程序启动器,建立全文索引时要开启此服务;SQL Server Launchpad 用于执行外部脚本(Python 或 R)的服务;

图 5-21　SQL Server Configuration Manager 界面

图 5-22　SQL Server 服务

SQL Server Browser 浏览器服务主要用于多实例的网络支持；SQL Server 代理主要用于定时运行数据库作业。

各服务名称后括号中的内容是该服务对应的 SQL Server 实例。图 5-22 中的 MSSQLSERVER 是默认实例，而 SQL Server Browser 后没有实例名是由于这个服务是与实例无关的。也就是说，无论在一台计算机中安装了多少个 SQL Server 实例，这个服务都只有一个。

2. 管理 SQL Server 网络配置

"SQL Server 网络配置"用来配置本计算机作为服务器时允许使用的连接协议，可以启用或禁用某个协议。

当需要启用或禁用某个协议时，只需右击此协议，在弹出的快捷菜单中选择"启用"或"禁用"即可。

注意：修改协议的状态后，需要停止并重新启动 SQL Server 服务，所做的更改才会生效。

3. 管理 SQL Server 客户端配置

"SQL Native Client 配置"用来配置客户端与 SQL Server 服务器通信时所使用的网络协议，通过 SQL Server 客户端配置工具，可以实现对客户端网络协议的启用或禁用，以及网络协议的启用顺序，并可以设置服务器别名等。

5.3.3　SQL Server Profiler 跟踪工具

SQL Server 提供了对数据库执行情况进行跟踪监视的工具 SQL Server Profiler。该工具是 SQL 跟踪的图形用户界面，用于监视 SQL Server Database Engine 或 SQL Server

Analysis Services 的实例。用户可以捕获每个事件的数据，并将其保存到文件或表中供以后分析。

单击"开始"菜单，选择 Microsoft SQL Server Tools 18 程序组中 SQL Server Profiler，启动 SQL Server Profiler。执行"文件"→"新建跟踪"菜单命令，弹出"连接到服务器"对话框，该对话框与 SSMS 的连接窗口相似，输入需要跟踪的服务器名称、用户名和密码并单击"连接"按钮，Profiler 将连接到服务器并弹出"跟踪属性"对话框，如图 5-23 所示。

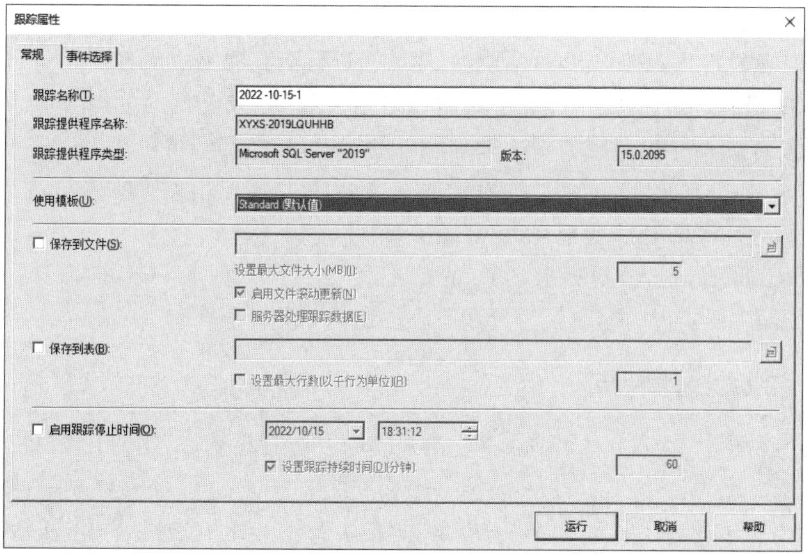

图 5-23 "跟踪属性"对话框

单击"运行"按钮，Profiler 开始对数据库服务器进行监视。在 Profiler 运行后使用 SSMS 打开被监视的数据库服务器，随便进行一些操作，如创建一张表。再切换到 Profiler，便可以看到刚才 SSMS 执行数据库操作的所有 SQL 脚本，如图 5-24 所示。

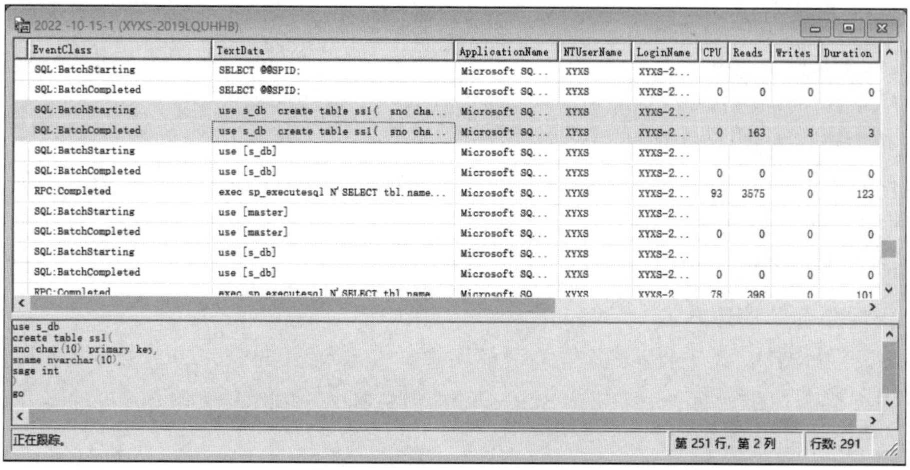

图 5-24 Profiler 跟踪的数据

单击工具栏中的"停止所选跟踪"按钮，可以停止对服务器的跟踪。

5.4 T-SQL 基础

结构化查询语言(Structured Query Language,SQL)是集数据定义、数据查询、数据操纵和数据控制功能于一体的语言,具有功能丰富、使用灵活、语言简洁易学等特点。Transact-SQL(简称 T-SQL)是对按照国际标准化组织和美国国家标准研究所发布的 SQL 标准定义的语言的扩展,是用于应用程序和 SQL Server 之间通信的主要语言。对用户来说,T-SQL 是可以与 SQL Server 数据库管理系统进行交互的唯一语言。

任何应用程序,不管它是用什么形式的高级语言编写,只要目的是向 SQL Server 的数据库管理系统发出命令以获得数据库管理系统的响应,最终都必须体现为以 T-SQL 语句为表现形式的指令;任何人,无论是数据库管理员,还是数据库应用程序的开发人员,要想深入掌握 SQL Server,认真学习 T-SQL 是必经的路径。

T-SQL 是 SQL Server 对标准 SQL 的扩充,它支持所有标准 SQL 操作,同时又有许多功能上的扩展,主要扩展内容包括变量和流程控制语句等。

5.4.1 T-SQL 的特点

SQL 是 20 世纪 70 年代末由 IBM 公司开发的一套程序语言,当时用在 DB2 关系数据库系统中。

1986 年 10 月,美国国家标准研究所(American National Standards Institute,ANSI)的数据库委员会批准了 SQL 作为关系数据库语言的美国标准。由于简单易学,SQL 是目前关系数据库系统中使用最广泛的语言。

由于 T-SQL 直接来源于 SQL,因此它也具备 SQL 的几个特点。

1. 综合统一,集多种功能于一体

T-SQL 集数据定义语言、数据操纵语言、数据控制语言、数据查询语言和附加语言元素于一体。其中,附加语言元素不是标准 SQL 的内容,是对标准 SQL 的扩展内容,但是它增强了用户对数据库操作的灵活性和简便性,从而增强了程序的功能。

2. 两种使用方式,统一的语法结构

两种使用方式,即联机交互式和嵌入高级语言的使用方式。统一的语法结构使 T-SQL 可用于所有用户的数据库活动模型,包括系统管理员、数据库管理员、应用程序员、决策支持系统管理人员以及其他类型的终端用户。

3. 面向集合的操作方式

T-SQL 可操作记录集合,不像非关系模型那样是单记录的操作方式,不仅查询语句一次可以查询多个记录的集合,所有 T-SQL 语句(包括插入、修改和删除语句)的操作对象和操作结果都可以是记录的集合。

4. 高度非过程化

T-SQL 不要求用户指定数据的存取路径和对数据的存取方法,用户只要指出做什么,不必详细说明怎么做。所有 T-SQL 语句使用查询优化器,用以指定数据以最快速度存取的手段。

5. 符合人们的思维习惯，容易理解和掌握

SQL 功能强大，但设计符合人的思维习惯，易学易用，核心功能只有 9 个命令词。而 T-SQL 是对 SQL 的扩展，因此也是非常容易理解和掌握的。如果对 SQL 比较了解，在学习和掌握 T-SQL 及其高级特性时就更游刃有余了。

5.4.2 T-SQL 的分类

在 SQL Server 数据库中，T-SQL 主要由数据定义语言（Data Definition Language，DDL）、数据操纵语言（Data Manipulation Language，DML）、数据控制语言（Data Control Language，DCL）和数据查询语言（Data Query Language，DQL）组成。

1. 数据定义语言（DDL）

DDL 用于执行数据库的任务，对数据库以及数据库中的各种对象进行创建、删除、修改等操作，如表 5-4 所示。

表 5-4 数据定义语言

语 句	功 能	说 明
CREATE	创建数据库或数据库对象	不同数据库对象的创建，其 CREATE 语句的语法格式不同
ALTER	修改数据库或数据库对象	不同数据库对象的修改，其 ALTER 语句的语法格式不同
DROP	删除数据库或数据库对象	不同数据库对象的删除，其 DROP 语句的语法格式不同

2. 数据操纵语言（DML）

DML 用于操纵数据库中的数据，包括插入、修改和删除操作，如表 5-5 所示。

表 5-5 数据操纵语言

语 句	功 能	说 明
INSERT	插入数据	插入一行或多行数据到表或视图末尾
UPDATE	修改数据	既可修改表或视图的一行数据，也可修改一组或全部数据
DELETE	删除数据	可根据条件删除指定的数据行

3. 数据控制语言（DCL）

DCL 用于安全管理，确定哪些用户可以查看或修改数据库中的数据，如表 5-6 所示。

表 5-6 数据控制语言

语 句	功 能	说 明
GRANT	授予权限	可把语句许可或对象许可的权限授予其他用户或角色
REVOKE	撤销权限	与 GRANT 语句的功能相反，但不影响该用户或角色从其他角色中作为成员继承许可权限

4. 数据查询语言（DQL）

DQL 对数据库进行查询操作，是使用最频繁的 SQL 语句之一，如表 5-7 所示。

表 5-7 数据查询语言

语 句	功 能	说 明
SELECT	检索数据	从表或视图中检索需要的数据，是使用最频繁的 SQL 语句之一

5.4.3 T-SQL 的基本语法

T-SQL 是使用 SQL Server 的核心，与 SQL Server 实例通信的所有应用程序都通过将

T-SQL 语句发送到服务器运行(不考虑应用程序的用户界面)实现使用 SQL Server 及其数据。

应该说,认真学习 T-SQL 是深入掌握 SQL Server 的必经之路。

1. 语法约定

表 5-8 列出了 T-SQL 参考的语法关系图中使用的约定,并进行了说明。

表 5-8　T-SQL 参考的语法约定

约　　定	用　　途
字母大写	T-SQL 关键字
斜体	用户提供的 T-SQL 语法的参数
粗体	数据库名、表名、列名、索引名、存储过程、实用工具、数据类型名以及必须按所显示的原样输入的文本
下画线(_)	指示当语句中省略了包含带下画线的值的子句时应用的默认值
竖线(|)	分隔括号或花括号中的语法项,只能选择其中一项
方括号([ ])	可选语法项(不要输入方括号)
大括号({ })	必选语法项(不要输入花括号)
[,...n]	指示前面的项可以重复 n 次,每项由逗号分隔
[...n]	指示前面的项可以重复 n 次,每项由空格分隔
[;]	可选的 T-SQL 语句终止符,不要输入方括号
<标签>::=	语法块的名称,此约定用于对可在语句中的多个位置使用的过长语法段或语法单元进行分组和标记。可使用的语法块的每个位置由尖括号内的标签指示:<label>

2. 数据库对象名的多部分名称表示

除非另外指定,否则所有对数据库对象名的 T-SQL 引用可以是由 4 部分组成的名称,格式如下。

```
[server_name.[database_name].[schema_name] | database_name. [schema_name] | schema_name.]
object_name
```

server_name 指定链接的服务器名称或远程服务器名称。如果对象驻留在 SQL Server 的本地实例中,则 database_name 指定 SQL Server 数据库的名称;如果对象在链接服务器中,则 database_name 将指定 OLE DB 目录。如果对象在 SQL Server 数据库中,则 schema_name 指定包含对象的架构的名称;如果对象在链接服务器中,则 schema_name 将指定 OLE DB 架构名称。object_name 为对象的名称。

若要省略中间节点,则使用句点指示这些位置。对象名的有效格式如表 5-9 所示。

表 5-9　对象名的有效格式

对象引用格式	说　　明
server.database.schema.object	4 个部分的名称
server.database..object	省略架构名称
server..schema.object	省略数据库名称
server...object	省略数据库和架构名称
database.schema.object	省略服务器名
database..object	省略服务器和架构名称

续表

对象引用格式	说　　明
schema.object	省略服务器和数据库名称
object	省略服务器、数据库和架构名称

习题 5

习题

自测题

第6章 数据库的概念和操作

SQL Server 的数据库是有组织的数据的集合,这种数据集合具有逻辑结构和物理结构,并得到 DBMS 的管理和维护。数据库由包含数据的基本表和其他对象(如视图、索引、存储过程和触发器等)组成,其主要用途是处理数据管理活动产生的信息。

对数据库的操作是开发人员的一项重要工作。本章首先介绍数据库的基本概念,然后以实例的形式介绍数据库的创建、修改和删除操作。

6.1 数据库基本概念

数据库是 SQL Server 2019 存放表和索引等数据库对象的逻辑实体。数据库的存储结构分为物理存储结构和逻辑存储结构两种。

扫一扫

视频讲解

6.1.1 物理数据库

数据库的物理存储结构是指保存数据库各种逻辑对象的物理文件是如何在磁盘上存储的。数据库在磁盘上是以文件为单位存储的,SQL Server 2019 将数据库映射为一组操作系统文件。数据库中所有数据和对象都存储在操作系统文件中。

1. SQL Server 2019 的数据库文件的类型

SQL Server 2019 的数据库具有 3 种类型的文件。

(1) 主数据文件:主数据文件是数据库的起点,指向数据库中的其他文件。每个数据库有且只有一个主数据文件。主数据文件的扩展名是 .mdf。

(2) 辅助数据文件:除主数据文件以外的所有其他数据文件都是辅助数据文件。某些数据库可能不含有任何辅助数据文件,而有些数据库则含有多个辅助数据文件。辅助数据文件的扩展名是 .ndf。

(3) 事务日志文件:日志文件包含着用于恢复数据库的所有日志信息。每个数据库必须至少有一个日志文件,当然也可以有多个。SQL Server 2019 事务日志采用提前写入的方式,即对数据库的修改先写入事务日志中,然后再写入数据库。日志文件的扩展名是 .ldf。

在 SQL Server 2019 中,数据库中所有文件的位置都记录在该数据库的主数据文件和系统数据库 master 数据库中。

2. 数据库文件组

为了便于管理和分配数据而将文件组织在一起,通常可以为一个磁盘驱动器创建一个文件组(File Group),将多个数据文件集合起来形成一个整体。

SQL Server 中的数据库文件组分为主文件组(Primary File Group)和用户定义文件组(user_defined Group)。

主文件组包含主数据文件和任何没有明确指派给其他文件组的其他数据文件。数据库的系统表都包含在主文件组中。

用户定义文件组是在 CREATE DATABASE 或 ALTER DATABASE 语句中,使用 FILEGROUP 关键字指定的文件组。

文件组应用的规则如下。

(1) 一个文件只能存在于一个文件组中,一个文件组也只能被一个数据库使用。

(2) 主文件组中包含了所有系统表。当建立数据库时,主文件组包括主数据文件和未指定组的其他数据文件。

(3) 在创建数据库对象时,如果没有指定将其放在哪个文件组中,就会将它放在默认文件组中。如果没有指定默认文件组,则主文件组为默认文件组。

(4) 事务日志文件不属于任何文件组。

6.1.2 逻辑数据库

数据库是存储数据的容器,即数据库是一个存放数据的表和支持这些数据的存储、检索、安全性和完整性的逻辑成分所组成的集合。

组成数据库的逻辑成分称为数据库对象,SQL Server 2019 中的逻辑对象主要包括数据表、视图、同义词、存储过程、函数、触发器、规则,以及用户、角色、架构等。

每个 SQL Server 都包含两种类型的数据库:系统数据库和用户数据库。

系统数据库存储有关 SQL Server 的信息,SQL Server 使用系统数据库管理系统,如下面将要介绍的 master 数据库、model 数据库、msdb 数据库和 tempdb 数据库。而用户数据库由用户来建立,如 teaching 教学数据库。SQL Server 可以包含一个或多个用户数据库。

1. master 数据库

顾名思义,master 数据库是 SQL Server 2019 中的主数据库,它是最重要的系统数据库,记录系统中所有系统级的信息。它对其他的数据库实施管理和控制的功能,同时还保存了用于 SQL Server 管理的许多系统级信息。master 数据库记录所有登录账户和系统配置,它始终有一个可用的最新 master 数据库备份。

由此可知,如果在计算机上安装了一个 SQL Server 系统,那么系统首先会建立一个 master 数据库用于记录系统的有关登录账户、系统配置、数据库文件等初始化信息。例如,如果用户在这个 SQL Server 系统中建立一个用户数据库,系统马上将用户数据库的有关用户管理、文件配置、数据库属性等信息写入 master 数据库。系统正是根据 master 数据库中的信息管理系统和其他数据库。因此,如果 master 数据库信息被破坏,整个 SQL Server 系统将受到影响,用户数据库将不能被使用。

2. model 数据库

model 数据库为用户新创建的数据库提供模板,它包含了用户数据库中应该包含的所有系统表的结构。当用户创建数据库时,系统会自动地把 model 数据库中的内容复制到新建的用户数据库中。用户在系统中新创建的所有数据库的内容,最初都与该模板数据库具有完全相同的内容。

3. msdb 数据库

msdb(主存)数据库记录备份及还原的历史信息、维护计划信息、作业信息、异常信息以及操作者信息等。

当很多用户在使用一个数据库时,经常会出现由于多个用户对同一个数据的修改而造成数据不一致的现象,或是用户对某些数据和对象的非法操作等。为了防止上述现象的发生,SQL Server 中有一套代理程序能够按照系统管理员的设定监控上述现象的发生,及时向系统管理员发出警报。那么当代理程序调度警报作业、记录操作时,系统要用到或实时产生许多相关信息,这些信息一般存储在 msdb 数据库中。

4. tempdb 数据库

使用 SQL Server 系统时,经常会产生一些临时表和临时数据库对象等,如用户在数据库中修改表的某行数据时,在修改数据库这一事务没有被提交的情况下,系统内就会有该数据的新、旧版本之分,往往修改后的数据表构成了临时表。所以,系统要提供一个空间存储这些临时对象。tempdb 数据库保存所有临时表和临时存储过程。tempdb 数据库是全局资源,所有连接到系统的用户的临时表和存储过程都被存储在该数据库中。

tempdb 数据库有一个特性,即它是临时的。tempdb 数据库在 SQL Server 每次启动时都被重新创建,因此该数据库在系统启动时总是空的,上一次的临时数据都被清除了。临时表和存储过程在连接断开时自动清除,而且当系统关闭后将没有任何连接处于活动状态,因此 tempdb 数据库中没有任何内容会从 SQL Server 的一个启动工作保存到另一个启动工作中。

默认情况下,在 SQL Server 运行时,tempdb 数据库会根据需要自动增长。不过,与其他数据库不同,每次启动数据库引擎时,它会重置初始大小。

master、model、msdb、tempdb 这 4 个系统数据库都是在系统安装时生成的。

6.2 数据库操作

在 SQL Server 2019 中,用户可以自己创建数据库,即用户数据库,并且可以对数据库进行修改、删除等操作。

6.2.1 创建数据库

若要创建数据库,必须确定数据库的名称、所有者、大小以及存储该数据库的文件和文件组。创建数据库时,根据数据库中预期的最大数据量,应创建尽可能大的数据文件。

在 SQL Server 2019 中创建数据库主要有两种方式:一是在 SSMS 界面方式下使用向导创建数据库;二是通过查询窗口执行 T-SQL 语句创建数据库。

1. 界面方式下使用向导创建数据库

在 SSMS 界面方式下使用向导创建数据库的过程如下。

(1)启动 SSMS,右击对象资源管理器中的"数据库"节点,在弹出的快捷菜单中选择

"新建数据库",如图 6-1 所示。

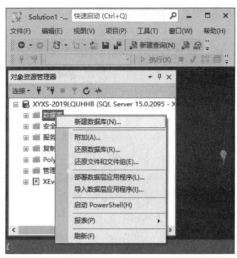

图 6-1　界面方式下使用向导创建数据库

（2）弹出"新建数据库"窗口,在"常规"选择页的"数据库名称"文本框中输入要创建的数据库的名称,如图 6-2 所示。

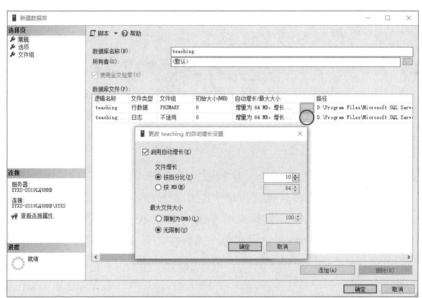

图 6-2　"新建数据库"窗口

其中,SQL Server 2019 的数据库文件拥有两个名称,即逻辑文件名和物理文件名。

逻辑文件名是在所有 T-SQL 语句中引用物理文件时所使用的名称。逻辑文件名必须符合 SQL Server 标识符规则,每个数据库的逻辑文件名只有一个。

物理文件名是包括目录路径的物理文件名,它必须符合操作系统文件命名规则。通过上面的介绍可知,数据库中至少包含一个主数据文件和一个事务日志文件,其存储路径和文件名都可以在图 6-2 中进行修改;当然,也可以利用"添加"按钮添加多个辅助数据文件和日志文件。

(3)在"常规"选择页中,可以设置文件的初始大小(MB);单击"自动增长/最大大小"后的按钮可设置自动增长方式和最大文件大小;单击路径后的按钮可设置文件的存放路径。

(4)在"选项"选择页中可设置数据库的属性选项。在"文件组"选择页中增加或删除文件组。

在对象资源管理器中展开"数据库"节点,可以看到新建的数据库,如图6-3所示。

【例6-1】 创建teaching数据库(教学库),主数据文件初始大小为8MB,增长方式为按10%比例自动增长;日志文件初始为10MB,按1MB增长(默认是按64MB增长)。两个文件都不限制增长,存储位置都为F:\DATA。

2.使用T-SQL语句创建数据库

在SQL Server 2019中可以使用T-SQL语句创建数据库。T-SQL提供的数据库创建语句为CREATE DATABASE,语法格式如下。

图6-3 创建数据库成功

```
CREATE DATABASE  database_name
[ON [PRIMARY]  [<filespec>[,...n]] [,<filegroupspec>[,...n]] ]
[LOG ON {<filespec>[,...n]}]
[FOR LOAD|FOR ATTACH]
<filespec>::=([NAME=logical_file_name,]
FILENAME='os_file_name'
[,SIZE=size]
[,MAXSIZE={max_size|UNLIMITED}]
[,FILEGROWTH=growth_increment] )   [,...n]
```

说明:在T-SQL的命令格式中,用[ ]括起来的内容表示是可选的;[,...n]表示重复前面的内容;用< >括起来的内容表示在实际编写语句时,用相应的内容替代;用{ }括起来的内容表示是必选的;类似A|B的格式,表示A和B只能选择一个,不能同时都选。

参数说明:

(1) database_name:新数据库的名称。数据库名称在服务器中必须唯一,最长为128个字符,并且要符合标识符的命名规则。每个服务器管理的数据库最多为32767个。

(2) ON:指定存放数据库的数据文件信息。该关键字后面可以包含用逗号分隔的<filespec>列表,<filespec>列表用于定义主文件组的数据文件。主文件组的文件列表后可以包含用逗号分隔的<filegroupspec>列表,<filegroupspec>列表用于定义用户文件组及其中的文件。

(3) PRIMARY:用于指定主文件组中的文件。主文件组不仅包含数据库系统表中的全部内容,而且包含用户文件组中没有包含的全部对象。一个数据库只能有一个主文件,默认情况下,如果不指定PRIMARY关键字,则在命令中列出的第1个文件将被默认为主文件。

(4) LOG ON:指明事务日志文件的明确定义。如果没有本选项,则系统会自动产生一个文件名前缀与数据库名相同、容量为8MB的事务日志文件。

(5) NAME:指定数据库文件的逻辑名称,这是在SQL Server系统中使用的名称,是数据库在SQL Server中的标识符。

(6) FILENAME:指定数据库所在文件的操作系统文件名称和路径,该操作系统文件名和 NAME 的逻辑名称一一对应。

（7）SIZE：指定数据库的初始容量大小。如果没有指定主文件的大小,则 SQL Server 默认其与模板数据库中的主文件大小一致,其他数据库文件和事务日志文件则默认为 8MB。指定大小的单位可以使用 KB、MB、GB 和 TB,默认为 MB,size 中不能使用小数,主数据文件的 size 不能小于模板数据库中的主文件。

（8）MAXSIZE：指定操作系统文件可以增长到的最大尺寸。如果没有指定,则文件可以不断增大,直到充满磁盘。

（9）FILEGROWTH：指定文件每次增加容量的大小,当指定数据为 0 时,表示文件不增长。增加量可以确定为以 MB 为单位的字节数或以％为被增加容量文件的百分比来表示。如果没有指定 FILEGROWTH,则默认值为 10％,每次扩容的最小值为 1MB。

【例 6-2】 使用 CREATE DATABASE 语句创建一个新的数据库,名称为 student1,其他所有参数均取默认值。步骤如下：

（1）启动 SSMS,在工具栏的左侧找到"新建查询"按钮。

（2）单击"新建查询"按钮,在 SSMS 窗口右侧会建立一个新的查询页面,默认的名称为 SQLQuery1.sql,在这个页面中可以输入要让 SQL Server 执行的 T-SQL 语句。

（3）输入创建数据库的 T-SQL 语句：

```
CREATE  DATABASE  student1
```

（4）单击工具栏中的"执行"按钮,当系统给出的提示信息为"命令已成功完成"时,说明此数据库创建成功,如图 6-4 所示。

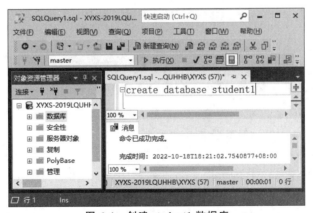

图 6-4 创建 student1 数据库

【例 6-3】 创建名为 student2 的数据库,包含一个主数据文件和一个事务日志文件。主数据文件的逻辑文件名为 student2_data,操作系统文件名为 student2_data.mdf,初始容量大小为 15MB,最大容量为 200MB,文件的增长量为 20％。事务日志文件的逻辑文件名为 student2_log,操作系统文件名为 student2_log.ldf,初始容量大小为 8MB,最大容量为 120MB,文件增长量为 2MB。数据文件与事务日志文件都存放在 F 盘 DATA 文件夹中。

首先在 F 盘创建一个新的文件夹,名称为 DATA；然后,在 SSMS 中单击"新建查询"按钮,输入如下内容。

```
CREATE DATABASE student2
ON   PRIMARY
```

```
    (NAME ='student2_data',
    FILENAME ='F:\DATA\student2_data.mdf',
    SIZE =15MB,
    MAXSIZE =200MB,
    FILEGROWTH =20%)
LOG ON
    (NAME ='student2_log',
    FILENAME ='F:\DATA\student2_log.ldf',
    SIZE =8MB,
    MAXSIZE =120MB,
    FILEGROWTH =2MB)
```

单击"执行"按钮,可创建数据库,如图 6-5 所示。

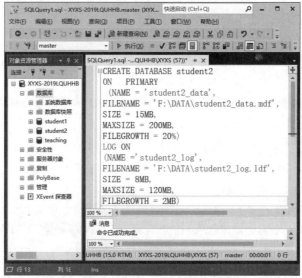

图 6-5 创建 student2 数据库

注意:一个数据库最多可以创建 32767 个文件组,文件组不能独立于数据库文件而建立,文件组是管理数据库中一组数据文件的管理机制。

【例 6-4】 创建一个指定多个数据文件和日志文件的数据库。该数据库名为 student3,有两个分别为 18MB 和 20MB 的数据文件和两个 10MB 的事务日志文件。数据文件逻辑名为 student3_1 和 student3_2,物理文件名为 student3_1.mdf 和 student3_2.ndf。主数据文件 student3_1 属于 PRIMARY 文件组,辅助数据文件 student3_2 属于新建文件组 FG1,两个数据文件的最大大小分别为无限大和 100MB,增长速度分别为 10% 和 1MB。事务日志文件的逻辑名为 student3_log1 和 student3_log2,物理文件名为 student3_log1.ldf 和 student3_log2.ldf,初始大小均为 10 MB,最大大小均为 50MB,文件增长速度为 1MB。要求数据库文件和日志文件的物理文件都存放在 F 盘的 DATA 文件夹下。

实现步骤如下。

在 SSMS 中新建一个查询页面,输入以下语句,并执行此查询。

```
CREATE DATABASE student3
ON
(NAME=student3_1,
FILENAME='F:\DATA\student3_1.mdf',
```

```
SIZE=18,
MAXSIZE=unlimited,
FILEGROWTH=10%),
FILEGROUP FG1
(NAME=student3_2,
FILENAME='E:\DATA\student3_2.ndf',
SIZE=20,
MAXSIZE=100,
FILEGROWTH=1)
LOG ON
(NAME=student3_log1,
FILENAME='F:\DATA\student3_log1.ldf',
SIZE=10,
MAXSIZE=50,
FILEGROWTH=1),
(NAME=student3_log2,
FILENAME='F:\DATA\student3_log2.ldf',
SIZE=10,
MAXSIZE=50,
FILEGROWTH =1)
```

6.2.2 修改数据库

建好数据库后，可以对其进行修改。修改数据库包括增减数据文件和日志文件、修改文件属性（包括更改文件名和文件大小）、修改数据库选项等。

1. 增加数据库空间

1）增加已有数据库文件的大小

在 SSMS 的对象资源管理器中展开"数据库"节点，右击要修改的数据库的名称，在弹出的快捷菜单中选择"属性"，弹出"数据库属性"窗口，选择"文件"选择页，如图 6-6 所示，修改数据库文件大小以及自动增长/最大大小选项。

图 6-6 "数据库属性"窗口

也可以使用 T-SQL 语句增加已有数据库文件的大小,语法格式如下。

```
ALTER DATABASE 数据库名
MODIFY FILE {<filespec>[,...n]}
```

【例 6-5】 为 student2 数据库增加容量,原来数据库文件 student2_data 的初始分配空间为 15MB,现在将 student2_data 的分配空间增加至 20MB。

```
ALTER DATABASE student2
MODIFY FILE
 (NAME=student2_data,
  SIZE=20MB)
```

2) 增加数据库文件

选择"数据库属性"窗口中的"文件"选择页,单击"添加"按钮,为新的数据库文件指定逻辑文件名、初始大小、文件增长方式等属性,再单击"确定"按钮即可完成增加数据库文件的操作。

也可以使用 T-SQL 语句增加数据库文件,语法格式如下。

```
ALTER DATABASE 数据库名
ADD FILE|ADD LOG FILE
{<filespec>[,...n] | [<filegroupspec>[,...n]]  ]}
```

【例 6-6】 为 student2 数据库增加数据文件 student2_data1,初始大小为 10MB,最大大小为 50MB,按照 5%增长。

```
ALTER DATABASE student2
ADD FILE
( NAME ='student2_data1',
  FILENAME ='F:\DATA\student2_data1.NDF',
  SIZE =10MB,
  MAXSIZE =50MB,
  FILEGROWTH =5%)
```

2. 缩减已有数据库文件的大小

数据库文件大小可以缩减,具体步骤如下。

(1) 在 SSMS 的对象资源管理器中右击数据库,在弹出的快捷菜单中选择"任务"→"收缩"→"数据库",弹出"收缩数据库"对话框,保持默认设置,单击"确定"按钮,数据库收缩完毕。

(2) 如果要收缩特定的数据文件或日志文件,选择快捷菜单中的"任务"→"收缩"→"文件"。

(3) 数据库的自动收缩可以在数据库属性的"选项"页面中设置,只要将选项中的"自动收缩"设为 True 即可。

注意:为了避免存储空间的浪费,可以进行数据库的手动收缩或设置自动收缩。但是,无论怎么收缩,数据库的大小也不会小于其初始大小,所以创建数据库时初始大小的选择应尽可能合理。

3. 删除数据库文件

选择"数据库属性"对话框中的"文件"选择页,指定要删除的文件,单击"删除"按钮就可以删除对应的文件,从而缩减数据库的空间。

使用 ALTER DATABASE 的 REMOVE FILE 子句,可以删除指定的文件,语法格式如下。

```
ALTER DATABASE 数据库名
REMOVE FILE 逻辑文件名
```

【例 6-7】 将 student2 数据库中增加的数据文件 student2_data1 删除。

```
ALTER DATABASE student2
REMOVE FILE student2_data1
```

4. 数据库更名

数据库建好后,可以更改其名称。在重命名数据库之前,应该确保没有用户正在使用该数据库。

常用更名方法有以下两种。

方法 1:在 SSMS 中右击数据库,在弹出的快捷菜单中选择"重命名"。

方法 2:在查询窗口中执行 sp_renamedb 系统存储过程更改数据库的名称。sp_renamedb 系统存储过程语法如下。

```
sp_renamedb [@dbname=]'old_name',[@newname=]'new_name'
```

【例 6-8】 将已存在的 student2 数据库重命名为 student_back。

```
sp_renamedb 'student2','student_back'
```

6.2.3 删除数据库

不再使用的数据库可以删除,删除数据库的方法如下。

1) 使用 SSMS 删除数据库

启动 SSMS,右击要删除的数据库,在弹出的快捷菜单中选择"删除",在弹出的"删除对象"对话框中单击"确定"按钮,即可完成对指定数据库的删除操作。

2) 使用 T-SQL 中的 DROP DATABASE 语句删除数据库

语法格式如下。

```
DROP  DATABASE 数据库名
```

【例 6-9】 删除已创建的 student3 数据库。

```
DROP DATABASE student3
```

说明:用户只能根据自己的权限删除用户数据库;不能删除当前正在使用(正打开供用户读写)的数据库;无法删除系统数据库(msdb、model、master、tempdb)。

习题 6

习题

自测题

第7章 表的操作

在数据库中,表是由数据按一定的顺序和格式构成的数据集合,是存放数据的基本单位,是数据库的主要对象。表的数据组织形式是行、列结构,表中每行代表一条记录,每列代表记录的一个字段,没有记录的表称为空表。每张表通常都有一个主关键字(又称为主码),用于唯一地确定一条记录。在同一张表中不允许有相同名称的字段。

本章将以在 teaching 数据库中表的操作为例,介绍表的基本操作,包括表的创建、修改和删除操作,以及表中数据的插入、修改、删除操作、数据库表中数据的导入/导出等内容。

7.1 创建表

创建好数据库后,数据库是空的,逻辑上就像建造了一个空的房子(仓库),物理上是创建了几个操作系统文件(数据文件和日志文件)。存入数据后,才成为真正的数据库。对于关系数据库,用于存储数据的当然是关系表,所以首先要在空数据库中创建表。

扫一扫

视频讲解

7.1.1 数据类型

我们定义数据表的字段、声明程序中的变量等时,都需要为它们设置一个数据类型,目的是指定该字段或变量所存放的数据是整数、字符串、货币、日期时间或是其他类型的数据,以及会用多少空间存储数据。

数据类型决定了数据的存储格式,代表了各种不同的信息类型。SQL Server 提供系统数据类型集,该类型集定义了可与 SQL Server 一起使用的所有数据类型。

SQL Server 中的数据类型可分为系统内置数据类型和用户自定义数据类型两种。系统数据类型是 SQL Server 预先定义好的,可以直接使用。

1. ASCII 字符型

ASCII 字符数据的类型包括 char、varchar 和 text。ASCII 字符数据是由任何英文字母、符号、数字以及中国编码标准的汉字任意组合而成的数据,每个英文字母、符号或数字占用 1 字节,每个汉字占用 2 字节。

(1) char(n)按固定长度存储字符串,字符数不满 n 个时,自动补空格,n 的取值范围为 1~8000 的整数。因为每个汉字占用 2 字节,所以当用此类型存储汉字时,n 表示字节数。

(2) varchar(n)按变长存储字符串,存储大小为输入数据的字节的实际长度,若输入的数据超过 n 字节,则截断后存储。n 的取值范围同样为 1~8000 的整数。char 类型的字符串查询速度快,但为了节省存储空间,当有空值或字符串数据长度不固定时,可以使用 varchar 数据类型。

(3) text 数据类型可以存储最大长度为 $2^{31}-1$ 字节的字符数据。超过 8KB 的 ASCII 数据可以使用 text 数据类型存储。

2. Unicode 字符型

Unicode(统一编码)为国际通用字符类型,该类型包括 nchar、nvarchar 和 ntext。Unicode 字符数据是由任何英文字母、符号、数字以及国际标准的汉字、韩文、日文等任意组合而成的数据,每个字符都占用 2 字节。

(1) nchar(n)存放固定长度的 n 个 Unicode 字符数据,n 必须是一个 1～4000 的整数。

(2) nvarchar(n)存放长度可变的 n 个 Unicode 字符数据,n 必须是一个 1～4000 的整数。

(3) ntext 存储最大长度为 $2^{30}-1$ 的 Unicode 字符数据。

3. 整型

(1) bigint(大整数):-2^{63}～$2^{63}-1$ 的整型数据。存储大小为 8 字节。

(2) int(整型):-2^{31}～$2^{31}-1$ 的整型数据。存储大小为 4 字节。

(3) smallint(短整型):-2^{15}～$2^{15}-1$ 的整型数据。存储大小为 2 字节。

(4) tinyint(微短整型):0～255 的整型数据。存储大小为 1 字节。

(5) bit(位):只存储 null、0 或 1,只占据 1 字节空间。bit 数据类型非常适合用于开关标记,在大多数应用程序中被转换为 true 或 false。

4. 精确数值型

精确数值型数据由整数部分和小数部分构成,其所有数字都是有效位,能够以完整的精度存储十进制数。

SQL Server 中的精确数值型是 decimal 和 numeric,两者唯一的区别在于 decimal 不能用于带有 identity 关键字的列。

表达方为 decimal[(p[,s])] 和 numeric[(p[,s])]。其中,p 指定精度或对象能够控制的数字个数;s 指定可放到小数点右边的小数位数或数字个数。p 可指定的范围为 1～38;s 可指定的范围最少为 0,最多不可超过 p。

decimal(8,6) 取值范围为 -99.999999～99.999999。

5. 近似数值型

(1) float[(n)]:存放 $-1.79E+308$～$1.79E+308$ 的浮点数,其中 n 为精度(尾数的位数),n 是 1～53 的整数。SQL Server 对此只使用两个值:如果指定位于 1～24,就使用 24,存储大小为 4 字节;如果,指定位于 25～53,就使用 53,存储大小为 8 字节。

(2) real:$-3.40E+38$～$3.40E+38$ 的浮点数字数据,存储大小为 4 字节。real 的同义词为 float(24)。

6. 日期时间型

(1) datetime 数据类型可以存储 1753 年 1 月 1 日—9999 年 12 月 31 日的日期和时间数据,每个日期时间型数据都需要 8 个存储字节,精确度为千分之三秒,时间范围为 00:00:00～23:59:59.999。

(2) smalldatetime 数据类型可以存储 1900 年 1 月 1 日—2079 年 6 月 6 日的日期和时

间数据,每个小日期时间型数据都需要 4 个存储字节,精确度为分,时间范围为 00:00～23:59。

使用旧的日期时间数据类型时,SQL Server 用户无法分别处理日期和时间信息。SQL Server 2008 以上版本新增的 4 种新数据类型(date、time、datetime2 和 datetimeoffset)则改变了这一状况,从而简化了日期和时间数据的处理,并且提供了更大的日期范围、小数秒精度以及时区支持。新数据库应用程序应使用这些新数据类型,而非原来的 datetime。

(3) date 数据类型仅存储日期,不存储时间。范围是公元元年 1 月 1 日—9999 年 12 月 31 日。每个日期型数据都需要 3 个存储字节,且精度为 10 位。date 类型的准确性仅限于单天。

(4) time[(n)] 数据类型仅存储一天中的时间,不存储日期。它使用的是 24 小时时钟,因此支持的范围是 00:00:00.0000000—23:59:59.9999999(小时、分钟、秒和小数秒)。可在创建数据类型时指定小数秒的精度,即 n 的值,默认精度是 7 位,准确度是 100 毫微秒。精度影响着所需的存储空间大小,范围包括最多 2 位的 3 字节、3 或 4 位的 4 字节以及 5～7 位的 5 字节。

(5) datetimeoffset[(n)] 数据类型提供了时区信息。time 数据类型不包含时区,因此仅适用于当地时间。然而,在全球经济形势下,常常需要知道某个地区的时间与另一地区的时间之间的关系。范围是公元元年 1 月 1 日 00:00:00.0000000—9999 年 12 月 31 日 23:59:59.9999999。可在创建数据类型时指定小数秒的精度,即 n 的值,默认精度是 7 位。

(6) datetime2[(n)] 数据类型是原始 datetime 类型的扩展。它支持更大的日期范围以及更细的小数秒精度,同时可使用它来指定精度。datetime2 类型的日期范围是公元元年 1 月 1 日—9999 年 12 月 31 日(原始 datetime 的范围则是 1753 年 1 月 1 日—9999 年 12 月 31 日)。与 time 类型一样,提供了 7 位小数秒精度,时间范围为 00:00:00.0000000—23:59:59.9999999。

日期的格式可以设定。设置日期格式的命令如下。

```
Set DateFormat {format | @format_var}
```

其中,format | @format_var 是日期的顺序。有效的参数包括 MDY、DMY、YMD、YDM、MYD 和 DYM。在默认情况下,日期格式为 MDY。

注意:该设置仅用在将字符串转换为日期值时的解释中,对日期的显示没有影响。

SQL Server 中常用的日期和时间表示格式如下。

(1) 分隔符可用"/""—"或".",如 4/15/2008、4—15—05 或 4.15.2008。

(2) 字母日期格式:April 15,2008。

(3) 不用分隔符:20080501。

(4) 时:分:秒:毫秒:08:05:25:28。

(5) 时:分 AM|PM:05:08AM、08:05PM。

7. 货币型

(1) money:货币数据的值为 -2^{63}～$2^{63}-1$,精确到货币单位的万分之一。存储大小为 8 字节。

(2) smallmoney:货币数据的值 $-214\ 748.3648$～$+214\ 748.3647$,也可以精确到货币单位的万分之一。存储大小为 4 字节。

8. 二进制型

(1) binary[(n)]为存储空间固定的数据类型,存储空间大小为 $n+4$ 字节。n 必须为 $1\sim8000$。若输入的数据不足 $n+4$ 字节,则补足后存储;若输入的数据超过 $n+4$ 字节,则截断后存储。

(2) varbinary[(n)]按变长存储二进制数据。n 必须为 $1\sim8000$。若输入的数据不足 $n+4$ 字节,则按实际数据长度存储;若输入的数据超过 $n+4$ 字节,则截断后存储。binary 数据比 varbinary 数据存取速度快,但是浪费存储空间,用户在建立表时,选择哪种二进制数据类型,可根据具体的使用环境来决定。若不指定 n 的值,则默认为 1。

(3) image 数据类型可以存储最大长度为 $2^{31}-1$ 字节的二进制数据。

9. 其他数据类型

除了前面介绍的数据类型之外,SQL Server 系统还提供了 cursor、sql_variant、table、timestamp、uniqueidentifier 及 XML 等数据类型。

SQL Server 数据类型如表 7-1 所示。

表 7-1 SQL Server 数据类型

数 据 类 型	符 号 标 识
整型	bigint、int、smallint、tinyint、bit
精确数值型	decimal、numeric
浮点型	float、real
货币型	money、smallmoney
ASCII 字符型	char、varchar、text
Unicode 字符型	nchar、nvarchar、ntext
图像型	image
二进制型	binary、varbinary
日期时间型	datetime、smalldatetime、date、time、datetime2、datetimeoffset
特殊数据类型	cursor、hierarchyid、timestamp、sql_variant、table、uniqueidentifier、XML

7.1.2 使用界面方式创建表

对于具体的某一张表,在创建之前,需要确定表的以下特征。

(1) 表中要包含的数据。

(2) 表中的列数,每列中数据的类型和长度(除 ASCII、Unicode 字符型数据和二进制型数据可以根据需要设置外,其他数据类型的长度均可以默认),哪些列允许空值。

(3) 是否要使用以及何处使用约束、默认设置和规则。

(4) 哪里需要索引,所需索引的类型,哪些列是主键,哪些列是外键。

【例 7-1】 在 teaching 数据库中创建 student 表。student 表结构如表 7-2 所示。

表 7-2 student 表结构

列 名	数据类型	长 度	允许空值	键 值	取值范围	含 义
sno	char	10	否	主键	数字字符	学号
sname	nvarchar	8	否			姓名

扫一扫

视频讲解

续表

列 名	数据类型	长 度	允许空值	键 值	取值范围	含 义
ssex	nchar	1	否		男或女	性别
sbirthday	date		是			出生日期
specialty	nvarchar	10	是			专业
grade	nchar	5	否			年级

(1) 启动 SSMS,在对象资源管理器中右击 teaching 数据库的"表"节点,在弹出的快捷菜单中选择"新建"→"表",如图 7-1 所示。

(2) 弹出表设计器窗口,在其上半部分输入列的基本属性,在其下半部分的列属性中指定列的详细属性,如图 7-2 所示。

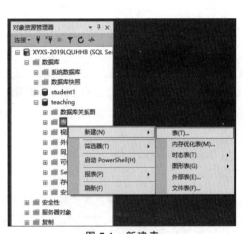

图 7-1　新建表

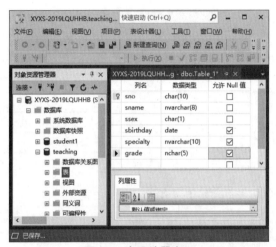

图 7-2　表设计器窗口

(3) 右击要设置为主键的列(sno),在弹出的快捷菜单中选择"设置主键",或执行"表设计器"→"设置主键"菜单命令将其设为主键。

(4) 右击性别列(ssex),在弹出的快捷菜单中选择"CHECK 约束",弹出"检查约束"对话框,单击"添加"按钮,在"表达式"文本框中输入取值范围逻辑表达式,如图 7-3 所示。

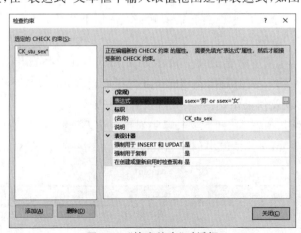

图 7-3　"检查约束"对话框

（5）定义好表中的所有列后，单击工具栏"保存"按钮或执行"文件"→"保存"菜单命令。在弹出的"选择名称"对话框中，为该表输入一个名称，单击"确定"按钮，如图 7-4 所示。

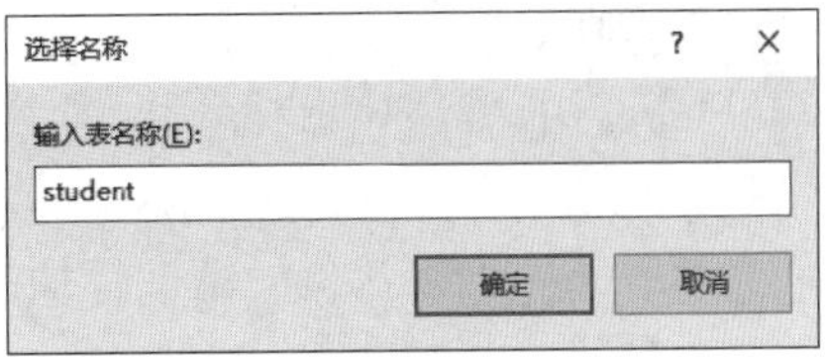

图 7-4 "选择名称"对话框

7.1.3 使用 T-SQL 语句创建表

在 SQL Server 2019 中可以利用 T-SQL 语句 CREATE TABLE 在数据库中创建表，语法格式如下。

```
CREATE TABLE [ database_name.[ owner ] .| owner.] table_name
( { <column_definition >
  | column_name AS computed_column_expression
  | <table_constraint > } [, ...n ] )
[ ON { filegroup | DEFAULT } ]
[ TEXTIMAGE_ON { filegroup | DEFAULT } ]
```

参数说明：

（1）database_name：用于指定所创建表的数据库名称。database_name 必须是现有数据库的名称。如果不指定数据库，database_name 默认为当前数据库。

（2）owner：用于指定新建表的所有者的用户名，owner 必须是 database_name 所指定的数据库中的现有用户名，owner 默认为当前注册用户名。

（3）table_name：用于指定新建表的名称。表名必须符合标识符规则。对于数据库，database_name、owner_name 及 object_name 必须是唯一的。表名最多不能超过 128 个字符。

（4）column_name：用于指定新建表的列名。

（5）computed_column_expression：用于指定计算列的列值表达式。表达式可以是列名、常量、变量、函数等或它们的组合。所谓计算列，是一个虚拟的列，它的值并不实际存储在表中，而是通过对同一张表中其他列进行某种计算而得到的结果。

（6）ON {filegroup｜DEFAULT}：用于指定存储表的文件组名。如果指定 filegroup，则表将存储在指定的文件组中。数据库中必须存在该文件组。如果使用了 DEFAULT 选项，或者省略了 ON 子句，则新建的表会存储在默认的文件组中。

（7）TEXTIMAGE_ON：用于指定 text、ntext 和 image 列的数据存储的文件组。如果表中没有 text、ntext 或 image 列，则不能使用 TEXTIMAGE_ON。如果没有指定 TEXTIMAGE_ON 子句，则 text、ntext 和 image 列的数据将与数据表存储在相同的文件组中。

上述创建表的语法中，< column_definition >包含的内容如下。

```
<column_definition >::={ column_name data_type }
[ <column_constraint > ] [, ...n ]
```

其中，< column_constraint >包含的内容如下。

```
<column_constraint >::=[CONSTRAINT constraint_name]
 {[ NULL | NOT NULL ]
  [ PRIMARY KEY | UNIQUE ]
  [CHECK ( logical_expression )]
  [DEFAULT {constraint_expression}]
  [FOREIGN KEY [(column )] REFERENCES ref_table [(ref_column)]
 }
```

参数说明:

(1) NULL 和 NOT NULL: 如果表的某一列被指定具有 NULL 属性, 那么就允许在插入数据时省略该列的值; 反之, 如果表的某一列被指定具有 NOT NULL 属性, 那么就不允许在没有指定列默认值的情况下插入省略该列值的数据行。在 SQL Server 中列的默认属性是 NULL。

(2) PRIMARY KEY: 设置字段为主键。

(3) UNIQUE: 设置字段具有唯一性。

(4) CHECK: 利用逻辑表达式(logical_expression)设置字段的取值范围。

(5) DEFAULT: 利用默认值表达式(constraint_expression)设置字段的默认值。

(6) FOREIGN KEY REFERENCES ref_table [(ref_column)]: 设置外键, 与其他表建立联系, 其中 ref_table 为被参考的主键所在的表名, ref_column 为被参考的主键列名。

注意: 使用 T-SQL 语句创建表时, 应先使用 USE 语句打开其所在的数据库。

【例 7-2】 在 teaching 数据库中创建 course 表, 表结构如表 7-3 所示。

表 7-3　course 表结构

列 名	数据类型	长 度	允许空值	键 值	取值范围	含 义
cno	char	4	否	主键		课程号
cname	nvarchar	20	否			课程名
classhour	tinyint		是		2～5	学时
credit	tinyint		是		2～4	学分

在 SSMS 中新建一个查询窗口, 在其中输入以下语句。

```
USE teaching
GO
CREATE TABLE course
 (cno       char(4)      PRIMARY KEY,
  cname     nvarchar(20) NOT NULL ,
  classhour tinyint CHECK (classhour>=2 and classhour<=5),
  credit    tinyint CHECK (credit>=2 and credit<=4)
)
```

结果如图 7-5 所示。

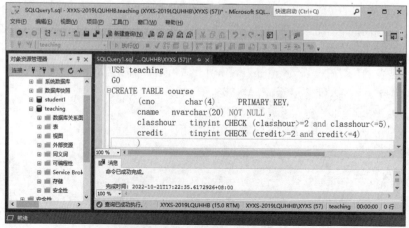

图 7-5　T-SQL 语句创建 course 表

7.2 修改表

数据表的结构创建完成后，用户还可以根据实际需要随时修改表结构。用户可以增加、删除和修改字段，修改数据表名称等。

7.2.1 使用界面方式修改表

（1）在 SSMS 的对象资源管理器中，单击"数据库"节点前的＋号，展开"数据库"节点；单击目标数据库前的＋号，展开目标数据库。

（2）单击"表"节点前的＋号，展开"表"节点。右击目标表（如 student 表），在弹出的快捷菜单中选择"设计"，如图 7-6 所示。

（3）在表设计器中向表中添加列，修改列的数据类型、列的数据长度、列的精度、列的小数位数、列的为空性等。

图 7-6 修改表菜单命令

7.2.2 使用 T-SQL 语句修改表

SQL Server 2019 提供的修改表的 T-SQL 语句为 ALTER TABLE，语法格式如下。其参数与创建表的语句的参数含义相同。

```
ALTER TABLE table_name
    ALTER COLUMN  {column_name       /*修改已有列的属性*/
    new_data_type [<column_constraint>] }
    | ADD      {column_name  data_type /*增加新列或约束*/
    [<column_constraint>] | [ CONSTRAINT constraint_name]  <constraint_items>}
    | DROP                             /*删除列或约束*/
    { COLUMN column_name | [ CONSTRAINT ] constraint_name }
```

【例 7-3】 修改 student 表中 sname 字段的属性，使该字段的数据类型为 nvarchar(10)，允许取空值。

```
USE teaching
GO
ALTER TABLE student
ALTER COLUMN  sname  nvarchar(10) NULL
```

【例 7-4】 在 course 表中添加 tecaher 字段，数据类型为 nvarchar(8)。

```
USE teaching
GO
ALTER TABLE course
ADD teacher nvarchar(8)
```

【例 7-5】 删除 student 表中的 sbirthday 字段。

```
USE teaching
GO
ALTER TABLE student
DROP COLUMN sbirthday
```

增加和删除约束的具体实例将在 7.3 节给出。

7.3 列约束和表约束

约束是通过限制列中数据、行中数据和表之间数据保证数据完整性的非常有效的方法。约束可以确保把有效的数据输入列中和维护表和表之间的特定关系。其中，列约束是针对表中一个列的约束，约束设置在某一个列的列名和数据类型后面；表约束是针对表中一个或多个列的约束，与列定义一样，把它定义为表定义的一个表元素。

SQL Server 2019 系统提供了 6 种约束类型，即 PRIMARY KEY（主键）、UNIQUE（唯一性）、FOREIGN KEY（外键）、CHECK（取值范围）、DEFAULT（默认值）约束以及是否允许为空（NULL 和 NOT NULL），下面着重介绍前 5 种约束的创建与删除。

7.3.1 PRIMARY KEY 约束

PRIMARY KEY（主键）约束在表中定义一个主键值，这是唯一确定表中每行数据的标识符。在所有约束类型中，主键约束是最重要的一种约束类型，也是使用最广泛的约束类型。该约束强制实体完整性。一张表中最多只能有一个主键，主键列不允许取空值。

主键经常定义在一列上，但是也可以定义在多列的组合上。当主键定义在多列上时，虽然某列中的数据可能重复，但是这些列的组合值不能重复。

1. 创建表时设置主键约束

例 7-2 中创建的 course 表，其主键约束为列约束。

【例 7-6】 在 teaching 数据库中创建名为 sc 的选课表，包括 sno、cno、score（成绩）字段，其中 sno、cno 的组合为主键。

```
USE    teaching
GO
CREATE TABLE sc
( sno       char(10),
  cno       char(4),
  score     tinyint,
  CONSTRAINT pk_sc PRIMARY KEY(sno,cno)        /* pk_sc 为主键约束名 */
)
```

此例中主键约束为表约束。

创建约束时，可以指定约束的名称，否则 SQL Server 系统将提供一个复杂的、系统自动生成的名称。对于一个数据库，约束名称必须是唯一的。一般来说，约束的名称应该按照"约束类型简称_表名_列名_代号"这种格式。

2. 用 T-SQL 语句为表添加主键

一般语法格式为

```
ALTER TABLE table_name
ADD [ CONSTRAINT constraint_name ]
    PRIMARY KEY
    [CLUSTERED | NONCLUSTERED]      /* 由系统自动创建聚集或非聚集索引 */
    {( column_name [ ,...n ] ) }
```

【例 7-7】 先在 student1 数据库中创建学生表，然后通过修改表对学号字段创建 PRIMARY KEY 约束。

```
USE student1
GO
CREATE TABLE 学生
(学号       char(6)    NOT NULL,
 姓名       nchar(8)   NOT NULL,
 身份证号   char(18),
 性别       nchar(1)   NOT NULL
)
ALTER TABLE 学生
ADD CONSTRAINT pk_st PRIMARY KEY (学号)
```

3. 删除 PRIMARY KEY 约束

使用 ALTER TABLE 的 DROP CONSTRAINT 子句删除 PRIMARY KEY 约束，一般语法格式为

```
ALTER TABLE table_name
DROP CONSTRAINT constraint_name [,...n]
```

【例 7-8】 删除 student1 数据库中学生表的 PRIMARY KEY 约束 pk_st。

```
ALTER TABLE 学生
DROP CONSTRAINT pk_st
```

7.3.2　UNIQUE 约束

UNIQUE(唯一性)约束指定表中某一列或多列不能有相同的两行或两行以上的数据存在。这种约束通过实现唯一性索引强制实体完整性。当表中已经有了一个主键约束时，如果需要在其他列上实现实体完整性，又因为表中不能有两个或两个以上的主键约束，所以只能通过创建 UNIQUE 约束来实现。一般地，把 UNIQUE 约束称为候选键约束。

例如，在学生表中，主键约束创建在学号列上，如果这时还需要保证该表中的存储身份证号列的数据是唯一的，那么可以使用 UNIQUE 约束。

1. 创建表时设置 UNIQUE 约束

【例 7-9】 创建 student1 表，主键约束创建在学号列上，要求身份证号列的数据是唯一的。

```
USE student1
GO
CREATE TABLE student1
( 学号       char(6)    PRIMARY KEY,
  姓名       nchar(8)   NOT NULL,
  身份证号   char(18)   CONSTRAINT uk_st1 UNIQUE,
  性别       bit        NOT NULL
)
```

2. 修改表时设置 UNIQUE 约束

使用 ALTER TABLE 的 ADD CONSTRAINT 子句设置 UNIQUE 约束，一般语法格式为

```
ALTER TABLE table_name
  ADD [ CONSTRAINT constraint_name ]   UNIQUE
  [CLUSTERED | NONCLUSTERED]    /*由系统自动创建聚集或非聚集索引*/
  ( column_name [,...n ] )
```

【例 7-10】 设置学生表身份证号字段值唯一。

```
ALTER TABLE 学生
ADD    CONSTRAINT uk_st UNIQUE (身份证号)
```

3. 删除 UNIQUE 约束

删除 UNIQUE 约束的方法与删除 PRIMARY KEY 约束相同。

【例 7-11】 删除 student1 表中创建的 UNIQUE 约束。

```
ALTER TABLE  student1
DROP   CONSTRAINT uk_st1
```

4. 使用 UNIQUE 约束时应考虑的问题

UNIQUE 约束所在的列允许取空值,但是主键约束所在的列不允许取空值;一张表中可以有多个 UNIQUE 约束;可以把 UNIQUE 约束放在一列或多列上,这些列或列的组合必须有唯一的值,但是 UNIQUE 约束所在的列并不是表的主键列;UNIQUE 约束强制在指定的列上创建一个唯一性索引,在默认情况下是创建唯一性的非聚集索引,但是在定义 UNIQUE 约束时也可以指定所创建的索引是聚集索引。

7.3.3 FOREIGN KEY 约束

表和表之间的引用关系可以通过 FOREIGN KEY(外键)约束来实现。创建外键约束,既可以由 FOREIGN KEY 子句完成,也可以在表设计器中完成。

1. 界面方式建立表之间的关系

在 SSMS 的对象资源管理器中创建表之间的关系图,可以实现表连接,即外键约束。步骤如下:

(1) 在对象资源管理器中展开数据库节点,如 teaching,右击"数据库关系图",在弹出的快捷菜单中选择"新建数据库关系图",如图 7-7 所示。

(2) 弹出"添加表"对话框,选择要建立关联的表,单击"添加"按钮添加表,添加结束后关闭对话框,如图 7-8 所示。

图 7-7 新建数据库关系图菜单命令

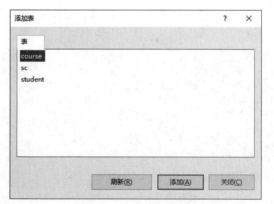

图 7-8 "添加表"对话框

(3) 拖动不同表上相关的属性前的按钮,如 student 表的 sno 列和 sc 表的 sno 列,出现表的关联关系,如图 7-9 所示。

(4) 关联图建好后,在关闭时会弹出提示框,如图 7-10 所示。

(5) 若要保存更改,单击"是"按钮,弹出"选择名称"对话框,如图 7-11 所示,输入关系图名称,单击"确定"按钮。表间关系创建完毕。

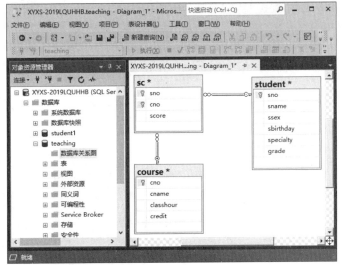

图 7-9　表的关联图

图 7-10　"是否保存更改"提示框

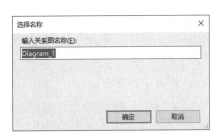

图 7-11　"选择名称"对话框

外键约束定义一列或多列,这些列可以引用同一张表或另外一张表中的主键约束列或 UNIQUE 约束列。实际上,通过创建外键约束可以实现表和表之间的依赖关系。

一般情况下,在 SQL Server 关系数据库管理系统中,表和表之间经常存在着大量的关系,这些关系都是通过定义主键约束和外键约束实现的。

2. 创建表时定义外键约束

【例 7-12】 在 student1 数据库中创建一张成绩表,包括学号、课程号、成绩字段,并为成绩表创建外键约束,该约束把成绩表中的学号字段和学生表中的学号字段关联起来。

```
USE student1
GO
CREATE TABLE 成绩
( 学号    char(6) CONSTRAINT  st_xh
  FOREIGN  KEY  REFERENCES 学生(学号),
  课程号 char(4),
  成绩    int )
```

3. 修改表时添加外键约束

语法格式如下。

```
ALTER TABLE table_name
ADD   [CONSTRAINT constraint_name]
FOREIGN KEY  {( column_name [ ,...n ] )}
    REFERENCES {ref_table ( ref_column [ ,...n ] )}
```

【例 7-13】 将 teaching 数据库中 student 表、course 表和 sc 表进行关联。student 表和 course 表为主表,其中的 sno 和 cno 字段为主键;sc 表为从表,将 sc 表的 sno 和 cno 字段定义为外键。

```
USE teaching
 GO
ALTER TABLE sc
ADD   CONSTRAINT st_foreign
    FOREIGN KEY   (sno) REFERENCES   student(sno)
```

```
USE teaching
 GO
ALTER TABLE sc
ADD   CONSTRAINT kc_foreign
    FOREIGN KEY   (cno) REFERENCES   course(cno)
```

4. 删除外键约束

使用 ALTER TABLE 语句可以删除外键约束。

【例 7-14】 删除例 7-12 创建的外键约束。

```
USE student1
GO
ALTER TABLE 成绩
DROP   CONSTRAINT   st_xh
```

5. 级联更新和级联删除

外键是双向的,无论用户在参照表做了什么,外键都将检查被参照表,保持外键和主键的一致性,避免出现不完整的记录。

对于 SQL Server,默认情况下,如果被参照表中的某行数据的主键被引用,那么将不允许对该行删除或修改其主键值。但是,若希望在删除被参照表数据或修改被参照表中某个主键值的同时,自动删除参照表中对应的行,或将对应行的外键列同时修改,或将对应行的外键列设置为 NULL 等,那么将用到级联更新和删除。

级联更新和删除是 FOREIGN KEY 约束语法中的一部分,语法格式如下。

级联删除:[ON DELETE {NO ACTION|CASCADE|SET NULL|SET DEFAULT }]

级联更新:[ON UPDATE {NO ACTION|CASCADE|SET NULL|SET DEFAULT }]

其中,ON DELETE 表示级联删除操作;ON UPDATE 表示级联更新操作。

NO ACTION 是 SQL Server 的默认选项,表示不允许对被参照表执行删除或更新操作。CASCADE 是层叠操作表示级联自动删除或更新参照表相关数据。SET NULL 表示将参照表中的外键列数据设置为 NULL,如果外键列定义了 NOT NULL 约束则不能使用该选项。SET DEFAULT 表示将参照表中的外键列数据设置为默认值,如果外键列未定义 DEFAULT 值,则不能使用该选项。

【例 7-15】 创建一张学生表 stud(学号,姓名,性别),主键为学号;创建一张选课表 sc

(学号,课程号,成绩),其中学号为外键,并设置级联删除和级联更新。

```
CREATE TABLE stud
  (学号   char(6) PRIMARY KEY,
   姓名 nvarchar(8),
   成绩   int )
CREATE TABLE sc
  (学号   char(6) FOREIGN KEY REFERENCES stud(学号)
  ON DELETE CASCADE ON UPDATE CASCADE,
   课程号 char(4),
   成绩    int )
```

也可以通过关系图设置级联删除和级联更新。例如,设置 teaching 数据库中 student 表和 sc 表的级联更新和级联删除,具体步骤如下。

(1) 右击 teaching 数据库中的关系图,在弹出的快捷菜单中选择"修改",如图 7-12 所示。

(2) 进入数据库关系图界面,右击 student 表和 sc 表之间的关系图,在弹出的快捷菜单中选择"属性",如图 7-13 所示。

图 7-12 修改关系图菜单命令

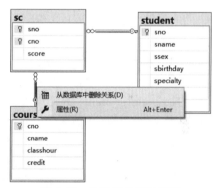

图 7-13 数据库关系图界面

(3) 弹出"属性"对话框,展开"INSERT 和 UPDATE 规范"选项,在"更新规则"和"删除规则"下拉列表框中分别选择"级联",如图 7-14 所示。

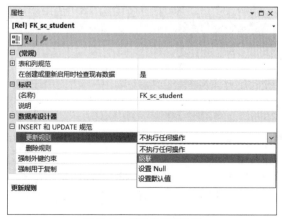

图 7-14 "属性"对话框

（4）关闭"属性"对话框，回到数据库关系图界面，保存关系图即可。

下面，我们可以尝试修改某个学生的学号或删除某个学生的信息，体验级联更新和级联删除的应用。

注意：由于数据库操作人员对 UPDATE 和 DELETE 命令执行的操作关注度较差，所以要谨慎使用级联更新和级联删除，特别是对于比较复杂的数据库、级联层次较多的数据库，级联后影响的深度可能是无限的。

7.3.4 CHECK 约束

CHECK 约束用来限制用户输入某一列的数据，即在该列中只能输入指定范围的数据。CHECK 约束的作用非常类似于外键约束，两者都是限制某列的取值范围，但是外键是通过其他表限制列的取值范围，CHECK 约束是通过指定的逻辑表达式限制列的取值范围。

例如，在描述学生性别的列中可以创建一个 CHECK 约束，指定其取值范围为"男"或"女"。这样，当向该列输入数据时，要么输入数据"男"，要么输入数据"女"，而不能输入其他不相关的数据。

1. 创建表时创建 CHECK 约束

在创建表时创建 CHECK 约束的语法格式如下。

```
CREATE TABLE table_name           /*指定表名*/
 (column_name  datatype
 [check_name] CHECK ( logical_expression )      /*CHECK 约束表达式*/
      [,...n])
```

【例 7-16】 在 student1 数据库中创建 books 表，其中包含 CHECK 约束（列约束）。

```
USE student1
 GO
CREATE TABLE books
(
    book_id    smallint      PRIMARY KEY,      /*书号*/
    book_name  nvarchar(20)  NOT NULL,         /*书名*/
    max_lvl    tinyint       NOT NULL  CHECK  (max_lvl<=250)
                                   /*书允许的最高价 CHECK 约束*/
)
```

【例 7-17】 在 student1 数据库中创建身份信息表，其中包含 CHECK 约束（表约束）。

```
USE student1
GO
CREATE TABLE 身份信息
(
    id_no      char(18)      PRIMARY KEY,      /*身份证号*/
    name       nvarchar(10)  NOT NULL,         /*姓名*/
    startdate  date          NOT NULL,         /*有效开始日期*/
    enddate    date          NOT NULL,         /*有效结束日期*/
    CHECK (startdate<enddate)
)
```

2. 修改表时创建 CHECK 约束

在修改表时创建 CHECK 约束的语法格式如下。

```
ALTER TABLE table_name
ADD CONSTRAINT check_name  CHECK (logical_expression)
```

【例 7-18】 通过修改 student1 数据库的成绩表，增加"成绩"字段的 CHECK 约束。

```
USE student1
GO
ALTER TABLE 成绩
ADD CONSTRAINT cj_constraint   CHECK (成绩>=0 and 成绩<=100)
```

3. 删除 CHECK 约束

使用 ALTER TABLE 语句可以删除 CHECK 约束。

【例 7-19】 删除例 7-17 创建的 CHECK 约束。

```
USE student1
GO
ALTER TABLE 成绩
DROP CONSTRAINT cj_constraint
```

一列上可以定义多个 CHECK 约束；当执行 INSERT 或 UPDATE 语句时，该约束验证相应的数据是否满足 CHECK 约束的条件。但是，执行 DELETE 语句时不检查 CHECK 约束。

7.3.5　DEFAULT 约束

当使用 INSERT 语句插入数据时，如果没有为某一列指定数据，那么 DEFAULT（默认值）约束就在该列中输入一个默认值。

例如，在学生表的性别列中定义了一个 DEFAULT 约束为"男"。当向该表中输入数据时，如果没有为性别列提供数据，那么 DEFAULT 约束把默认值"男"自动插入该列。因此，DEFAULT 约束可以实现保证域完整性。

1. 创建表时定义 DEFAULT 约束

在创建表时定义 DEFAULT 约束的语法格式如下。

```
CREATE TABLE table_name            /*指定表名*/
(column_name  datatype
DEFAULT constraint_expression    /* DEFAULT 约束表达式 */
[,…n])
```

【例 7-20】 先在 student1 数据库中创建学生表 st，定义入学日期字段的默认值为系统当前日期。

```
USE student1
GO
CREATE TABLE st
    (   学号        char(6)         PRIMARY KEY,
        姓名        nchar(8)        NOT NULL,
        专业名      nvarchar(20)    NULL,
        性别        bit             NOT NULL,
        出生日期    date            NOT NULL,
        备注        text            NULL,
        入学日期    date            DEFAULT  getdate()      /*定义 DEFAULT 约束*/
    )
```

说明：没有使用"CONSTRAINT 约束名"，则使用系统定义的名称。

2. 修改表时定义 DEFAULT 约束

【例 7-21】 修改 st 表，添加一个总学分字段，并为其设置 DEFAULT 约束，默认值为 150。

```
USE student1
GO
```

```
ALTER TABLE st
  ADD  总学分  smallint  NULL
    CONSTRAINT  totaldf       /*DEFAULT约束名*/
    DEFAULT  150
```

3. 删除 DEFAULT 约束

【例 7-22】 删除例 7-20 定义的 DEFAULT 约束。

```
USE student1
GO
ALTER TABLE st
DROP CONSTRAINT totaldf
```

4. 定义 DEFAULT 约束时应考虑的问题

(1) 定义的常量值必须与该列的数据类型和精度是一致的。

(2) DEFAULT 约束只能应用于 INSERT 语句。

(3) 每列只能定义一个 DEFAULT 约束。DEFAULT 约束不能放在有 IDENTITY 属性的列上或数据类型为 timestamp 的列上,因为这两种列都会由系统自动提供数据。

(4) DEFAULT 约束允许指定一些由系统函数提供的值,这些系统函数包括 SYSTEM_USER、GETDATE、CURRENT_USER 等。

注意:[NOT] NULL 和 DEFAULT 约束只能设置一列的约束,所以只能使用列约束;PRIMARY KEY、UNIQUE、CHECK 和 FOREIGN KEY 约束,一列的约束既可以使用列约束,也可以使用表约束,多列的约束只能使用表约束。

7.4 表数据操作

表的基本结构建好后,表内没有数据,我们可以在 SSMS 中利用图形界面非常方便地对数据执行各种操作,也可以利用 INSERT 语句完成相应的功能。

7.4.1 向表中添加数据

1. 界面方式添加数据

(1) 在对象资源管理器中展开数据库和表,右击数据表,如 teaching 数据库中的 student 表,在弹出的快捷菜单中选择"编辑前 200 行",如图 7-15 所示。

(2) 出现一张空表,如图 7-16 所示。

(3) 输入数据,如图 7-17 所示。需要注意以下几点。①注意约束:PRIMARY KEY(具有唯一性、不允许为空)和 NOT NULL(不允许为空)。②如果数据行前出现红色感叹号,表示可能数据有问题;如果修改后感叹号还不消失,可以按 Esc 键重新录入本行数据。③录入完一行数据无须保存,按 Enter 键或录入下一行时已自动保存上一行。

图 7-15 编辑数据菜单命令

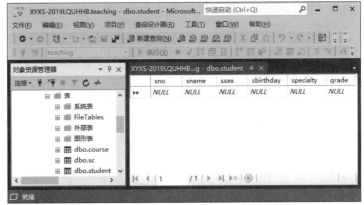

图 7-16　空表

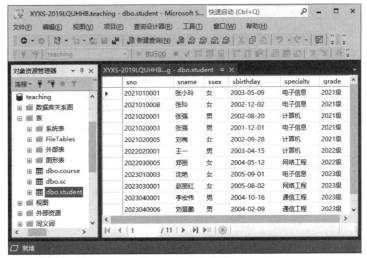

图 7-17　输入数据

2. 用 INSERT 语句添加数据

使用 INSERT 语句向表中插入数据,语法格式如下。

```
INSERT [ INTO] table_name  [ ( column_list ) ]
{ VALUES( expression [ ,...n ] ) }
```

参数说明：

(1) INTO：一个可选的关键字,可以将它用在 INSERT 和目标表之间。

(2) table_name：将要接收数据的表或 table 变量的名称。

(3) column_list：要在其中插入数据的一列或多列的列表。必须用括号将 column_list 括起来,并且用逗号进行分隔。

(4) VALUES：引入要插入的数据值的列表。对于 column_list 中或表中的每列,都必须有一个数据值。必须用括号将值列表括起来。如果 VALUES 列表中的值与表中列的顺序不相同,或者未包含表中所有列的值,那么必须使用 column_list 明确地指定存储每个传入值的列。

(5) expression：列值表达式。

【例7-23】 在teaching数据库的student表中插入一行数据,(sno,sname,ssex,grade)为('2023001015','刘玲玲','女','2023级')。

```
USE teaching
GO
INSERT into student(sno,sname,ssex,grade)
VALUES('2023001015','刘玲玲','女','2023级')
```

【例7-24】 在student1数据库的学生表中插入一行数据：('160101','刘玲','130212199807190926','女')。

```
USE student1
GO
INSERT into 学生 VALUES('160101','刘玲','130212199807190926','女')
```

【例7-25】 向student1数据库的学生表中同时插入3行数据。

```
INSERT into 学生 VALUES('160102','王小玲','1302121997071190926','女'),('160103','王伟','1302121998091100871','男'),('160104','张大力','1302121998021150812','男')
```

执行结果如图7-18所示。

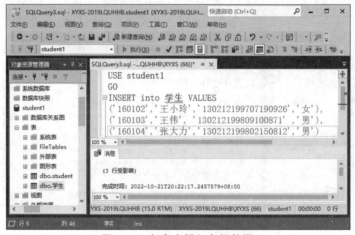

图7-18 向表中插入多行数据

注意：创建表时设置为不允许为空又没有默认值约束的列,必须插入数据。

7.4.2 修改表中数据

1. 界面方式修改数据

在SSMS中右击相应的表,在弹出的快捷菜单中选择"编辑前200行",出现编辑表数据窗口,可以直接对数据进行修改操作。

2. 用UPDATE语句修改数据

T-SQL提供UPDATE命令修改表中数据,语法格式如下。

```
UPDATE table_name
SET { column_name = expression } [ ,...n ]
    [WHERE {condition_expression}]
```

参数说明：

(1) table_name：需要更新的表的名称。

(2) SET：指定要更新的列或变量名称的列表。

(3) column_name:含有要更改数据的列的名称。

(4) expression:列值表达式。

(5) condition_expression:条件表达式,对条件的个数没有限制。

(6) 如果没有 WHERE 子句,则 UPDATE 将会修改表中的每行数据。

【例 7-26】 将 student1 数据库的学生表中所有学生的性别都修改为"男"。

```
USE student1
GO
UPDATE 学生
SET 性别='男'
```

【例 7-27】 在 student1 数据库的学生表中添加一个字段:备注,类型为 nvarchar(20),备注字段信息为"已毕业"。

```
USE student1
GO
ALTER TABLE 学生
Add  备注 nvarchar(20)
UPDATE 学生
SET 备注='已毕业'
```

注意:新添加字段一定要设置"允许为空",否则会添加失败。

【例 7-28】 将 student1 数据库的学生表中学号为 160101 的学生姓名修改为"王武"。

```
USE student1
GO
UPDATE 学生 SET 姓名='王武'
WHERE 学号='160101'
```

7.4.3 删除表中数据

1. 界面方式删除数据

启动 SSMS,右击相应的表,在弹出的快捷菜单中选择"编辑前 200 行"命令。在编辑表数据窗口中选择右击要删除的记录,在弹出的快捷菜单中选择"删除"命令。

2. 用 DELETE 语句删除数据

T-SQL 提供 DELETE 命令删除表中数据,语法格式如下。

```
DELETE [FROM] table_name
 [ WHERE {condition_expression} ]
```

参数说明:

(1) table_name:要从其中删除行的表的名称。

(2) WHERE:指定用于限制删除行数的条件。如果没有提供 WHERE 子句,则删除表中的所有行。

(3) condition_expression:指定删除行的限定条件,对条件的个数没有限制。

【例 7-29】 删除 student1 数据库的学生表中 160101 号学生的记录。

```
USE student1
DELETE  学生 WHERE 学号='160101'
```

3. 用 TRUNCATE TABLE 语句清空表格

语法格式如下。

```
TRUNCATE  TABLE  table_name
```

其中，table_name 为要删除所有记录的表名。

TRUNCATE TABLE 语句与不含有 WHERE 子句的 DELETE 语句在功能上相同。但是，TRUNCATE TABLE 语句速度更快，并且使用更少的系统资源和事务日志资源。

【例 7-30】 清空学生表中的数据。

```
TRUNCATE TABLE 学生
```

 删除表

删除表就是将表中数据和表的结构从数据库中永久性地删除。表被删除之后，就不能再恢复该表的定义。

1. 界面方式删除表

启动 SSMS，展开"数据库"→"表"节点，右击要删除的表，在弹出的快捷菜单中选择"删除"命令，如图 7-19 所示。在弹出的"删除对象"对话框中单击"确定"按钮，即可完成指定表的删除操作。

图 7-19 "删除"菜单命令

2. 用 T-SQL 语句删除表

可以利用 T-SQL 的 DROP TABLE 命令删除一张或多张数据表。语法格式如下。

```
DROP TABLE table_name[,...n]
```

【例 7-31】 删除 student1 数据库中的学生表。

```
DROP TABLE 学生
```

7.6 数据的导出/导入

通过导入和导出数据的操作,可以在 SQL Server 2019 和其他异类数据源(如 Excel 或 Oracle 数据库)之间轻松移动数据。"导出"是指将数据从 SQL Server 表复制到数据文件;"导入"是指将数据从数据文件加载到 SQL Server 表。

在 SQL Server 2019 中,导入和导出数据的操作可以在 SSMS 中使用向导来完成,也可以通过执行 T-SQL 语句来完成。本书只介绍前一种方法。

7.6.1 导出数据

数据的导出是将一个 SQL Server 数据库中的数据复制到一个文本文件、电子表格或其他格式的数据库中。

【例 7-32】 将 teaching 数据库中的 student 表导出至 G:\data 文件夹下,形成 st.xls 文件。

(1) 在对象资源管理器中展开数据库,右击 teaching 数据库,在弹出的快捷菜单中选择"任务"→"导出数据",弹出"SQL Server 导入和导出向导"对话框,如图 7-20 和图 7-21 所示。

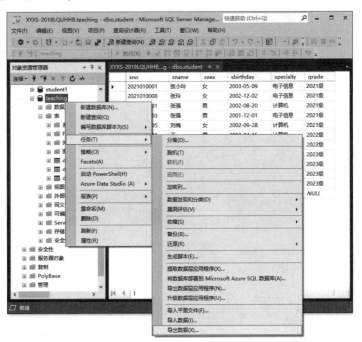

图 7-20 导出数据

(2) 单击 Next 按钮,进入"选择数据源"页面,如图 7-22 所示。

(3) 单击 Next 按钮,进入"选择目标"页面,如图 7-23 所示。

(4) 单击 Next 按钮,进入"指定表复制或查询"页面,可以选择复制整表还是表中的部分数据。如果复制整表数据,选择第 1 个单选项;如果导出表中的部分数据,则选择第 2 个单选项,并需通过编写 SQL 查询语句来实现,如图 7-24 所示。

(5) 这里选择复制整表,然后单击 Next 按钮,进入"选择源表和源视图"页面,如图 7-25 所示。

图 7-21　SQL Server 导入和导出向导

图 7-22　选择数据源

图 7-23　选择目标

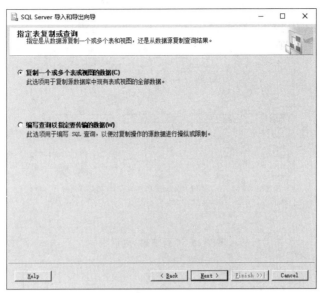

图 7-24　指定表复制或查询

图 7-25　选择源表和源视图

（6）单击"编辑映射"按钮，弹出"列映射"对话框，如图 7-26 所示，可以在此对列属性等内容进行修改。

（7）单击"确定"按钮，回到"选择源表和源视图"页面，单击 Next 按钮，进入"查看数据类型映射"页面，如图 7-27 所示。

（8）单击 Next 按钮，进入"保存并运行包"页面，如图 7-28 所示。

（9）单击 Next 按钮，进入 Complete the Wizard（完成向导）页面，如图 7-29 所示。

（10）单击 Finish 按钮，进入"执行成功"页面，如图 7-30 所示。单击 Close 按钮即可。

打开 G:\database\st.xls 文件，查看导出的结果，如图 7-31 所示。

图 7-26 "列映射"对话框

图 7-27 查看数据类型映射

图 7-28 保存运行包

第7章 表的操作

图 7-29　完成向导

图 7-30　执行成功

图 7-31　st.xls 文件

7.6.2 导入数据

导入数据是将其他格式的数据(如文本数据、Access、Excel、FoxPro 等)导入 SQL Server 数据库中。

【例 7-33】 将一个 Excel 文件导入 student1 数据库中。

(1) 在对象资源管理器中展开数据库,右击 student1 数据库,在弹出的快捷菜单中选择"任务"→"导入数据",如图 7-32 所示。弹出"SQL Server 导入和导出向导"对话框。

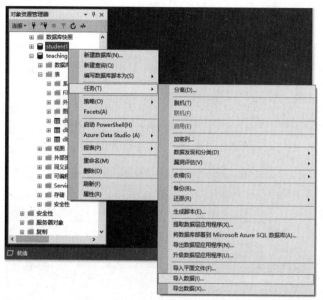

图 7-32 导入数据

(2) 单击 Next 按钮,进入"选择数据源"页面,如图 7-33 所示,选择文件路径和文件格式。

图 7-33 选择数据源

（3）单击 Next 按钮，进入"选择目标"页面，如图 7-34 所示，选择数据库。

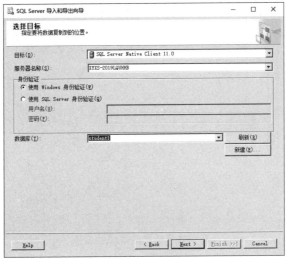

图 7-34　选择目标

（4）单击 Next 按钮，进入"指定表复制或查询"页面，如图 7-35 所示，选择"复制一个或多个表或视图的数据"。

图 7-35　指定表复制或查询

（5）单击 Next 按钮，进入"选择源表和源视图"页面，如图 7-36 所示，选择表或视图。

（6）单击"编辑映射"按钮，弹出"列映射"对话框，如图 7-37 所示，可以在此对列属性等内容进行修改。

（7）单击确定按钮，回到"选择源表和源视图"页面。单击 Next 按钮，进入"查看数据类型映射"页面，如图 7-38 所示。

（8）单击 Next 按钮，进入"保存并运行包"页面，如图 7-39 所示。

（9）单击 Next 按钮，进入 Complete the Wizard（完成向导）页面，如图 7-40 所示。

（10）单击 Finish 按钮，进入"执行成功"，如图 7-41 所示。单击 Close 按钮，数据导入完成。

图 7-36　选择源表和源视图

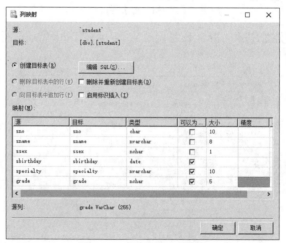

图 7-37　"列映射"对话框

图 7-38　查看数据类型映射

第7章 表的操作

图 7-39　保存并运行包

图 7-40　完成向导

图 7-41　执行成功

· 117 ·

打开 student1 数据库,查看导入的结果,如图 7-42 所示。

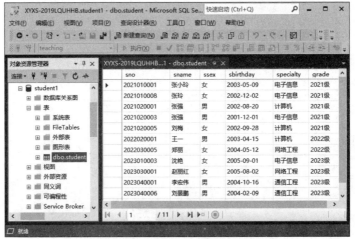

图 7-42 导入结果

其他数据源和目标之间的数据导入和导出操作与上面的步骤基本相同,读者可以根据需要自行完成,这里不再赘述。

习题 7

习题

自测题

第8章 数据库查询

所谓查询,就是检索数据库内数据的特定请求。数据库接受用 T-SQL 编写的查询,使用查询可以按照不同的方式查看和分析数据。查询设计是数据库应用程序开发的重要组成部分,因为在设计好数据库并用数据进行填充后,最常见的就是通过查询使用数据。

本章主要介绍数据库的基本查询(包括投影、选择、聚合函数等简单查询)、分组查询、连接查询、子查询、对查询结果排序等。

8.1 SELECT 查询语法

扫一扫
视频讲解

在 SQL Server 中,可以通过 SELECT 语句实现数据查询,即从数据表中检索需要的数据。查询可以包含要返回的列、要选择的行、放置行的顺序和如何将信息分组的规范。

SELECT 语句的基本语法格式如下。

```
SELECT { select_list [INTO new_table_name ]}
FROM { table_list | view_list }
[ WHERE {search_conditions} ]
[ GROUP BY { group_by_list} ]
[ HAVING { search_conditions} ]
[ ORDER BY { order_list [ ASC | DESC ]}]
```

参数说明:

(1) select_list:描述结果集的列,它指定了结果集中要包含的列的名称,是一个用逗号分隔的表达式列表。

(2) INTO new_table_name:指定使用结果集创建新表。new_table_name 指定新表的名称。

(3) FROM {table_list|view_list}:指定要从中检索数据的表名或视图名。

(4) WHERE {search_conditions}:WHERE 子句是一个筛选条件,它定义了源表中的行要满足 SELECT 语句的要求所必须达到的条件。

(5) GROUP BY {group_by_list}:GROUP BY 子句根据 group_by_list 列中的值将结果集分成组。

(6) HAVING {search_conditions}:HAVING 子句是应用于结果集中组的附加筛选,用来向使用 GROUP BY 子句的查询中添加数据过滤准则。

(7) ORDER BY {order_list[ASC | DESC]}:ORDER BY 子句定义了结果集中行的

排序顺序。升序使用 ASC 关键字,降序使用 DESC 关键字,默认情况下为升序。

以上为 SELECT 语句的基本语法,只包含了主要查询功能。有些功能的语法和应用会在后面的章节进行详细介绍。

8.2 简单查询

简单查询包括投影查询、选择查询和聚合函数查询。

8.2.1 投影查询

通过 SELECT 语句的 select_list 项组成结果表的列。投影查询语法格式如下。

```
SELECT [ ALL | DISTINCT ] [ TOP n [ PERCENT ] ]
{ * | { {column_name | expression | IDENTITYCOL | ROWGUIDCOL }
    [ [ AS ] column_alias ] | column_alias =expression } [, ... n ] }
```

参数说明:

(1) ALL:指定显示所有记录,包括重复行。ALL 为默认设置。

(2) DISTINCT:指定显示所有记录,但不包括重复行。

(3) TOP n [PERCENT]:指定从查询结果中返回前 n 行或前百分之 n 行。

(4) *:表示所有列。

(5) column_name:指定要返回的列名。

(6) expression:列名、常量、函数以及由运算符连接的列名、常量和函数的任意组合,或者是子查询。

(7) column_alias:列别名。

1. 选择一张表中指定的列

使用 SELECT 语句选择一张表中的某些列,各列名之间要以逗号分隔。

【例 8-1】 查询 teaching 数据库中学生的姓名、性别和专业。

```
USE  teaching
SELECT  sname, ssex, specialty FROM student
```

查询结果如图 8-1 所示。

【例 8-2】 查询 teaching 数据库中 course 表的所有记录。

```
USE  teaching
SELECT  *  FROM course
```

用 * 表示表中所有列,按用户创建表时声明列的顺序显示所有列。

【例 8-3】 查询 teaching 数据库中 student 表的专业名称,过滤重复行。

```
USE  teaching
SELECT  DISTINCT specialty FROM student
```

用 DISTINCT 关键字可以过滤查询结果中的重复行。

【例 8-4】 查询 teaching 数据库中 course 表的前 3 行信息。

```
USE  teaching
SELECT  top 3 * FROM course
```

查询结果如图 8-2 所示。

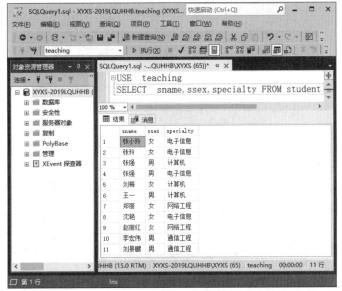

图 8-1　例 8-1 查询结果

【例 8-5】　查询 teaching 数据库中 course 表的前 50％行的信息。

```
USE  teaching
SELECT top 50 percent * FROM course
```

查询结果如图 8-3 所示。

图 8-2　例 8-4 查询结果

图 8-3　例 8-5 查询结果

2. 改变查询结果中的显示标题

在 SELECT 语句中，用户可以根据实际需要修改查询数据的列标题，或者为没有标题的列加上临时的标题。常用的方式如下。

（1）在列表达式后面给出列名。

（2）用"＝"连接列表达式。

（3）用 AS 关键字连接列表达式和指定的列名。

【例 8-6】　查询 student 表中所有学生的学号、姓名，结果中各列的标题分别指定为汉字"学号"和"姓名"。

```
USE  teaching
SELECT sno AS 学号, sname AS 姓名 FROM student
```

或

```
USE  teaching
SELECT 学号=sno,姓名=sname FROM student
```

或

```
USE  teaching
SELECT sno 学号, sname 姓名 FROM student
```

查询结果如图 8-4 所示。

注意：列标题别名只在定义的语句中有效，即只是显示标题，对原表中列标题没有任何影响。

3. 计算列值

在进行数据查询时，经常需要对查询到的数据进行再次计算处理。

T-SQL 允许直接在 SELECT 语句中使用计算列。"计算列"并不存在于表格所存储的数据中，它是通过对某些列的数据进行演算得来的结果，所以没有列名。

【例 8-7】 查询 sc 表，按 150 分制计算成绩。

```
USE  teaching
SELECT sno,cno,成绩 150 分制=score * 1.50   FROM sc
```

查询结果如图 8-5 所示。

图 8-4 例 8-6 查询结果

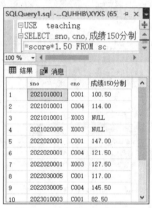

图 8-5 例 8-7 查询结果

8.2.2 选择查询

投影查询是从列的角度进行的查询，一般对行不进行任何过滤（DISTINCT 除外）。但是，一般的查询都不是针对全表所有行的查询，只是从整张表中选出满足指定条件的内容，这就要用到 WHERE 子句进行选择查询。

选择查询的基本语法如下。

```
SELECT   SELECT_LIST
FROM    TABLE_LIST
WHERE SEARCH_CONDITIONS
```

其中，SEARCH_CONDITIONS 为选择查询的条件。

SQL Server 支持比较、范围、列表、字符串匹配等选择方法。

WHERE 子句中常用的查询条件如表 8-1 所示。SQL Server 对 WHERE 子句中的查询条件的数目没有限制。

表 8-1 常用的查询条件

查询条件	谓词
比较运算符	=,>,<,>=,<=,<>,!=,!>,!<
确定范围	BETWEEN AND,NOT BETWEEN AND
确定集合	IN,NOT IN
字符匹配	LIKE,NOT LIKE
空值	IS NULL,IS NOT NULL
多重条件	AND,OR,NOT

1．使用关系表达式

比较运算符用于比较两个表达式的值,共有 9 个,分别是＝(等于)、<(小于)、<=(小于或等于)、>(大于)、>=(大于或等于)、<>(不等于)、!=(不等于)、!<(不小于)、!>(不大于)。

比较运算的格式为:expression ｛ ＝ ｜ ＜ ｜ ＜= ｜ ＞ ｜ ＞= ｜ ＜＞ ｜ ! ＝ ｜ ! ＜ ｜ ! ＞｝ expression

其中,expression 是除 text、ntext 和 image 以外类型的表达式。

【例 8-8】 查询 teaching 数据库 sc 表中成绩大于或等于 60 的学生的学号、课程号和成绩。

```
USE teaching
SELECT * FROM sc WHERE score>=60
```

2．使用逻辑表达式

逻辑运算符共有 3 个,分别如下。

(1) NOT：非,对表达式的否定。

(2) AND：与,连接多个条件,所有条件都成立时为真。

(3) OR：或,连接多个条件,只要有一个条件成立就为真。

【例 8-9】 查询 teaching 数据库中计算机专业的男生的信息。

```
USE teaching
SELECT * FROM student
WHERE specialty='计算机' and ssex='男'
```

查询结果如图 8-6 所示。

图 8-6 例 8-9 查询结果

【例 8-10】 查询 teaching 数据库中计算机专业的或男生的信息。

```
USE teaching
SELECT * FROM student
WHERE specialty='计算机' or  ssex='男'
```

查询结果如图 8-7 所示。

3. 使用 BETWEEN 关键字

使用 BETWEEN 关键字可以更方便地限制查询数据的范围,语法格式为

表达式 [NOT] BETWEEN 表达式 1 AND 表达式 2

使用 BETWEEN 表达式进行查询的效果完全可以用含有＞＝和＜＝的逻辑表达式代替;使用 NOT BETWEEN 进行查询的效果完全可以用含有＞和＜的逻辑表达式代替。

【例 8-11】 查询 teaching 数据库中成绩在 80 到 90 之间的学生的学号、课程号和成绩。

```
USE  teaching
SELECT * FROM sc
WHERE score BETWEEN 80 AND 90
```

或

```
USE  teaching
SELECT * FROM sc
WHERE score>=80 AND score<=90
```

查询结果如图 8-8 所示。

图 8-7 例 8-10 查询结果

图 8-8 例 8-11 查询结果

【例 8-12】 查询 teaching 数据库中成绩不在 80 到 90 之间的学生的学号、课程号和成绩。

```
USE  teaching
SELECT * FROM sc
WHERE score NOT BETWEEN 80 AND 90
```

4. 使用 IN(属于)关键字

同 BETWEEN 关键字一样,IN 关键字的引入也是为了更方便地限制检索数据的范围,语法格式为

表达式 [NOT] IN (表达式 1 , 表达式 2 [,…,表达式 n])

【例 8-13】 查询 teaching 数据库中计算机和通信工程专业的学生的姓名、学号和专业。

```
USE  teaching
SELECT sname,sno,specialty FROM student
WHERE specialty IN('计算机','通信工程')
```

5. 使用 LIKE 关键字

使用 LIKE 关键字的查询又叫作模糊查询,LIKE 关键字搜索与指定模式匹配的字符串、日期或时间值。字符串中可包含 4 种通配符的任意组合,搜索条件中常用的通配符如表 8-2 所示。

表 8-2 常用的通配符

通配符	含 义
%	包含零个或多个字符的任意字符串
_	任何单个字符
[ ]	代表指定范围内的单个字符,[ ]中可以是单个字符(如[acef]),也可以是字符范围(如[a-f])
[^]	代表不在指定范围内的单个字符,[^]中可以是单个字符(如[^acef]),也可以是字符范围(如[^a-f])

【例 8-14】 通配符示例。

LIKE 'AB%'返回以 AB 开始的任意字符串。

LIKE 'Ab%'返回以 Ab 开始的任意字符串。

LIKE '%abc'返回以 abc 结束的任意字符串。

LIKE '%abc%'返回包含 abc 的任意字符串。

LIKE '_ab'返回以 ab 结束的 3 个字符的字符串。

LIKE '[ACK]%' 返回以 A、C 或 K 开始的任意字符串。

LIKE '[A-T]ing'返回 4 个字符的字符串,结尾是 ing,首字符的范围从 A 到 T。

LIKE 'M[^c]%' 返回以 M 开始且第 2 个字符不是 c 的任意长度的字符串。

【例 8-15】 查询 teaching 数据库中所有姓张的学生的信息。

```
USE teaching
SELECT * FROM student
WHERE sname like '张%'
```

查询结果如图 8-9 所示。

图 8-9 例 8-15 查询结果

6. IS [NOT] NULL(是[否]为空)查询

在 WHERE 子句中不能使用比较运算符对空值进行判断,只能使用空值表达式判断某个列值是否为空值。语法格式为

```
表达式 IS [NOT] NULL
```

【例 8-16】 查询 teaching 数据库中所有成绩为空值的学生的学号、课程号和成绩。

```
USE teaching
SELECT * FROM sc WHERE score IS NULL
```

7. 复合条件查询

在 WHERE 子句中可以使用逻辑运算符把若干个搜索条件合并起来,组成复杂的复合搜索条件。这些逻辑运算符包括 AND、OR 和 NOT。

(1) AND 运算符:只有在所有条件都为真时才返回真。

(2) OR 运算符：只要有一个条件为真时就可以返回真。

(3) NOT 运算符：取反。

当在一个 WHERE 子句中同时包含多个逻辑运算符时，其优先级从高到低依次是 NOT、AND、OR。

【例 8-17】 从 teaching 数据库的 student 表中查询所有计算机和通信工程专业的女生的信息。

```
USE teaching
SELECT * FROM student
WHERE ssex='女' AND
(specialty='计算机'
OR specialty='通信工程')
```

查询结果如图 8-10 所示。

8.2.3 聚合函数查询

SQL Server 提供了一系列聚合函数。这些函数把存储在数据库中的数据描述为一个整体，而不是一行行孤立的记录，通过使用这些函数可以实现数据集合的汇总或求平均值等各种运算。T-SQL 提供的常用的聚合函数如表 8-3 所示。

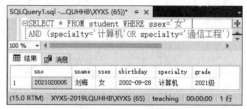

图 8-10　例 8-17 查询结果

表 8-3　常用的聚合函数

函　数　名	功　　能
sum(列名)	返回一个数字列的总和
avg(列名)	对一个数字列计算平均值
min(列名)	返回一个数字、字符串或日期列的最小值
max(列名)	返回一个数字、字符串或日期列的最大值
count(列名)	返回一列的数据项数
count(*)	返回找到的行数

在 SELECT 子句中可以使用聚合函数进行运算，运算结果作为新列出现在结果集中，但此列无列名。在聚合运算的表达式中，可以包括列名、常量以及由算术运算符连接起来的函数。

【例 8-18】 在 teaching 数据库中查询 sc 表成绩的平均值，平均值显示列标题为"平均成绩"。

```
USE teaching
SELECT avg(score) AS 平均成绩 FROM sc
```

查询结果如图 8-11 所示。

【例 8-19】 在 teaching 数据库的 student 表中查询专业的种类个数（相同的按一种计算）。

```
USE teaching
SELECT count (DISTINCT specialty) AS 专业种类数
FROM student
```

查询结果如图 8-12 所示。

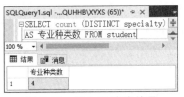

图 8-11　例 8-18 查询结果　　　　图 8-12　例 8-19 查询结果

说明：在 T-SQL 中，允许与统计函数（如 count( )、sum( ) 和 avg( )）一起使用 DISTINCT 关键字处理列或表达式中不同的值。

【例 8-20】　在 teaching 数据库中查询 2021010001 号学生的平均成绩和最高成绩。

```
USE teaching
SELECT avg(score) AS 平均成绩, max(score) AS 最高成绩 FROM sc
WHERE sno='2021010001'
```

在 Microsoft SQL Server 2019 系统中，一般情况下可以在两个地方使用聚合函数，即 SELECT 子句和 HAVING 子句。

 分组查询

扫一扫
视频讲解

使用聚合函数返回的是所有行数据的统计结果。如果需要按某一列数据的值进行分类，在分类的基础上再进行查询，就要使用 GROUP BY 子句了。分组技术是指使用 GROUP BY 子句完成分组操作的技术。

GROUP BY 子句的语法格式如下。

```
[ GROUP BY { [ ALL ] group_by_expression [,...n]}
[ WITH { CUBE | ROLLUP } ] ]
```

参数说明：

（1）ALL：包含所有组和结果，甚至包含那些不满足 WHERE 子句指定搜索条件的组和结果。如果指定了 ALL，组中不满足搜索条件的空值也将作为一个组。

（2）group_by_expression：执行分组的表达式，可以是列或引用列的非聚合表达式。

（3）CUBE：除了返回由 GROUP BY 子句指定的列外，还返回按组统计的行，返回的结果先按分组的第 1 个条件列排序显示，再按第 2 个条件列排序显示，以此类推，统计行包括了 GROUP BY 子句指定的列的各种组合的数据统计，更改列分组的顺序会影响在结果集内生成的行数。

（4）ROLLUP：此选项只返回最高层的分组列，即第 1 个分组列的统计数据。

8.3.1　简单分组

如果在 GROUP BY 子句中没有使用 CUBE 或 ROLLUP 关键字，那么表示这种分组的技术是简单分组技术。

【例 8-21】　查询 teaching 数据库中男生和女生的人数。

```
USE teaching
SELECT ssex, count(ssex) 人数
FROM student
GROUP BY ssex
```

查询结果如图 8-13 所示。

注意：使用 GROUP BY 子句时，选择（SELECT）列表中任何非聚合表达式内的所有列都应包含在 GROUP BY 列表中（不能使用列别名），或者说 GROUP BY 表达式必须与选择（SELECT）列表表达式完全匹配。

当完成数据结果的查询和统计后，可以使用 HAVING 关键字对查询和统计的结果进行进一步筛选。

【例 8-22】 在 sc 表中查询选修了两门及以上课程的学生学号和选课数。

```
USE teaching
SELECT sno,COUNT(cno) 选修课程数 FROM sc
GROUP BY sno
HAVING COUNT(cno)>=2
```

查询结果如图 8-14 所示。

图 8-13　例 8-21 查询结果

图 8-14　例 8-22 查询结果

HAVING 与 WHERE 的区别：WHERE 子句是对整表（源表）中数据筛选满足条件的行；而 HAVING 子句是对 GROUP BY 分组查询后产生的组再加条件，筛选出满足条件的组。另外，HAVING 条件一般都直接使用聚合函数，WHERE 条件不能直接使用聚合函数。

8.3.2　CUBE 和 ROLLUP 的应用

1. CUBE

CUBE 指定在结果集内不仅包含由 GROUP BY 提供的行，还包含汇总行。GROUP BY 汇总行针对每个可能的组和子组组合在结果集内返回。GROUP BY 汇总行在结果中显示为 NULL，但用来表示所有值。使用 GROUPING 函数可确定结果集内的空值是否为 GROUP BY 汇总值。

结果集内的汇总行数取决于 GROUP BY 子句内包含的列数。GROUP BY 子句中的每个操作数(列)绑定在分组 NULL 下，并且分组适用于所有其他操作数(列)。由于 CUBE 返回每个可能的组和子组组合，因此不论在列分组时指定使用什么顺序，行数都相同。

【例 8-23】 在 teaching 数据库中查询 sc 表，求被选修的各门课程的平均成绩和选修该课程的人数，及所有课程的总平均成绩和总选修人数。

```
USE teaching
SELECT cno, AVG(score) AS '平均成绩',COUNT(sno) AS '选修人数'
FROM sc
GROUP BY cno
WITH CUBE
```

查询结果如图 8-15 所示。

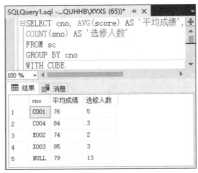

图 8-15 例 8-23 查询结果

【例 8-24】 在 teaching 数据库中查询 student 表,统计各专业男生、女生人数、每个专业的学生人数,以及男生总人数、女生人数和所有学生总人数。

```
USE teaching
SELECT specialty,ssex,COUNT(*) AS '人数'
FROM student
GROUP BY specialty,ssex
WITH CUBE
```

查询结果如图 8-16 所示。

2. ROLLUP

ROLLUP 指定在结果集内不仅包含由 GROUP BY 提供的行,还包含汇总行。按层次结构顺序,从组内的最低级别到最高级别汇总组。组的层次结构取决于列分组时指定使用的顺序。更改列分组的顺序会影响在结果集内生成的行数。

使用 CUBE 或 ROLLUP 时,不支持区分性聚合函数,如 AVG(DISTINCT 列名)、COUNT(DISTINCT 列名)等。

【例 8-25】 统计在 teaching 数据库中每个专业的男生人数和女生人数、每个专业的总人数和所有学生总人数。

```
USE teaching
SELECT specialty,ssex,COUNT(*) AS '人数'   FROM student
GROUP BY specialty,ssex
WITH ROLLUP
```

查询结果如图 8-17 所示。

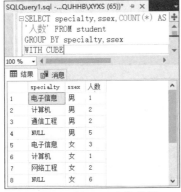

图 8-16 例 8-24 查询结果

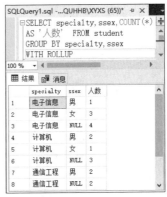

图 8-17 例 8-25 查询结果

8.4 连接查询

以上的查询操作都是从一张表中检索数据。在实际应用中,经常需要同时从两张或两张以上表中检索数据,并且每张表中的数据往往作为一个单独的列出现在结果集中。

实现从两张或两张以上表中检索数据且结果集中出现的列来自两张或两张以上表中的检索操作称为连接技术,或者说连接技术是指对两张表或两张以上表中数据执行乘积运算的技术。

在 SQL Server 2019 系统中,这种连接操作又可以细分为内连接、自连接、外连接、交叉连接等。下面分别研究这些连接技术。

8.4.1 内连接

内连接把两张表中的数据连接生成第 3 张表,第 3 张表中仅包含那些满足连接条件的数据行。内连接使用 INNER JOIN 连接运算符,并且使用 ON 关键字指定连接条件。

内连接是一种常用的连接方式,如果在 JOIN 关键字前面没有明确指定连接类型,那么默认的连接类型是内连接。内连接的语法格式如下。

```
SELECT  select_list
FROM  表 1 INNER JOIN 表 2 ON 连接条件
```

或

```
SELECT  select_list
FROM  表 1,表 2  WHERE 连接条件
```

连接条件格式为

[<表名 1>.]<列名 1><比较运算符>[<表名 2>.]<列名 2>

【例 8-26】 从 teaching 数据库中查询每个学生的姓名、课程号和成绩。

```
USE teaching
SELECT student.sname, sc.cno, sc.score
FROM student INNER JOIN sc
ON student.sno=sc.sno
```

也可以利用下面的程序来实现。

```
USE teaching
SELECT student.sname, sc.cno, sc.score
FROM student,sc
WHERE student.sno=sc.sno
```

查询结果如图 8-18 所示。

注意：当从多张表中查询的列名相同时,列名前必须加表名;列名不同时,列名前可以不加表名,但有时也会加上表名,以增强可读性。

【例 8-27】 从 teaching 数据库中查询计算机专业的学生所选的每门课的平均分。

```
USE teaching
SELECT b.cno, AVG(b.score) as 平均分
FROM student a   INNER JOIN sc b
ON a.sno=b.sno AND a.specialty='计算机'
GROUP BY b.cno
```

查询结果如图 8-19 所示。

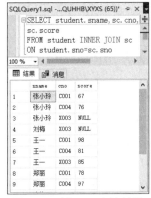
图 8-18　例 8-26 查询结果

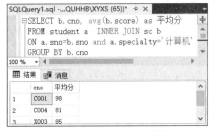
图 8-19　例 8-27 查询结果

为了简化输入，可以在 SELECT 查询的 FROM 子句中为表定义一个临时别名，在查询中引用，以缩写表名。

【例 8-28】　在 teaching 数据库中查询成绩在 75 分以上的学生的学号、姓名，以及选修课的课程号、课程名、成绩。

```
USE teaching
SELECT C.cno, C.cname, A.sno, A.sname, B.score
FROM   student AS A JOIN sc AS B
ON A.sno=B.sno AND B.score>75
JOIN course AS C ON B.cno=C.cno
```

查询结果如图 8-20 所示。

图 8-20　例 8-28 查询结果

8.4.2　自连接

连接操作不仅可以在不同的表上进行，而且在同一张表内可以进行自身连接，即将同一张表的不同行连接起来。自连接可以看作一张表的两个副本之间的连接。在自连接中，必须为表指定两个别名，使之在逻辑上成为两张表。

【例 8-29】　从 teaching 数据库中查询同名学生的信息。

```
USE teaching
  SELECT * FROM student a  INNER JOIN student b
  ON a.sname=b.sname AND a.sno<>b.sno
```

查询结果如图 8-21 所示。

8.4.3 外连接

在外连接中,不仅包括那些满足条件的数据,而且某些表不满足条件的数据也会显示在结果集中。也就是说,外连接一般只限制其中一张表的数据行,而不限制另一张表中的数据。这种连接形式在许多情况下是非常有用的,

图 8-21 例 8-29 查询结果

例如在连锁超市统计报表时,不仅要统计那些有销售量的超市和商品,而且还要统计那些没有销售量的超市和商品。

1. 外连接的分类

在 SQL Server 2019 系统中,可以使用的 3 种外连接关键字,即 LEFT OUTER JOIN(左外连接)、RIGHT OUTER JOIN(右外连接)和 FULL OUTER JOIN(全外连接)。

(1) 左外连接是对连接条件中左边的表不加限制。

(2) 右外连接是对连接条件中右边的表不加限制。

(3) 全外连接对两张表都不加限制,所有两张表中的行都会包括在结果集中。

2. 外连接的语法

1) 左外连接

```
SELECT select_list
FROM  表 1  LEFT [OUTER] JOIN   表 2
ON 表 1.列 1=表 2.列 2
```

2) 右外连接

```
SELECT select_list
FROM  表 1 RIGHT[OUTER]JOIN 表 2
ON 表 1.列 1=表 2.列 2
```

3) 全外连接

```
SELECT select_list
FROM  表 1 FULL[OUTER]  JOIN  表 2
ON 表 1.列 1=表 2.列 2
```

【**例 8-30**】 在 teaching 数据库中查询每个学生及其选修课程的成绩情况(含未选课的学生信息)。

```
USE teaching
SELECT student.*,sc.cno,sc.score
FROM student LEFT JOIN sc
ON student.sno=sc.sno
```

查询结果如图 8-22 所示。

【**例 8-31**】 在 teaching 数据库中查询每个学生及其选修课程的情况(含未选课的学生信息及未被选修的课程信息)。

```
USE teaching
SELECT course.*,sc.score,student.sname,student.sno
```

```
FROM course FULL JOIN sc ON course.cno=sc.cno
FULL JOIN student ON student.sno=sc.sno
```

查询结果如图 8-23 所示。

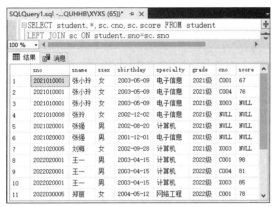

图 8-22 例 8-30 查询结果

图 8-23 例 8-31 查询结果

【例 8-32】 在 teaching 数据库中查询每个计算机专业学生及其选修课程的成绩情况（含未选课的计算机专业学生信息）。

```
USE teaching
SELECT student.*,sc.cno,sc.score
FROM student LEFT JOIN sc
ON student.sno=sc.sno
WHERE specialty='计算机'
```

查询结果如图 8-24 所示。

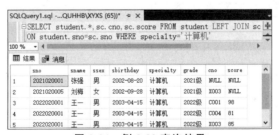

图 8-24 例 8-32 查询结果

8.4.4 交叉连接

交叉连接也称为笛卡儿乘积，返回两张表的乘积。在检索结果集中，包含了所连接的两张表中所有行的全部组合。

例如，如果对表 A 和表 B 执行交叉连接，表 A 中有 5 行数据，表 B 中有 12 行数据，那么结果集中可以有 60 行数据。

交叉连接使用 CROSS JOIN 关键字创建。实际上，交叉连接的使用是很少的，但是交叉连接是理解外连接和内连接的基础。交叉连接的语法格式如下。

```
SELECT 列
FROM 表1 CROSS JOIN 表2
```

【例 8-33】 在 teaching 数据中查询所有学生可能的选课情况。

```
USE teaching
SELECT a.*,b.cno,b.score
FROM student a CROSS JOIN sc b
```

查询结果如图 8-25 所示。

图 8-25 例 8-33 查询结果

8.5 子查询

SELECT 语句可以嵌套在其他许多语句中，这些语句包括 SELECT、INSERT、UPDATE 和 DELETE 等，这些嵌套的 SELECT 语句称为子查询。

当一个查询依赖于另一个查询结果时，那么可以使用子查询(一般为查询条件不已知)。在某些查询中，查询语句比较复杂，不容易理解，为了把这些复杂的查询语句分解成多个比较简单的查询语句形式，也常使用子查询方式。

使用子查询方式完成查询操作的技术是子查询技术。子查询可以分为无关子查询(嵌套子查询)和相关子查询。

8.5.1 无关子查询

无关子查询的执行不依赖于外部查询。无关子查询在外部查询之前执行，然后返回数据供外部查询使用，无关子查询中不包含对于外部查询的任何引用。

1. 比较子查询

使用子查询进行比较测试时，通过等于(=)、不等于(<>)、小于(<)、大于(>)、小于或等于(<=)以及大于或等于(>=)等比较运算符，将一个表达式的值与子查询返回的单值进行比较。如果比较运算的结果为 TRUE，则比较测试也返回 TRUE。

【例 8-34】 在 teaching 数据库中查询与沈艳在同一个专业学习的学生的学号、姓名和专业。

```
USE teaching
SELECT sno, sname, specialty
FROM student
WHERE specialty=(SELECT specialty FROM  student WHERE sname='沈艳')
```

查询结果如图 8-26 所示。

例 8-34 可以用自连接来实现,程序如下。

```
USE teaching
SELECT a.sno, a.sname, a.specialty
FROM student a, student b
WHERE a. specialty=b. specialty AND b. sname='沈艳'
```

需要特别指出的是,子查询的 SELECT 语句不能使用 ORDER BY 子句,ORDER BY 子句只能对最终查询结果排序。

【例 8-35】 在 teaching 数据库中查询 C001 课程的考试成绩比郑丽高的学生的学号和姓名。

```
USE teaching
SELECT student.sno,sname
FROM student,sc
WHERE student.sno =sc.sno AND cno='C001'
AND score>(SELECT score FROM sc WHERE cno='C001' AND sno=(SELECT sno FROM student  WHERE sname='郑丽'))
```

查询结果如图 8-27 所示。

图 8-26 例 8-34 查询结果

图 8-27 例 8-35 查询结果

2. SOME、ANY、ALL 和 IN 子查询

ALL 和 ANY 操作符的常见用法是结合一个相对比较操作符对一个数据列子查询的结果进行测试。它们测试比较值是否与子查询所返回的全部或一部分值匹配。例如,如果比较值小于或等于子查询所返回的每个值,<= ALL 将是 TRUE;只要比较值小于或等于子查询所返回的任何一个值,<= ANY 将是 TRUE。SOME 是 ANY 的一个同义词。

【例 8-36】 查询 teaching 数据库中计算机专业年龄最大的学生的学号和姓名。

```
USE teaching
SELECT sno,sname FROM student WHERE sbirthday<=ALL
  (SELECT sbirthday FROM student WHERE specialty='计算机')
   AND specialty='计算机'
```

查询结果如图 8-28 所示。

【例 8-37】 查询 teaching 数据库中与任何一个通信工程专业学生同龄的学生的信息。

```
USE teaching
SELECT * FROM student WHERE year(birthday)=ANY
(SELECT year(birthday) FROM student WHERE specialty='通信工程')
```

查询结果如图 8-29 所示。

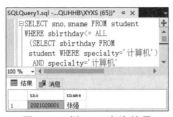

图 8-28　例 8-36 查询结果

图 8-29　例 8-37 查询结果

实际上，IN 和 NOT IN 操作符是＝ ANY 和＜＞ ALL 的简写。也就是说，IN 操作符的含义是"等于子查询所返回的某个数据行"，NOT IN 操作符的含义是"不等于子查询所返回的任何数据行"。

【例 8-38】　在 teaching 数据库中查询选修了 C001 课程的学生姓名和所在专业。

```
USE teaching
SELECT sname,specialty FROM student
WHERE sno IN
    (SELECT sno FROM sc WHERE cno='C001')
```

查询结果如图 8-30 所示。

3. 子查询结果作为主查询的查询对象

【例 8-39】　在 teaching 数据库中查询有两个以上学生平均成绩超过 80 分的班级（用年级和专业表示）。

```
USE teaching
SELECT grade,specialty FROM student s,
(SELECT sno FROM SC GROUP BY sno
HAVING AVG(score)>=80) ss
WHERE s.sno=ss.sno
GROUP BY grade,specialty
 HAVING COUNT(*)>=2
```

图 8-30　例 8-38 查询结果

扫一扫

视频讲解

8.5.2　相关子查询

在相关子查询中，子查询的执行依赖于外部查询，多数情况下是子查询的 WHERE 子句中引用了外部查询的表。

相关子查询的执行过程与无关子查询完全不同，无关子查询中子查询只执行一次，而相关子查询中的子查询需要重复执行。

相关子查询的执行过程如下。

（1）子查询为外部查询的每行执行一次，外部查询将子查询引用的列的值传给子查询。

（2）如果子查询的任何行与其匹配，外部查询就返回结果行。

（3）返回步骤（1），直到处理完外部表的每行。

1. 比较子查询

【例 8-40】　在 teaching 数据库中查询成绩比该课程平均成绩低的学生的学号、课程号、成绩。

```
USE teaching
SELECT sno,cno,score FROM   sc a
WHERE score<( SELECT avg(score)
FROM sc b   WHERE b.cno=a.cno)
```

查询结果如图 8-31 所示。

【例 8-41】 在 teaching 数据库中查询有两门以上课程的成绩在 80 分以上的学生的学号、姓名、年级和专业。

```
SELECT sno,sname,grade,specialty FROM student s
WHERE (SELECT COUNT(*) FROM sc
       WHERE sc.sno=s.sno and score >=80)>=2
```

2. 带有 EXISTS 的子查询（存在性测试）

使用子查询进行存在性测试时，通过 EXISTS 或 NOT EXISTS 逻辑运算符，检查子查询所返回的结果集是否有行存在。使用 EXISTS 逻辑运算符时，如果在子查询的结果集内包含有一行或多行，则存在性测试返回 TRUE；如果该结果集内不包含任何行，则存在性测试返回 FALSE。在 EXISTS 前面加上 NOT 时，将对存在性测试结果取反。

带有 EXISTS 谓词的子查询不返回任何数据，只产生逻辑真值（TRUE）或逻辑假值（FALSE）。

【例 8-42】 在 teaching 数据库中查询所有选修了 C004 课程的学生姓名。

分析：本查询涉及 student 表和 sc 表。我们可以在 student 表中依次取每个元组的 sno 值，用此值去检查 sc 表。若 sc 表中存在这样的元组，其 sno 值等于 student 表中的 sno 值，并且 cno='C004'，则取此学生的姓名送入结果关系。当然，此查询是完全可以用无关子查询来完成的，请读者自行完成，并试着分析比较二者的查询效率。

```
USE teaching
SELECT sname FROM student
WHERE EXISTS
    (SELECT * FROM sc
     WHERE sno=student.sno AND cno='C004')
```

查询结果如图 8-32 所示。

图 8-31　例 8-40 查询结果

图 8-32　例 8-42 查询结果

由 EXISTS 引出的子查询，其目标属性列表达式一般用 * 表示，因为带 EXISTS 的子查询只返回真值或假值，给出列名无实际意义。

若内层子查询结果非空，则外层的 WHERE 子句条件为真（TRUE），否则为假（FALSE）。

使用子查询时要注意以下几点。

（1）子查询需要用括号括起来。

(2) 子查询可以嵌套。

(3) 子查询的 SELECT 语句中不能使用 image、text 和 ntext 数据类型。

(4) 子查询返回结果的数据类型必须匹配外围查询 WHERE 语句的数据类型。

(5) 子查询中不能使用 ORDER BY 子句。

8.6 其他查询

8.6.1 集合运算查询

1. UNION 联合查询

联合查询是指将两个或两个以上的 SELECT 语句通过 UNION 运算符连接起来的查询。联合查询可以将两个或更多查询的结果组合为单个结果集,该结果集包含联合查询中所有查询的全部行。

使用 UNION 组合两个查询的结果集的两个基本规则是:所有查询中的列数和列的顺序必须相同;数据类型必须兼容。语法格式如下:

```
Select_statement
UNION [ ALL ]   Select_statement
[ UNION [ ALL ]   Select_statement [ ...n ] ]
```

参数说明:

(1) Select_statement:参与查询的 SELECT 语句。

(2) ALL:在结果中包含所有行,包括重复行;如果没有指定,则删除重复行。

【例 8-43】 查询选修了 C001 课程和 C004 课程的学生姓名和课程号。

```
USE teaching
SELECT cno,sname FROM sc,student
WHERE cno='C001' AND sc.sno=student.sno
UNION
SELECT cno,sname FROM sc,student
WHERE cno='C004' AND sc.sno=student.sno
```

查询结果如图 8-33 所示。

2. EXCEPT 和 INTERSECT 查询

EXCEPT 和 INTERSECT 运算符可以比较两个或多个 SELECT 语句的结果并返回非重复值。EXCEPT 运算符返回由 EXCEPT 运算符左侧的查询返回而又不包含在右侧查询所返回的值中的所有非重复值。INTERSECT 返回由 INTERSECT 运算符左侧和右侧的查询都返回的所有非重复值。

图 8-33　例 8-43 查询结果

使用 EXCEPT 和 INTERSECT 的基本规则同 UNION。语法格式如下:

```
Select_statement
{EXCEPT | INTERSECT}
Select_statement
```

【例 8-44】 查询计算机专业没有选修操作系统课程的学生的学号。

```
SELECT sno,sname FROM student WHERE specialty='计算机'
EXCEPT
SELECT sc.sno,sname FROM sc,student WHERE sc.sno=student.sno AND specialty='计算机' AND
cno IN (SELECT cno FROM course WHERE cname ='操作系统')
```

查询结果如图 8-34 所示。

【例 8-45】 查询既选修了 C001 号课程又选修了 C004 课程的学生的学号。

```
SELECT sno FROM sc WHERE cno='C001'
INTERSECT
SELECT sno FROM sc WHERE cno='C004'
```

查询结果如图 8-35 所示。

图 8-34 例 8-44 查询结果

图 8-35 例 8-45 查询结果

8.6.2 对查询结果排序

在使用 SELECT 语句时,排序是一种常见的操作。

排序是指按照指定的列或其他表达式对结果集进行排列顺序的方式。SELECT 语句中的 ORDER BY 子句负责完成排序操作。语法格式如下。

```
[ ORDER BY { order_by_expression [ ASC | DESC ] } [ ,...n ] ]
```

参数说明:

(1) order_by_expression:指定要排序的列。可以指定多个列。在 ORDER BY 子句中不能使用 ntext、text 和 image 数据类型。

(2) ASC 表示升序,DESC 表示降序,默认情况下为升序。

【例 8-46】 查询 teaching 数据库中女学生的姓名和专业,并按姓名升序排列。

```
USE  teaching
SELECT sname,specialty FROM student
WHERE ssex='女'
ORDER BY sname ASC
```

查询结果如图 8-36 所示。

【例 8-47】 查询 sc 表中学生的成绩和学号,并按成绩降序排列。

```
USE  teaching
SELECT sno,score FROM sc
ORDER BY score DESC
```

【例 8-48】 查询 sc 表中学生的成绩和学号,并按成绩降序排列,若成绩相同按学号升序排列。

```
USE teaching
SELECT sno,score FROM sc
ORDER BY score DESC,sno ASC
```

查询结果如图 8-37 所示。

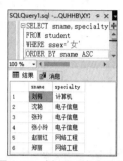

图 8-36　例 8-46 查询结果

图 8-37　例 8-48 查询结果

【例 8-49】　使用 TOP 关键字查询平均成绩最高的前 3 名。

```
USE teaching
SELECT TOP 3 sno,AVG(score) 平均成绩
FROM sc
GROUP BY sno
ORDER BY AVG(score) DESC
```

查询结果如图 8-38 所示。

8.6.3　存储查询结果

通过在 SELECT 语句中使用 INTO 子句,可以创建一张新表并将查询结果中的行添加到该表中。用户在执行一个带有 INTO 子句的 SELECT 语句时,必须拥有在目标数据库上创建表的权限。

图 8-38　例 8-49 查询结果

SELECT…INTO 语句的语法格式如下。

```
SELECT select_list INTO new_table
FROM table_source
[WHERE search_condition]
```

其中,new_table 为要新建的表的名称。新表中包含的列由 SELECT 子句中选择列表的内容来决定,新表中包含的行数则由 WHERE 子句指定的搜索条件来决定。

【例 8-50】　在 teaching 数据库中将查询的学生姓名、学号、课程名、成绩的相关数据存放在成绩单表中,并对新表进行查询。

```
USE teaching
SELECT sname,student.sno, cname, score INTO 成绩单
FROM student,sc,course
WHERE student.sno=sc.sno AND course.cno=sc.cno
GO
SELECT * FROM 成绩单
```

查询结果如图 8-39 所示。

第8章 数据库查询

图 8-39 例 8-50 查询结果

8.7 在数据操作中使用 SELECT 子句

扫一扫

视频讲解

可以在 INSERT、UPDATE 和 DELETE 语句中使用 SELECT 子句（子查询），以完成相应的数据插入、修改和删除操作。

8.7.1 在 INSERT 语句中使用 SELECT 子句

在 INSERT 语句中使用 SELECT 子句，可以将一张或多张表（或视图）中的值添加到另一张表中。使用 SELECT 子句还可以同时插入多行。语法格式为

```
INSERT [INTO] table_name[(column_list)]
SELECT select_list
FROM table_name
[WHERE search_condition]
```

【例 8-51】 在 teaching 数据库中创建 sc 表的一个副本成绩表，将 sc 表中成绩大于 80 的数据添加到成绩表中，并显示表中的内容。

```
USE teaching
CREATE TABLE 成绩表(
      学号    char(10),
      课程号  char(4),
      成绩    int )
GO
INSERT INTO 成绩表(学号,课程号,成绩)
SELECT * FROM sc  WHERE score>=80
GO
SELECT * FROM 成绩表
```

注意：

（1）不要把 SELECT 子句写在括号中。

（2）INSERT 语句中的列名列表应当放在括号中，而且不使用 VALUES 关键字。如果来源表与目标表结构完全相同，则可以省略 INSERT 语句中的列名列表。

（3）SELECT 子句中的列列表必须与 INSERT 语句中的列列表相匹配。如果没有在 INSERT 语句中给出列列表，SELECT 子句中的列列表必须与目标表中的列相匹配。

8.7.2 在 UPDATE 语句中使用 SELECT 子句

在 UPDATE 语句中使用 SELECT 子句,可以将子查询的结果作为修改数据的条件。语法格式为

```
UPDATE table_name
SET { column_name ={ expression } } [,...n ]
  [WHERE {condition_expression}]
```

其中,condition_expression 中包含 SELECT 子句,SELECT 子句要写在圆括号中。

【例 8-52】 在 teaching 数据库中将 2022020001 号学生选修的操作系统课程的成绩修改为 86 分。

```
UPDATE sc SET score=86 WHERE sno='2022020001' AND
    cno=(SELECT cno FROM course WHERE cname='操作系统')
```

【例 8-53】 在 teaching 数据库中将 2022 级计算机专业王一选修的 C001 课程的成绩修改为 92 分。

方法一:使用 SELECT 子句。

```
UPDATE sc SET score=92 WHERE cno='C001' AND
    sno=(SELECT sno FROM student WHERE sname='王一'
 AND grade='2022级' AND specialty='计算机')
```

方法二:使用 JOIN 内连接。

```
UPDATE sc SET score=92 FROM sc JOIN student ON
    student.sno=sc.sno WHERE cno='C001' AND
    sname='王一' AND grade='2022级' AND specialty='计算机'
```

8.7.3 在 DELETE 语句中使用 SELECT 子句

在 DELETE 语句中使用 SELECT 子句,可以将子查询的结果作为删除数据的条件。语法格式为

```
DELETE  [FROM]  table_name
  [WHERE {condition_expression}]
```

其中,condition_expression 中包含 SELECT 子句,SELECT 子句要写在括号中。

【例 8-54】 在 teaching 数据库中将 2022020001 号学生选修的操作系统课程删除。

```
DELETE sc WHERE sno='2022020001' AND
  cno=(SELECT cno FROM course WHERE cname='操作系统')
```

【例 8-55】 在 teaching 数据库中将 2022 级计算机专业王一选修的 C001 课程删除。

方法一:使用 SELECT 子句。

```
DELETE sc WHERE cno='C001' AND sno=
(SELECT sno FROM student WHERE sname='王一'
AND grade='2022级' AND specialty='计算机')
```

方法二:使用 JOIN 内连接。

```
DELETE sc FROM sc JOIN student ON
    student.sno=sc.sno WHERE cno='C001' AND
    sname='王一'   AND grade='2022级' AND specialty='计算机'
```

习题 8

扫一扫
习题

扫一扫
自测题

第9章 T-SQL编程

T-SQL 提供称为流程控制的特殊关键字,用于控制 T-SQL 语句、语句块和存储过程的执行流。在数据库开发过程中,函数和游标起着很重要的作用,函数是由一个或多个 T-SQL 语句组成的子程序,可用于封装代码以便重复使用;游标是一种能从包括多条数据记录的结果集中每次提取一条记录的机制。

本章首先介绍 T-SQL 编程用到的基础知识,如标识符、变量、运算符、表达式、批处理、注释等内容,然后介绍 T-SQL 中的流程控制语句,最后介绍 T-SQL 编程中函数和游标的应用。

9.1 T-SQL 编程基础

9.1.1 标识符

标识符是用来标识事物的符号,其作用类似于给事物取的名称。标识符分为两类:常规标识符和分隔标识符。

1. 常规标识符

常规标识符格式的规则如下。

(1) 常规标识符必须以汉字、英文字母(包括 a~z 和 A~Z 的字母字符以及其他语言的字母字符)、下画线、@或♯开头,后续字符可以是汉字、英文字母、基本拉丁字符或其他国家/地区字符中的十进制数字、下画线、@、♯。

(2) 常规标识符不能是 SQL Server 保留字,SQL Server 保留字不区分大小写。

(3) 常规标识符最长不能超过 128 个字符。

2. 分隔标识符

符合所有常规标识符格式规则的标识符可以使用分隔标识符,也可以不使用分隔标识符。不符合常规标识符格式规则的标识符必须使用分隔标识符。

分隔标识符括在方括号或双引号中。

在以下情况下,需要使用分隔标识符。

(1) 使用保留关键字作为对象名。

(2) 标识符的命名不符合常规标识符格式的规则。

9.1.2 变量

1. 变量的分类

变量可以分为两类：全局变量和局部变量。

1) 全局变量

全局变量由系统提供且预先声明，通过在名称前加两个@符号区别于局部变量。用户只能使用全局变量，不能对它们进行修改。全局变量的作用范围是整个 SQL Server 系统，任何程序都可以随时调用它们。

2) 局部变量

变量是一种程序设计语言中必不可少的组成部分，可以用它保存程序运行过程中的中间值，也可以在语句之间传递数据。T-SQL 中的变量是可以保存单个特定类型的数据值的对象，也称为局部变量，只在定义它们的批处理或过程中可见。

2. 局部变量定义

T-SQL 中的变量在定义和引用时要在其名称前加上@标志，而且必须先用 DECLARE 命令定义后才可以使用。一般语法格式如下。

```
DECLARE {@local_variable  data_type} [,...n]
```

参数说明：

(1) @local_variable：用于指定变量的名称，变量名必须以符号@开头，并且变量名必须符合 SQL Server 的命名规则。

(2) data_type：用于设置变量的数据类型及其大小。data_type 可以是任何由系统提供的或用户定义的数据类型。但是，变量不能是 text、ntext 或 image 数据类型。

3. 局部变量的赋值方法

使用 DECLARE 命令声明并创建变量之后，系统会将其初始值设为 NULL，如果想要设定变量的值，必须使用 SET 或 SELECT 命令。

```
SET { { @local_variable =expression }
SELECT { @local_variable =expression } [,...n ]
```

其中，参数@local_variable 是给其赋值并声明的变量；expression 是有效的 SQL Server 表达式。

4. 局部变量的作用域

一个变量的作用域就是可以引用该变量的 T-SQL 语句范围。

局部变量的作用域从声明它们的地方开始到声明它们的批处理或存储过程的结尾。换言之，局部变量只能在声明它们的批处理或存储过程中使用，一旦这些批处理或存储过程结束，局部变量将自行清除。

5. 变量使用举例

【例 9-1】 创建一个变量@CurrentDateTime，然后将 GETDATE()函数的值赋给该变量，最后输出@CurrentDateTime 变量的值。

实现步骤如下。

(1) 启动 SSMS，单击工具栏左侧"新建查询"按钮。

(2) 输入要让 SQL Server 执行的 T-SQL 语句。

```
DECLARE @CurrentDateTime char(30)
SELECT @CurrentDateTime =GETDATE()
SELECT @CurrentDateTime AS '当前的日期和时间'
GO
```

（3）单击工具栏中的"执行"按钮,运行结果如图 9-1 所示。

图 9-1　变量使用举例

注意：变量只在定义它的批处理中有效,因此,在程序中间不能写入 GO 语句。

9.1.3 运算符

运算符是一种符号,用来指定要在一个或多个表达式中执行的操作。在 SQL Server 2019 系统中,可以使用的运算符可以分为算术运算符、赋值运算符、位运算符、比较运算符、逻辑运算符、字符串连接运算符及一元运算符等。

1. 算术运算符

算术运算符包括加(+)、减(-)、乘(*)、除(/)和取模(%)。

对于加、减、乘、除这 4 种算术运算符,计算的两个表达式可以是数字数据类型分类的任何数据类型。

对于取模运算符,要求进行计算的数据的数据类型为 bigint、int、smallint 和 tinyint,完成的功能是返回一个除法运算的整数余数。

【例 9-2】 计算表达式的值,并将结果赋给变量@ExpResult。

```
DECLARE @ExpResult numeric
SET @ExpResult=67%31
SELECT @ExpResult AS '表达式计算结果'
```

运行结果如图 9-2 所示。

图 9-2　算术运算符示例

2. 赋值运算符

T-SQL 中只有一个赋值运算符,即等号(=)。赋值运算符使我们能够将数据值指派给特定的对象。另外,还可以使用赋值运算符在列标题和为列定义值的表达式之间建立关系。

【例 9-3】 创建一个@MyCounter 变量,然后赋值运算符将@MyCounter 设置为表达式返回的值。

```
DECLARE @MyCounter int
SET @MyCounter =10
```

3. 位运算符

位运算符包括按位与(&)、按位或(|)、按位异或(^)。

位运算符用来在整型数据或二进制数据(image 数据类型除外)之间执行位操作。要求在位运算符左右两侧的操作数不能同时是二进制数据。位运算符的运算规则如表 9-1 所示。

表 9-1 位运算符的运算规则

运算符	运算规则
&	两个位均为 1 时,结果为 1,否则为 0
|	只要一个位为 1,结果为 1,否则为 0
^	两个位值不同时,结果为 1,否则为 0

【例 9-4】 定义变量@a1 和@a2,给变量赋值,然后求两个变量与、或、异或的结果。

```
DECLARE @a1 int, @a2 int
SET @a1=3
SET @a2=8
SELECT @a1 & @a2 as 与, @a1 | @a2 as 或, @a1 ^ @a2 as 异或
```

运行结果如图 9-3 所示。

图 9-3 位运算符示例

4. 比较运算符

比较运算符(又称为关系运算符)如表 9-2 所示,用于测试两个表达式的值是否相同,其运算结果为逻辑值,可以为 TRUE、FALSE 或 UNKNOWN(NULL 数据参与运算时)。

表 9-2 比较运算符及含义

运算符	含 义	运算符	含 义
=	相等	<=	小于或等于
>	大于	<>、!=	不等于
<	小于	!<	不小于
>=	大于或等于	!>	不大于

【例 9-5】 使用比较运算符计算表达式的值。

```
DECLARE @Exp1 int, @Exp2 int
SET @Exp1=30
SET @Exp2=50
IF @Exp1<@Exp2
SELECT @Exp1 AS 小数据
```

运行结果如图 9-4 所示。

5. 逻辑运算符

逻辑运算符对某些条件进行测试,以获得其真实情况。逻辑运算符和比较运算符一样,返回带有 TRUE 或 FALSE 值的布尔数据类型、或 UNKNOWN 值。逻辑运算符及含义如表 9-3 所示。

图 9-4 比较运算符示例

表 9-3 逻辑运算符及含义

运 算 符	含 义
ALL	如果一组的比较都为 TRUE,那么结果为 TRUE
AND 或 &&	如果两个布尔表达式都为 TRUE,那么结果为 TRUE
ANY 或 SOME	如果一组的比较中任何一个为 TRUE,那么结果为 TRUE
BETWEEN	如果操作数在某个范围之内,那么结果为 TRUE
EXISTS	如果子查询包含一些行,那么结果为 TRUE
IN	如果操作数等于表达式列表中的一个,那么结果为 TRUE
LIKE	如果操作数与一种模式相匹配,那么结果为 TRUE
NOT 或 !	对任何其他布尔运算符的值取反
OR 或 ||	如果两个布尔表达式中的一个为 TRUE,那么结果为 TRUE

6. 字符串连接运算符

连接运算符(+)用于连接两个字符串数据,通常也称为字符串运算符。

在 SQL Server 中,对字符串的其他操作通过字符串函数进行。连接运算符的操作数类型有 char、varchar、nchar、nvarchar、text、ntext 等。

【例 9-6】 使用连接运算符计算表达式的值。

```
DECLARE @ExpResult char(60)
SET @ExpResult='河北省石家庄市'+'河北师范大学'+'网络空间安全系'
SELECT @ExpResult AS '字符串的连接结果'
```

运行结果如图 9-5 所示。

图 9-5 连接运算符示例

7. 一元运算符

一元运算符只对一个表达式执行操作,该表达式可以是任何一种数据类型。其中,+(数值为正)和-(数值为负)运算符可以用数值数据类型类别中任意数据类型的任意表达式;~(位非,返回数字的非)运算符只能用于整数类别任意数据类型的表达式。

8. 运算符优先级和结合性

表达式计算器支持的运算符集中的每个运算符都有指定的优先级,并包含一个计算方向,运算符的计算方向就是运算符结合性。高优先级的运算符先于低优先级的运算符进行计算。如果复杂的表达式有多个运算符,则运算符优先级将确定执行操作的顺序,执行顺序可能对结果值有明显的影响。

某些运算符具有相同的优先级。如果表达式包含多个具有相同优先级的运算符,则按照从左到右或从右到左的方向进行运算。表 9-4 按从高到低的顺序列出了运算符的优先级,同层运算符具有相等的优先级。

表 9-4　运算符的优先级与结合性

运算符	运算类型	结合性	运算符	运算类型	结合性
( )	表达式	从左到右	&	位与	从左到右
-,!,~	一元	从右到左	^	位异或	从左到右
cast as	一元	从右到左	|	位或	从左到右
*,/,%	乘法性的	从左到右	&&	逻辑与	从左到右
+,-	加法性的	从左到右	||	逻辑或	从左到右
<,>,<=,>=	关系	从左到右	?:	条件表达式	从右到左
==,!=	等式	从左到右			

■ 9.1.4 批处理

批处理是包含一个或多个 T-SQL 语句的集合,从应用程序一次性地发送到 SQL Server 2019 进行执行,因此可以节省系统开销。SQL Server 将批处理的语句编译为一个可执行单元,称为执行计划,批处理的结束符为 GO。

编译错误(如语法错误)可使执行计划无法编译,因此未执行批处理中的任何语句。

运行时错误(如算术溢出或违反约束)会产生以下两种影响之一。

(1) 大多数运行时错误将停止执行批处理中当前语句和它之后的语句。

(2) 某些运行时错误(如违反约束)仅停止执行当前语句,而继续执行批处理中其他所有语句。

在遇到运行时错误之前执行的语句不受影响。唯一的例外是如果批处理在事务中而且错误导致事务回滚,在这种情况下,回滚运行时错误之前所进行的未提交的数据修改。

■ 9.1.5 注释

注释也称为注解,是写在程序代码中的说明性文字,它们对程序的结构及功能进行文字说明。注释内容不被系统编译,也不被程序执行。

在 T-SQL 中可使用以下两类注释符。

(1) ANSI 标准的注释符--,用于单行注释。

(2) 与 C 语言相同的程序注释符号,即/*…*/。/*用于程序注释开头,*/用于程序注释结尾,可以将程序中多行文字标示为注释。

批处理中的注释没有最大长度限制,一条注释可以包含一行或多行。下面是一些有效注释的示例。

```
USE teaching
--查询学生的学号和姓名
SELECT sno,sname FROM student
GO
/* 查询所有男同学的
学号、姓名和专业 */
SELECT sno,sname,specialty FROM student
WHERE ssex='男'
GO
```

9.2 流程控制语句

与所有计算机编程语言一样，T-SQL 也提供了用于编写过程性代码的语法结构，可用来进行顺序、分支、循环、存储过程等程序设计，编写结构化的模块代码，从而提高编程语言的处理能力。

SQL Server 提供的流程控制语句如表 9-5 所示。

表 9-5 流程控制语句

控 制 语 句	说 明	控 制 语 句	说 明
SET	赋值语句	CONTINUE	重新开始下一次循环
BEGIN…END	定义语句块	BREAK	退出循环
IF…ELSE	条件语句	GOTO	无条件转移语句
CASE	多分支语句	RETURN	无条件退出语句
WHILE	循环语句		

9.2.1 SET 语句

声明一个局部变量后，该变量将被初始化为 NULL。使用 SET 语句将一个不是 NULL 的值赋给声明的变量，给变量赋值的 SET 语句返回单值。在初始化多个变量时，为每个局部变量使用单独的 SET 语句。语法格式为

```
SET @local_variable=expression
```

SET 语句是顺序执行的，将一个表达式赋值给声明的变量。表达式的数据类型必须和变量声明的类型相符。

【例 9-7】 声明变量，并用 SET 语句给变量赋值。

```
DECLARE @myvar char(20);
SET @myvar ='This is a test';
SELECT @myvar;
GO
```

除赋值外，SET 语句也实现一些设置功能，如设置日期型数据的格式、设置数据库的某些属性等。

9.2.2 BEGIN…END 语句

BEGIN…END 语句能够将多个 T-SQL 语句组合成一个语句块，并将它们视为一个单元处理。语法格式为

```
BEGIN
{ sql_statement | statement_bloc }
END
```

其中，参数 { sql_statement | statement_block } 为任何有效的 T-SQL 语句或语句块。

9.2.3 IF… ELSE 语句

在程序中如果要对给定的条件进行判定，当条件为真或假时分别执行不同的 T-SQL

语句,可用 IF…ELSE 语句实现。语法格式为

```
    IF Boolean_expression        /*条件表达式,可含有 SELECT 语句*/
{ sql_statement | statement_block }
        /*条件表达式为真时执行,语句块使用 BEGIN…END*/
[ ELSE
{ sql_statement | statement_block } ]
        /*条件表达式为假时执行,语句块使用 BEGIN…END*/
```

其中,条件表达式的值必须是逻辑值,ELSE 子句是可选的。如果条件表达式中含有 SELECT 语句,必须用括号将 SELECT 语句括起来。

【例 9-8】 如果 C001 课程的平均成绩高于 80 分,则显示"平均成绩还不错",否则显示"平均成绩一般"。

```
USE teaching
GO
IF ( SELECT AVG(score) FROM sc WHERE cno='C001' ) >80
  PRINT ' C001 号课的平均成绩还不错'
ELSE
  PRINT 'C001 号课的平均成绩一般'
```

结果如图 9-6 所示。

【例 9-9】 输出 2022020001 号学生的平均成绩,如果没有这个学生或该学生没有选课,则显示相应的提示信息。

```
USE teaching
GO
IF EXISTS ( SELECT * FROM SC WHERE sno='2022020001')
SELECT AVG(score) AS '2022020001 号学生的平均分' FROM sc
WHERE sno='2022020001'
ELSE
    IF EXISTS ( SELECT * FROM student WHERE sno='2022020001')
PRINT ' 2022020001 号学生没选课'
    ELSE PRINT '没有 2022020001 号学生'
```

结果如图 9-7 所示。

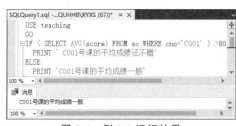

图 9-6 例 9-8 运行结果

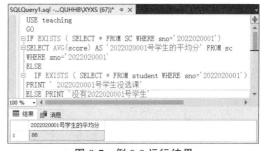

图 9-7 例 9-9 运行结果

与普通高级语言一样,T-SQL 中的 IF… ELSE 语句也可以嵌套。虽然没有嵌套层数的限制,但一般最好不要超过 3 层,否则会影响程序的可读性、造成修改复杂等。

■ 9.2.4 CASE 语句

使用 CASE 语句可以进行多个分支的选择。CASE 具有两种格式:简单 CASE 格式和搜索 CASE 格式。

1. 简单 CASE 格式

简单 CASE 格式将某个表达式与一组简单表达式进行比较，以确定结果。语法格式如下。

```
CASE input_expression
WHEN when_expression THEN result_expression
[ ...n ]
[ ELSE else_result_expression]
 END
```

参数说明：

(1) input_expression 是使用简单 CASE 格式时所计算的表达式。input_expression 是任何有效的 SQL Server 表达式。

(2) when_expression 为使用简单 CASE 格式时 input_expression 所比较的简单表达式。when_expression 是任意有效的 SQL Server 表达式。input_expression 和每个 when_expression 的数据类型必须相同，或者是隐性转换。

(3) result_expression 为当 input_expression = when_expression 取值为 TRUE 时返回的表达式。result_expression 是任意有效的 SQL Server 表达式。

(4) n 占位符表明可以使用多个 WHEN when_expression THEN result_expression 子句。

(5) else_result_expression 为当比较运算取值不为 TRUE 时返回的表达式。如果省略此参数并且比较运算取值不为 TRUE，CASE 将返回 NULL 值。else_result_ expression 是任意有效的 SQL Server 表达式。else_result_expression 和所有 result_ expression 的数据类型必须相同，或者必须是隐性转换。

简单 CASE 格式的运行过程如下。

(1) 计算 input_expression，然后按指定顺序对每个 WHEN 子句的 input_expression＝when_expression 进行计算。

(2) 返回第 1 个取值为 TRUE 的 input_expression = when_expression 的 result_expression。

(3) 如果没有取值为 TRUE 的 input_expression＝when_expression，则当指定 ELSE 子句时 SQL Server 将返回 else_result_expression；若没有指定 ELSE 子句，则返回 NULL 值。

2. 搜索 CASE 格式

搜索 CASE 格式计算一组布尔表达式，以确定结果。语法格式如下。

```
CASE
    WHEN Boolean_expression THEN result_expression
    [...n ]
    [ ELSE else_result_expression]
    END
```

参数说明：

(1) Boolean_expression 为使用 CASE 搜索格式时所计算的布尔表达式。Boolean_expression 是任意有效的布尔表达式

(2) result_expression 为当 Boolean_expression 取值为 TRUE 时返回的表达式。

result_ expression 是任意有效的 SQL Server 表达式。

（3）n 占位符表明可以使用多个 WHEN Boolean_expression THEN result_expression 子句。

（4）else_result_expression 为当比较运算取值不为 TRUE 时返回的表达式。如果省略此参数并且比较运算取值不为 TRUE，CASE 将返回 NULL 值。else_result_ expression 是任意有效的 SQL Server 表达式。else_result_expression 和所有 result_ expression 的数据类型必须相同，或者必须是隐性转换。

搜索 CASE 格式的运行过程如下。

（1）按指定顺序为每个 WHEN 子句的 Boolean_expression 求值。

（2）返回第 1 个取值为 TRUE 的 Boolean_expression 的 result_expression。

（3）如果没有取值为 TRUE 的 Boolean_expression，则当指定 ELSE 子句时 SQL Server 将返回 else_result_expression；若没有指定 ELSE 子句，则返回 NULL 值。

【例 9-10】 以简单 CASE 格式查询所有学生的专业情况，包括学号、姓名和专业的英文名。

```
USE teaching
SELECT sno,sname,
    CASE specialty
    WHEN '计算机' THEN 'Computer'
    WHEN '电子信息' THEN 'Electronic Information'
    WHEN '通信工程' THEN 'Communication Engineering'
    ELSE 'Network Engineering'
END AS specialty
FROM student
```

结果如图 9-8 所示。

【例 9-11】 以搜索 CASE 格式查询所有学生的考试情况，包括学号、课程号和成绩级别(a、b、c、d、e)。

```
USE teaching
SELECT sno, cno,
 CASE
   WHEN  score>=90 then 'a'
   WHEN  score>=80 then 'b'
   WHEN  score>=70 then 'c'
   WHEN  score>=60 then 'd'
   WHEN  score<60  then 'e'
 END AS score_level
FROM sc
```

结果如图 9-9 所示。

	sno	sname	specialty
1	2021010001	张小玲	Electronic Information
2	2021010008	张玲	Electronic Information
3	2021020001	张强	Computer
4	2021020003	张强	Electronic Information
5	2021020005	刘梅	Computer
6	2022020001	王一	Computer
7	2022030005	郑丽	Network Engineering
8	2023010003	沈艳	Electronic Information
9	2023030001	赵丽红	Network Engineering
10	2023040001	李宏伟	Communication Engineering
11	2023040006	刘景鹏	Communication Engineering

图 9-8　简单 CASE 格式查询

	sno	cno	score_level
1	2021010001	C001	d
2	2021010001	C004	c
3	2021010001	X003	NULL
4	2021020005	X003	NULL
5	2022020001	C001	a
6	2022020001	C004	b
7	2022020001	X003	b
8	2022030005	C001	c
9	2022030005	C004	a
10	2023010003	C001	e
11	2023010003	E002	c
12	2023030001	C001	b
13	2023040001	E002	c

图 9-9　搜索 CASE 格式查询

9.2.5 WHILE 语句

如果需要重复执行程序中的一部分语句,可使用 WHILE 循环语句实现。WHILE 语句通过布尔表达式设置一个条件,当这个条件成立时,重复执行一个语句或语句块,重复执行的部分称为循环体。可以使用 BREAK 和 CONTINUE 关键字在循环内部控制 WHILE 循环中语句的执行。语法格式为

```
WHILE  Boolean_expressionession        /*条件表达式*/
    sql_statement1 | statement_block1
    [BREAK]
    [sql_statement2 | statement_block2]
    [CONTINUE]
    [sql_statement3 | statement_block3]    /*T-SQL语句序列构成的循环体*/
```

其中,BREAK 的功能是让程序跳出包含它的最内层循环;而 CONTINUE 可以让程序跳过 CONTINUE 之后的语句回到 WHILE 循环的第 1 行语句。通常情况下,CONTINUE 和 BREAK 是放在 IF…ELSE 语句中的,即在满足某个条件的前提下提前结束本次循环或退出本层循环。WHILE 语句也可以嵌套。

【例 9-12】 创建一张 usern 表,包含 userid 和 username 列,接着利用 WHILE 循环向其中插入前 20 行数据。

```
DECLARE @i int
SET @i=1
WHILE @i<=20
BEGIN
INSERT INTO usern (userid,username) values(@i,'user'+
ltrim(str(@i)))
SET @i=@i+1
END
```

结果如图 9-10 所示。

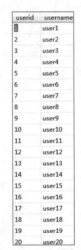

【例 9-13】 求 1~100 的累加和,当和超过 1000 时停止累加,显示累加和以及累加到的位置。

```
DECLARE @i int,@a int
SET @i=1
SET @a=0
WHILE @i <=100
   BEGIN
      SET @a=@a+@i
      IF @a>=1000 BREAK
      SET @i=@i+1
   END
SELECT @a AS 'a', @i AS 'i'
```

图 9-10 WHILE 语句示例(1)

结果如图 9-11 所示。

图 9-11 WHILE 语句示例(2)

9.2.6 GOTO 语句

GOTO 语句可以实现无条件的跳转。语法格式为

```
GOTO lable    /* lable 为要跳转到的语句标号*/
```

其中,标号是 GOTO 的目标,它仅标识了跳转的目标。标号不隔离其前后的语句。执行标号前面语句的用户将跳过标号并执行标号后的语句。除非标号前面的语句本身是控制流语

句(如 RETURN),这种情况才会发生。

【例 9-14】 用 GOTO 实现循环:求 1~100 的和。

```
DECLARE @s int,@i int
SET @i=0
SET @s=0
my_loop:
    SET @s=@s+@i
    SET @i=@i+1
IF @i<=100 GOTO my_loop
PRINT'1_2+...+100='+CAST(@s as char(25))
```

结果如图 9-12 所示。

【例 9-15】 输出 2022020001 号学生的平均成绩,若没有这个学生或该学生没选课,则显示相应的提示信息,用 GOTO 语句实现。

图 9-12 GOTO 语句示例

```
DECLARE @avg float
IF (SELECT   count(*) FROM sc WHERE sno='2022020001')=0
GOTO lable1
BEGIN
  SELECT  @avg=avg(score)   FROM  sc WHERE sno='2022020001'
  PRINT '2022020001 号学生的平均成绩: '+cast(@avg as varchar)
  RETURN
END
Lable1: PRINT '没有 2022020001 号学生或 2022020001 号学生没选课'
```

一般来说,应尽量少使用 GOTO 语句。过多使用 GOTO 语句可能会使 T-SQL 批处理的逻辑难以理解。使用 GOTO 实现的逻辑几乎都可以使用其他控制流语句实现。GOTO 最好用于跳出深层嵌套的控制流语句。

9.2.7 RETURN 语句

使用 RETURN 语句,可以从查询或过程中无条件退出。可在任何时候用于从过程、批处理或语句块中退出,而不执行位于 RETURN 之后的语句。语法格式为

```
RETURN [integer_expression]    /*整型表达式*/
```

其中,整型表达式为一个整数值,是 RETURN 语句要返回的值。

注意:当用于存储过程时,不能返回空值。如果试图返回空值,将生成警告信息,并返回零值。

【例 9-16】 利用存储过程求某学号学生的平均成绩。

```
USE teaching
GO
CREATE PROCEDURE mypro @no char(10)
AS   RETURN(SELECT   AVG(score) FROM sc WHERE sno=@no)
DECLARE @avg float,@no char(10)
SET @no='2022020001'
EXEC  @avg=mypro @no
SELECT sname, @avg as   '平均分'   FROM student WHERE sno=@no
```

结果如图 9-13 所示。

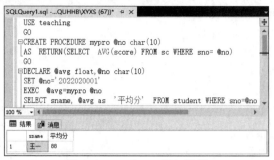

图 9-13　RETURN 语句示例

 函数

函数是由一个或多个 T-SQL 语句组成的子程序，可用于封装代码以便重复使用。T-SQL 提供了丰富的数据操作函数，用以完成各种数据管理工作。当然，SQL Server 并不将用户限制在定义为 T-SQL 一部分的内置函数上，而是允许用户创建自己的用户定义函数。

9.3.1　系统内置函数

在程序设计过程中，常常调用系统提供的函数，SQL Server 数据库管理人员必须掌握 SQL Server 的函数功能，并将 T-SQL 的程序或脚本与函数相结合，这将极大地提高数据管理工作的效率。

T-SQL 提供的内置函数按其值是否具有确定性，可分为确定性函数和非确定性函数两大类。

(1) 确定性函数：每次使用特定的输入值集调用该函数时，总是返回相同的结果。

(2) 非确定性函数：每次使用特定的输入值集调用时，它们可能返回不同的结果。

例如，DATEADD 内置函数是确定性函数，因为对于其任何给定参数总是返回相同的结果；GETDATE 是非确定性函数，因其每次执行后，返回结果都不同。

按函数的功能分类，T-SQL 系统内置函数可分为系统函数、数学函数、日期和时间函数、聚合函数、字符串函数、转换函数、排名函数、行集函数等类型。

1. 数学函数

SQL Server 2019 提供了许多数学函数，可以满足数据库维护人员日常的数值计算需要。常用的数学函数如表 9-6 所示。

表 9-6　SQL Server 2019 常用的数学函数

函 数 名 称	函 数 功 能	函 数 名 称	函 数 功 能
ABS	求绝对值	POWER	求 x 的 y 次方
COS	余弦函数	RAND	求随机数
COT	余切函数	ROUND	四舍五入
EXP	计算 e 的 x 次方	SIN	正弦函数
FLOOR	求仅次于最小值的值	SQUARE	开方
LOG	求自然对数	SQRT	求平方根
PI	常量，圆周率	TAN	正切函数

【例 9-17】 求下列语句的执行结果。

```
SELECT FLOOR(10.9), FLOOR(-10.9)
```

执行结果为：10，−11。

```
SELECT ROUND(10.9,0), ROUND(-10.9,0)
```

执行结果为：11.0，−11.0。

2. 日期和时间函数

SQL Server 2019 提供了众多的日期和时间函数，用于进行时间方面的处理工作。

在 datetime 类型的值上进行操作是常规的做法，如获取当前日期、进行日期算术、计算 50 天后是什么日期或指出特别的日期是星期几。

以下列出了常用的日期和时间函数。

(1) GETDATE()：返回系统当前的日期和时间。

(2) DATEADD (datepart，integer_expression，date_expression)：返回指定日期 date_expression(日期表达式)加上指定的额外日期间隔 integer_expression(整型表达式)产生的新日期，datepart 指明额外加的是年、月还是日。

(3) DATEDIFF (datepart，date_expression1，date_expression2)：返回两个指定日期在 datepart 方面的不同之处，即 date_expression2 超过 date_expression1 的差距值，其结果值是一个带有正负号的整数值。

(4) DATENAME (datepart，date_expression)：以字符串的形式返回日期的指定部分。此部分由 datepart 来指定。

(5) DATEPART (datepart，date_expression)：以整数值的形式返回日期表达式的指定部分。此部分由 datepart 来指定。

DATEPART()函数和 DATENAME()函数极其相似，只不过前者返回的是时间的名称，后者返回的是具体的时间数值。

(6) day(date_expression)：返回日期表达式中的日。

(7) month(date_expression)：返回日期表达式中的月。

(8) year(date_expression)：返回日期表达式中的年。

【例 9-18】 计算现在是几月。

```
SELECT MONTH (GETDATE())
```

3. 聚合函数

聚合函数在结果集中通过对被选列值的收集处理并返回一个数值型的计算结果，在 T-SQL 的数据查询中经常使用，不再赘述。

4. 字符串函数

SQL Server 2019 中的字符串函数也有很多，主要用来处理二进制类型的数据和文本类型的数据。下面列出一些常用的字符串函数。

(1) ASCII (char_expression)：返回表达式中最左边一个字符的 ASCII 码值。

(2) CHAR(integer_expression)：返回整数所代表的 ASCII 码值对应的字符。

(3) LOWER(char_expression)：将大写字符转换为小写字符。

(4) UPPER(char_expression)：将小写字符转换为大写字符。

（5）LTRIM(char_expression)：删除字符串开始部分的空格。

（6）RTRIM(char_expression)：删除字符串尾部的空格。

（7）RIGHT(char_expression, integer_expression)：返回 char_expression 字符串中 integer_expression 个字符以后的部分字符串，integer_expression 为负时，返回 NULL。

（8）SPACE(integer_expression)：返回由 integer_expression 个空格组成的字符串，integer_expression 为负时，返回 NULL。

（9）STR(float_expression[,length[,decimal]])：将一个数值型数据转换为字符串，length 为字符串的长度，decimal 为小数点的位数。

（10）STUFF(char_expression1,start,length,char_expression2)：从 char_expression1 字符串的 start 个字符位置处删除 length 个字符，然后把 char_expression2 字符串插入 char_expression1 的 start 处。

（11）SUBSTRING(expression,start,length)：从 expression 的第 start 个字符处返回 length 个字符。

（12）REVERSE(char_expression)：返回 char_expression 的逆序。

（13）CHARINDEX('pattern', char_expression)：返回指定 pattern 字符串在 char_expression 表达式中的起始位置。

【例 9-19】 将字符串"I am a student"以大写字母显示。

```
SELECT UPPER ('I am a student')
```

9.3.2 用户定义函数

用户定义函数可以针对特定应用程序问题提供解决方案，这些任务可以简单到计算一个值，也可能复杂到定义和实现数据表的约束。从技术上看，SQL Server 用户定义函数都是经过封装的 T-SQL 子程序，可以通过其他 T-SQL 代码调用这些子程序返回单一的值或者数据表值。

在 SQL Server 中根据函数返回值形式的不同将用户自定义函数分为 3 种类型：标量函数、内嵌表值函数和多语句表值函数。

标量函数返回一个确定类型的标量值，其返回值类型为除 text、ntext、image、cursor、timestamp 和 table 类型外的其他数据类型。函数体语句定义在 BEGIN…END 语句内，其中包含了可以返回值的 T-SQL 命令。

内嵌表值函数以表的形式返回一个值，即它返回的是一张表。内嵌表值函数没有由 BEGIN… END 语句括起来的函数体。其返回的表由一个位于 RETURN 子句中的 SELECT 命令从数据库中筛选出来。内嵌表值函数功能相当于一个参数化的视图。

多语句表值函数可以看作标量函数和内嵌表值函数的结合体。它的返回值是一张表，但它和标量函数一样有一个用 BEGIN…END 语句括起来的函数体，返回值的表中的数据是由函数体中的语句插入的。由此可见，它可以进行多次查询，对数据进行多次筛选与合并，弥补了内嵌表值函数的不足。

1. 标量函数的创建与调用

创建标量函数的语法格式为

```
CREATE FUNCTION [ owner_name.] function_name          /*函数名部分*/
( [ { @parameter_name [AS] parameter_data_type
    [ =DEFAULT] } [ ,...n ] ] )                       /*形参定义部分*/
RETURNS return_data_type                              /*返回值的类型*/
[ AS ]
BEGIN
    function_body                                     /*函数体部分*/
    RETURN expression                                 /*返回语句*/
END
```

参数说明：

（1）owner_name 为用户自定义函数的所有者。

（2）function_name 为用户自定义函数的名称。

（3）@parameter_name 定义一个或多个参数的名称，一个函数最多可以定义 1024 个参数，参数的作用范围是整个函数。

（4）parameter_data_type 和 return_data_type 指定参数的数据类型和返回值的数据类型，二者都可以为除 text、ntext、image、cursor、timestamp 和 table 类型外的其他数据类型。

（5）function_body 指定一系列的 T-SQL 语句，它们决定了函数的返回值。

（6）expression 为用户自定义函数返回的标量值表达式。

（7）当函数的参数有默认值时，调用该函数时必须指定默认 DEFAULT 关键字才能获取默认值。

【例 9-20】 求 sc 表中某门课的平均成绩。

```
USE teaching
GO
CREATE FUNCTION average(@cn char(4)) RETURNS float
AS
BEGIN
    DECLARE @aver float
    SELECT @aver=( SELECT avg(score) FROM sc WHERE cno=@cn)
    RETURN @aver
END
```

在其他程序模块中调用标量函数的语法格式为

```
owner_name.function_name(parameter_expression 1,…,parameter_expression n)
```

其含义为：所有者名.函数名(实参 1,…,实参 n)。当调用用户定义的标量函数时，必须提供至少由两部分组成的名称（所有者名.函数名）。可以在 SELECT 语句中调用，实参可为已赋值的局部变量或表达式。也可以使用 EXECUTE 语句调用，方法与调用存储过程相同，详见第 11 章。

【例 9-21】 求 C001 号课程的平均成绩。

```
USE teaching
DECLARE @course1 char(4)
SET @course1='C001'
SELECT   dbo.average(@course1)   AS   'C001号课程的平均成绩'
```

结果如图 9-14 所示。

2. 内嵌表值函数的创建与调用

创建内嵌表值函数的语法格式为

视频讲解

图 9-14 标量函数示例

```
CREATE FUNCTION [ owner_name.] function_name     /*定义函数名部分*/
( [ { @parameter_name [AS] parameter_data_type
 [ =DEFAULT] }[ ,…n ] ])                        /*定义参数部分*/
RETURNS table                                    /*返回值为表类型*/
[ AS ]   RETURN [ (SELECT statement )]           /*通过SELECT语句返回内嵌表*/
```

table 指定返回值为一张表；SELECT statement 指单个 SELECT 语句,确定返回的表的数据。其余参数含义与标量函数相同。

【例 9-22】 查询某个专业所有学生的学号、姓名、所选课程的课程号和成绩。

```
USE teaching
GO
CREATE FUNCTION st_func(@major nvarchar(10))  RETURNS  table
AS RETURN
( SELECT student.sno, student.sname,cno,score FROM student,sc
  WHERE specialty=@major AND student.sno=sc.sno)
```

因为内嵌表值函数的返回值为 table 类型,所以在其他程序模块中调用此类函数时,只能通过 SELECT 语句。

【例 9-23】 查询计算机专业所有学生的学号、姓名、所选的课程号和成绩。

```
USE teaching
GO
SELECT  *  FROM  st_func ('计算机')
```

结果如图 9-15 所示。

图 9-15 内嵌表值函数示例

扫一扫

视频讲解

3. 多语句表值函数的创建与调用

内嵌表值函数和多语句表值函数都返回表,二者不同之处在于内嵌表值函数没有函数主体,返回的表是单个 SELECT 语句的结果集;而多语句表值函数在 BEGIN…END 语句块中定义的函数主体包含 T-SQL 语句,这些语句可生成行,并将行插入至表中,最后返回表。

创建多语句表值函数的语法格式为

```
CREATE FUNCTION [ owner_name.] function_name       /*定义函数名部分*/
```

```
    ( [ { @parameter_name [AS] parameter_data_type [ =DEFAULT] }[ ,...n ] ] )
                                                  /*定义函数参数部分*/
RETURNS @return_variable table <table_definition >     /*定义作为返回值的表*/
[ AS ]
BEGIN
  function_body                                        /*定义函数体*/
    RETURN
END
```

@return_variable 是一个 table 类型的变量,用于存储和累积返回的表中的数据行。其余参数含义与标量函数相同。

【例 9-24】 创建多语句表值函数,以学号作为实参调用该函数,可显示该学生的姓名以及各门课程的成绩和学分。

```
CREATE FUNCTION st_score (@no char(10)) RETURNS @score table
( s_no char(10) ,
  s_name nvarchar(8) ,
  c_name nvarchar(20) ,
  c_score tinyint ,
  c_credit tinyint  )
AS BEGIN
    INSERT into @score
    SELECT s.sno,s.sname,c.cname, sc.score , c.credit
    FROM student s,course c,sc sc WHERE s.sno=sc.sno
    AND c.cno=sc.cno AND s.sno=@no
    RETURN
  END
```

多语句表值函数的调用与内嵌表值函数的调用方法相同,只能通过 SELECT 语句调用。

【例 9-25】 查询 2022020001 号学生的姓名以及各门课程的成绩和学分。

```
SELECT * FROM st_score ('2022020001')
```

结果如图 9-16 所示。

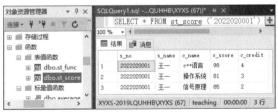

图 9-16 多语句表值函数示例

9.4 游标

在数据库开发过程中,当检索的数据只是一条记录时,所编写的事务语句代码往往使用 SELECT 语句。但是,我们常常会遇到这样的情况,即从某一结果集中逐条读取记录。那么如何解决这种问题呢?游标(Cursor)为我们提供了一种极为优秀的解决方案。就本质而言,游标实际上是一种能从包括多条数据记录的结果集中每次提取一条记录的机制。

9.4.1 游标简介

在数据库中,游标是一个十分重要的概念。我们知道关系数据库管理系统实质是面向集合的,关系数据库中的操作会对整个行集产生影响,由语句所返回的这一完整的行集称为结果集。在 SQL Server 中并没有一种描述表中单——行的表达形式,除非使用 WHERE 子句限制只有一行记录被选中。而应用程序,特别是交互式联机应用程序,并不总能将整个结果集作为一个单元有效地处理,这些应用程序需要一种机制以便每次处理一行或一部分行。因此,我们必须借助于游标进行面向单行记录的数据处理。

游标是处理数据的一种方法,它允许应用程序对查询语句 SELECT 返回的结果集中每行进行相同或不同的操作,而不是一次对整个结果集进行同一种操作。为了查看或处理结果集中的数据,游标提供了在结果集中一次一行或多行前进或向后浏览数据的能力,我们可以把游标当作一个指针,它可以指定结果中的任何位置,然后允许用户对指定位置的数据进行处理。因此,正是游标把作为面向集合的数据库管理系统和面向行的程序设计两者联系起来,使两个数据处理方式能够进行沟通。

游标通过以下方式扩展结果处理。

(1) 允许定位在结果集的特定行。

(2) 从结果集的当前位置检索一行或多行。

(3) 支持对结果集中当前位置的行进行数据修改。

(4) 为由其他用户对显示在结果集中的数据库数据所做的更改提供不同级别的可见性支持。

(5) 提供脚本、存储过程和触发器中使用的访问结果集中的数据的 T-SQL 语句。

9.4.2 游标的类型

SQL Server 支持 3 种类型的游标:T-SQL 游标、API 游标和客户游标。

1. T-SQL 游标

T-SQL 游标由 DECLARE CURSOR 语句定义,主要用在 T-SQL 脚本、存储过程和触发器中。T-SQL 游标主要用在服务器上,由从客户端发送给服务器的 T-SQL 语句或批处理、存储过程、触发器中的 T-SQL 进行管理。T-SQL 游标不支持提取数据块或多行数据。

2. API 游标

API 游标支持在 OLE DB、ODBC 以及 DB_library 中使用游标函数,主要用在服务器上。每次客户端应用程序调用 API 游标函数,SQL Server 的 OLE DB 提供者、ODBC 驱动器或 DB_library 的动态链接库(Dynamic Link Library,DLL)都会将这些客户请求传送给服务器以对 API 游标进行处理。

3. 客户游标

客户游标主要是当在客户机上缓存结果集时才使用。在客户游标中,有一个默认的结果集被用来在客户机上缓存整个结果集。客户游标仅支持静态游标而非动态游标。由于服务器游标并不支持所有 T-SQL 语句或批处理,所以客户游标常常仅被用作服务器游标的辅助。因为在一般情况下,服务器游标能支持绝大多数的游标操作。

由于 API 游标和 T-SQL 游标使用在服务器端,所以称为服务器游标,也被称为后台游标;而客户游标称为前台游标。在本章中我们主要讲述服务器(后台)游标。

服务器游标包含以下 4 种:静态游标、动态游标、只进游标、键集驱动游标。

1) 静态游标

静态游标的完整结果集将打开游标时建立的结果集存储在临时表中。静态游标始终是只读的,总是按照打开游标时的原样显示结果集。静态游标不反映数据库中的任何修改,也不反映对结果集行的列值所作的更改。静态游标不显示打开游标后在数据库中新插入的行。静态游标组成结果集的行被其他用户更新,新的数据值不会显示在静态游标中。但是,静态游标会显示打开游标以后从数据库中删除的行。

2) 动态游标

动态游标与静态游标相反,当滚动游标时动态游标反映结果集中的所有更改。结果集中的行数据值、顺序和成员每次提取时都会改变。

3) 只进游标

只进游标不支持滚动,它只支持游标从头到尾顺序提取数据行。只进游标也反映对结果集所作的所有更改。

4) 键集驱动游标

键集驱动游标同时具有静态游标和动态游标的特点。当打开游标时,该游标中的成员以及行的顺序是固定的,键集在游标打开时也会存储到临时工作表中,对非键集列的数据值的更改在用户游标滚动时可以看见,在游标打开以后对数据库中插入的行是不可见的,除非关闭重新打开游标。

9.4.3 游标的操作

操作游标有 5 种基本的步骤:声明游标、打开游标、读取数据、关闭游标、释放游标。

1. 声明游标

和使用其他类型的变量一样,使用一个游标之前,首先应当声明它。游标的声明包括两部分:游标的名称和这个游标所用到的 SQL 语句。语法格式如下。

```
DECLARE cursor_name [INSENSITIVE] [SCROLL] CURSOR
FOR select_statement
[FOR {READ ONLY | UPDATE [OF column_name [,...n]]}]
```

参数说明:

(1) cursor_name:游标的名称。当游标被成功创建后,游标名称为该游标的唯一标识,如果在以后的存储过程、触发器或 T-SQL 脚本中使用游标,必须指定该游标的名称。

(2) INSENSITIVE:表明 SQL Server 会将游标定义所选取出来的数据记录存放在一张临时表内(建立在 tempdb 数据库下)。对该游标的读取操作皆由临时表应答。因此,对基本表的修改并不影响游标提取的数据,即游标不会随着基本表内容的改变而改变,同时也无法通过游标更新基本表。如果不使用该保留字,那么对基本表的更新、删除都会反映到游标中。

(3) SCROLL:表明所有提取操作(如 FIRST、LAST、PRIOR、NEXT、RELATIVE、ABSOLUTE)都可用。如果不使用该保留字,那么只能进行 NEXT 提取操作。由此可见,SCROLL 极大地增加了提取数据的灵活性,可以随意读取结果集中的任意行数据记录,而不必关闭再重开游标。

(4) select_statement：定义结果集的 SELECT 语句。

(5) READ ONLY：表明不允许游标内的数据被更新，在默认状态下游标是允许更新的。

(6) UPDATE [OF column_name[,...n]]：定义在游标中可被更新的列，如果不指出要更新的列，那么所有列都将被更新。

【例 9-26】 声明一个名为 S_Cursor 的游标，用以查询计算机专业的所有学生的信息。

```
DECLARE S_Cursor CURSOR FOR
SELECT * FROM student WHERE specialty='计算机'
```

上面介绍的是 SQL_92 的游标语法规则。下面介绍 SQL Server 提供的扩展游标声明语法，通过增加另外的保留字，使游标的功能进一步得到了增强。语法格式如下：

```
DECLARE cursor_name CURSOR
[LOCAL|GLOBAL]
[FORWARD_ONLY|SCROLL]
[STATIC|KEYSET|DYNAMIC|FAST_FORWARD]
[READ_ONLY|SCROLL_LOCKS|OPTIMISTIC]
[TYPE_WARNING]
FOR select_statement
[FOR UPDATE [OF column_name [,...n]]]
```

参数说明：

(1) LOCAL：定义游标的作用域仅限在其所在的存储过程、触发器或批处理中。当建立游标的存储过程执行结束后，游标会被自动释放。因此，我们常在存储过程中使用 OUTPUT 保留字，将游标传递给该存储过程的调用者，这样在存储过程执行结束后，可以引用该游标变量，在这种情况下，直到引用该游标的最后一个就是被释放时，游标才会自动释放。

(2) GLOBAL：定义游标的作用域是整个会话层。会话层指用户的连接时间它包括从用户登录到 SQL Server 到断开的整段时间。选择 GLOBAL 表明在整个会话层的任何存储过程、触发器或批处理中都可以使用该游标，只有当用户脱离数据库时该游标才会被自动释放。

注意，如果既未使用 GLOBAL 也未使用 LOCAL，那么 SQL Server 将定义游标默认为 LOCAL。

(3) FORWARD_ONLY：指明在从游标中提取数据记录时，只能按照从第一行到最后一行的顺序，此时只能选用 FETCH NEXT 操作。除非使用 STATIC、KEYSET 和 DYNAMIC 关键字，否则如果未指明是使用 FORWARD_ONLY 还是使用 SCROLL，那么 FORWARD_ONLY 将成为默认选项，因为若使用 STATIC KEYSET 和 DYNAMIC 关键字，则变成了 SCROLL 游标。另外，如果使用了 FORWARD_ONLY，便不能使用 FAST_FORWARD。

(4) STATIC：其含义与 INSENSITIVE 选项完全一样。

(5) KEYSET：指出当游标被打开时，游标中列的顺序是固定的，并且 SQL Server 会在 tempdb 数据库内建立一张表，该表即为 KEYSET，KEYSET 的键值可唯一识别游标中的某行数据。当游标拥有者或其他用户对基本表中的非键值数据进行修改时，这种变化能够反映到游标中,所以游标用户或所有者可以通过滚动游标提取这些数据。

(6) DYNAMIC:指明基础表的变化将反映到游标中,使用这个选项会最大程度地保证数据的一致性。然而,与 KEYSET 和 STATIC 类型游标相比较,此类型游标需要大量的游标资源。

(7) FAST_FORWARD:指明一个 FORWARD_ONLY 和 READ_ONLY 型游标。此选项已为执行进行了优化。如果 SCROLL 或 FOR_UPDATE 选项被定义,则 FAST_FORWARD 选项不能被定义。

(8) SCROLL_LOCKS:指明锁被放置在游标结果集所使用的数据上。当数据被读入游标中时,就会出现锁。这个选项确保对一个游标进行的更新和删除操作总能被成功执行。如果 FAST_FORWARD 选项被定义,则不能选择该选项。

(9) OPTIMISTIC:指明在数据被读入游标后,如果游标中某行数据已发生变化,那么对游标数据进行更新或删除可能会导致失败。如果使用了 FAST_FORWARD 选项,则不能使用该选项。

(10) TYPE_WARNING:指明若游标类型被修改成与用户定义的类型不同时,将发送一个警告信息给客户端。

【例 9-27】 声明一个名为 Sh_Cursor 的游标,用以查询 2023 级学生的信息。要求该游标是动态的、可前后滚动,其中专业列的数据可以修改。

```
DECLARE Sh_Cursor CURSOR
DYNAMIC FOR
SELECT * FROM student WHERE grade='2023级'
FOR UPDATE OF specialty
```

注意:不可以将 SQL_92 的游标语法规则与 MS SQL SERVER 的游标扩展用法混合在一起使用。

2. 打开游标

声明了游标后,在进行其他操作之前必须打开它。使用 OPEN 命令打开一个 T-SQL 服务器游标,语法格式为

```
OPEN {{ [GLOBAL] cursor_name } | cursor_variable_name}
```

参数说明:

(1) GLOBAL:定义游标为一全局游标。

(2) cursor_name:声明的游标名称。如果一个全局游标和一个局部游标都使用同一个游标名称,则使用 GLOBAL 便表明其为全局游标,否则表明其为局部游标。

(3) cursor_variable_name:游标变量。当打开一个游标后,SQL Server 首先检查声明游标的语法是否正确,如果游标声明中有变量,则将变量值带入。

由于打开游标是对数据库进行一些 SELECT 的操作,它将耗费一段时间,主要取决于使用的系统性能和这条语句的复杂程度。

【例 9-28】 打开例 9-26 声明的游标。

```
OPEN    S_Cursor
GO
```

3. 读取数据

游标被成功打开后,就可以从游标中逐行地读取数据,以进行相关处理。主要使用

FETCH 命令从游标中读取数据,语法格式为

```
FETCH [[NEXT | PRIOR | FIRST | LAST
| ABSOLUTE {n | @nvar}| RELATIVE {n | @nvar}]
FROM ]{{[ GLOBAL ] cursor_name } | cursor_variable_name}
[INTO @variable_name [,...n]]
```

参数说明:

(1) NEXT:返回结果集中当前行的下一行,并增加当前行数为返回行行数。如果 FETCH NEXT 是第 1 次读取游标中数据,则返回结果集中的是第 1 行,而不是第 2 行。

(2) PRIOR:返回结果集中当前行的前一行,并减少当前行数为返回行行数。如果 FETCH PRIOR 是第 1 次读取游标中数据,则无数据记录返回,并把游标位置设为第 1 行。

(3) FIRST:返回游标中第 1 行。

(4) LAST:返回游标中的最后一行。

(5) ABSOLUTE:如果 n 或@nvar 为正数,则表示从游标中返回的数据行数;如果 n 或@nvar 为负数,则返回游标内从最后一行数据算起的第 n 或@nvar 行数据。若 n 或@nvar 超过游标的数据子集范畴,则@@FETCH_STARS 返回一1。在该情况下,如果 n 或@nvar 为负数,则执行 FETCH NEXT 命令会得到第 1 行数据;如果 n 或@nvar 为正值,执行 FETCH PRIOR 命令则会得到最后一行数据。n 或@nvar 可以是一个固定值,也可以是一个 smallint、tinyint 或 int 类型的变量。

(6) RELATIVE {n | @nvar}:若 n 或@nvar 为正数,则读取游标当前位置起向后的第 n 或@nvar 行数据;如果 n 或@nvar 为负数,则读取游标当前位置起向前的第 n 或@nvar 行数据。若 n 或@nvar 超过游标的数据子集范畴,则@@FETCH_STARS 返回一1。在该情况下,如果 n 或@nvar 为负数,则执行 FETCH NEXT 命令则会得到第 1 行数据;如果 n 或@nvar 为正值,执行 FETCH PRIOR 命令则会得到最后一行数据。n 或@nvar 可以是一个固定值,也可以是一个 smallint、tinyint 或 int 类型的变量。

(7) INTO @variable_name[,...n]:允许将使用 FETCH 命令读取的数据存放在多个变量中。在变量行中的每个变量必须与游标结果集中相应的列对应,每个变量的数据类型也要与游标中数据列的数据类型相匹配。

注意:@@FETCH_STATUS 全局变量返回上次执行 FETCH 命令的状态。在每次用 FETCH 从游标中读取数据时,都应检查该变量,以确定上次 FETCH 操作是否成功,来决定如何进行下一步处理。

【例 9-29】 从例 9-26 声明的游标中读取数据。

```
FETCH NEXT FROM S_Cursor
GO
```

4. 关闭游标

处理完游标中数据之后,必须关闭游标释放数据结果集和定位于数据记录上的锁。可以使用 CLOSE 语句关闭游标,但此语句不释放游标占用的数据结构。关闭游标的语法格式为

```
CLOSE {{ [GLOBAL] cursor_name } | cursor_variable_name }
```

参数含义与 OPEN 命令相同。

【例 9-30】 关闭 S_Cursor 游标。

```
CLOSE    S_Cursor
GO
```

5. 释放游标

游标使用不再需要之后,要释放游标。使用 DEALLOCATE 语句释放数据结构和游标所加的锁,语法格式为

```
DEALLOCATE {{[GLOBAL] cursor_name }| cursor_variable_name}
```

参数含义与 OPEN 命令相同。

【例 9-31】 释放 S_ Cursor 游标。

```
DEALLOCATE    S_Cursor
GO
```

6. 游标的完整实例

以下实例是针对附录的实验中 bankcard 数据库的数据进行操作。

【例 9-32】 声明一个 Sh1_Cursor 游标,只显示储户表中第 3 行和第 5 行数据。

```
DECLARE Sh1_Cursor CURSOR STATIC FOR
SELECT * FROM depositor
OPEN   Sh1_Cursor
FETCH ABSOLUTE 3 FROM Sh1_Cursor
FETCH ABSOLUTE 5 FROM Sh1_Cursor
CLOSE Sh1_Cursor
DEALLOCATE   Sh1_Cursor
```

【例 9-33】 首先显示身份证号为 130***197412120221 的储户的全部账号信息;声明 Sh2_ Cursor 游标,将此储户的第 1 个账户的余额加 500,第 2 个账户的余额减 500;再次显示该储户的全部账号信息。

```
SELECT * FROM account WHERE IDNO='130***197412120221'
DECLARE Sh2_Cursor CURSOR
DYNAMIC FOR
SELECT * FROM account WHERE IDNO='130***197412120221'
FOR UPDATE OF Balance
OPEN Sh2_Cursor
FETCH NEXT FROM Sh2_Cursor
UPDATE account SET Balance =Balance+500 WHERE CURRENT OF Sh2_Cursor
FETCH NEXT FROM Sh2_Cursor
UPDATE account SET Balance =Balance-500 WHERE CURRENT OF Sh2_Cursor
CLOSE Sh2_Cursor
DEALLOCATE Sh2_Cursor
SELECT * FROM account WHERE IDNO='130***197412120221'
```

习题 9

扫一扫

习题

扫一扫

自测题

第10章 视图和索引

数据库的基本表是由数据库设计人员根据所有用户的需求按照规范化设计方法设计的,并不一定符合用户的应用需求。SQL Server 可以根据各个用户的应用需求重新定义表的数据结构,这种数据结构就是视图。索引是以表列为基础的数据库对象,它保存着表中排序的索引列,并且记录了索引列在数据表中的物理存储位置,实现了表中数据的逻辑排序。索引可以使数据库程序在最短的时间内找到所需要的数据,而不必查找整个数据库,这样可以节省时间,提高查找效率。

在数据库的三级模式结构中,索引对应的是内模式部分,基本表对应的是模式部分,而视图对应的是外模式部分。

本章主要介绍视图的基本概念,视图的创建、修改和删除,利用视图实现对基本表中数据的各种操作;索引的基本概念,索引的分类,创建、修改和删除索引等操作。

视图

视图(View)是关系数据库系统提供给用户以多种角度观察数据库中数据的重要机制,在用户看来,视图是通过不同路径去看一张实际表,就像一个窗口,我们通过窗口去看外面的高楼,可以看到高楼的不同部分,而透过视图可以看到数据库中自己感兴趣的内容。

■ 10.1.1 视图简介

视频讲解

视图作为一种数据库对象,为用户提供了一个可以检索数据表中数据的方式。视图是一张虚表,可以视为另一种形式的表,是从一张或多张表中使用 SELECT 语句导出的虚表,那些用来导出视图的表称为基本表。

用户通过视图浏览数据表中感兴趣的部分或全部数据,而数据的物理存储位置仍然在基本表中。所以,视图并不是以一组数据的形式存储在数据库中,数据库中只存储视图的定义,而不存储视图对应的数据,这些数据仍存储在导出视图的基本表中,视图实际上是一个查询结果。当基本表中的数据发生变化时,视图中的数据也随之改变。

使用视图可以集中、简化和定制用户的数据库显示,用户可以通过视图访问数据,而不必直接访问该视图的基本表。

1. 视图的优点

(1) 为用户集中数据,简化用户的数据查询和处理。分散在多张表中的数据通过视图定义在一起，屏蔽了数据库的复杂性，用户不必输入复杂的查询语句，只需针对此视图做简单的查询即可。

(2) 保证数据的逻辑独立性。对于视图的操作，如查询只依赖于视图的定义，当需要修改构成视图的基本表时，只需修改视图定义中的子查询部分，而基于视图的查询不用改变。

(3) 重新定制数据，使数据便于共享。

(4) 提高了数据的安全性。对不同的用户定义不同的视图，用户只能看到与自己有关的数据，简化了用户权限的管理，增强了数据的安全性。

2. 视图的分类

在 SQL Server 中，视图可以分为标准视图、索引视图和分区视图。

1) 标准视图

标准视图组合了一张或多张表中的数据，可以获得使用视图的大多数好处，可以实现对数据库的查询、修改和删除等基本操作。

2) 索引视图

索引视图是被具体化了的视图，它已经过计算并存储。为视图创建索引，即对视图创建一个唯一的聚集索引，可以显著提高某些类型查询的性能。索引视图尤其适合聚合许多行的查询，但不太适合经常更新的基本数据集。

3) 分区视图

分区视图在一台或多台服务器间水平连接一组成员中的分区数据。这样，数据看上去如同来自一张表。

10.1.2 创建视图

要使用视图，首先必须根据不同用户的应用需求创建视图。视图在数据库中是作为一个独立的对象存储的，必须遵循以下原则。

(1) 只能在当前数据库中创建视图。但是，如果使用分布式查询定义视图，则新视图所引用的表和视图可以存在于其他数据库中，甚至其他服务器上。

(2) 视图名称必须遵循标识符的规则，且对每个用户必须唯一。此外，该名称不得与该用户拥有的任何表的名称相同。

(3) 用户可以在其他视图之上建立视图。

(4) 如果视图中的某一列是一个算术表达式、内置函数或由常量派生而来，而且视图中两个或更多的不同列拥有一个相同的名字（这种情况通常是因为在视图的定义中有一个连接，而且这两个或多个来自不同表的列拥有相同的名字），此时用户需要为视图的这些列指定特定的名称。

(5) 定义视图的查询不可以包含 ORDER BY 或 INTO 关键字。

(6) 不能在视图上定义全文索引。

(7) 不能创建临时视图，也不能在临时表上创建视图。

(8) 不能对视图执行全文查询，但是如果查询所引用的表支持全文索引，就可以在视图定义中包含全文查询。

(9) 不能将规则或 DEFAULT 定义关联于视图。

在 SQL Server 服务器中创建视图主要有两种方式：一种方式是在 SSMS 中使用向导

创建视图；另一种方式是通过在查询窗口中执行 T-SQL 语句创建视图。

1. 在 SSMS 中使用向导创建视图

在 SSMS 中使用向导创建视图，是一种在图形界面环境下最快捷的创建方式，其步骤如下。

（1）在对象资源管理器中展开要创建视图的数据库，如 teaching，展开"视图"节点，可以看到视图列表中系统自动为数据库创建的系统视图。右击"视图"选项，在弹出的快捷菜单中选择"新建视图"，得出"添加表"对话框，在此对话框中可以选择表、视图或函数，然后单击"添加"按钮，就可以将其添加到视图查询中，如图 10-1 所示。

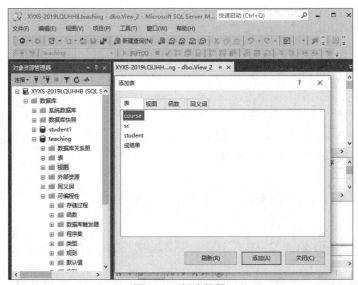

图 10-1　新建视图

（2）以创建学生表中所有男生信息的视图为例。选择 student 表后，单击"添加"按钮，再单击"关闭"按钮，返回"新建视图"窗口。

（3）在窗口上半部分，可看到添加进来的 student 表，选择视图所用的列；在窗口中间网格窗格部分，可看到所选择的对应表的列，在 ssex 列的筛选器中输入筛选条件"＝N'男'"；在窗口下半部分，可看到系统同时生成的 T-SQL 语句。然后，单击"保存"按钮，将视图命名为 male_View，如图 10-2 所示。

在对象资源管理器中展开创建了视图的数据库，如 teaching，展开"视图"节点，就可以看到视图列表中刚创建好的 male_View 视图。如果没有看到，右击"视图"选项，在弹出的快捷菜单选择"刷新"，结果如图 10-3 所示。

2. 使用 T-SQL 语句创建视图

SQL Server 提供了 CREATE VIEW 语句用于创建视图，语法格式如下。

```
CREATE VIEW [schema_name.]view_name
[(column_name[,...n])]
[with <view_attribute>[,...n]]
AS {select_statement}
[WITH CHECK OPTION]
```

参数说明：

（1）schema_name：指定视图的所有者名称，包括数据库名和所有者名。

第10章 视图和索引

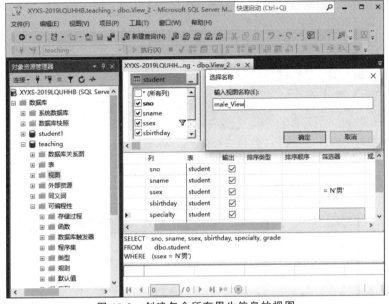

图 10-2 创建包含所有男生信息的视图

（2）view_name：视图名称，必须符合标识符规则。

（3）column_name：视图中的列名。只有在下列情况下，才必须命名 CREATE VIEW 中的列：当列是从算术表达式、函数或常量派生的，两个或更多的列可能会具有相同的名称（通常是因为连接），视图中的某列被赋予了不同于派生来源列的名称。如果未指定 column_name，则视图列将获得与 SELECT 语句中的列相同的名称。

图 10-3 视图创建成功

（4）with <view_attribute>：用于指定视图的属性。视图的属性如下：

- ENCRYPTION：表示 SQL Server 加密包含 CREATE VIEW 语句文本的系统表列，可防止将视图作为 SQL Server 复制的一部分发布。
- SCHEMABINDING：将视图绑定到架构上。指定 SCHEMABINDING 时，select_statement 必须包含所引用的表、视图或用户定义函数的两部分名称（owner.object 即拥有者.对象名）。
- VIEW_METADATA：指定返回的结果是否为元数据。

（5）select_statement：定义视图的 SELECT 语句。该语句可以使用多张表或其他视图。视图不必是具体某张表的行和列的简单子集，可以用具有任意复杂性的 SELECT 子句，使用多张表或其他视图创建视图。若要从创建视图的 SELECT 子句所引用的对象中选择，必须具有适当的权限。

（6）WITH CHECK OPTION：强制视图上执行的所有数据修改语句都必须符合由 select_statement 设置的准则。通过视图修改行时，WITH CHECK OPTION 可确保提交修改后，仍可通过视图看到修改的数据。

【例 10-1】 创建名为 s_c_sc 的视图，包括电子信息专业的学生的学号、姓名，以及他们

· 171 ·

选修的课程号、课程名和成绩。

```
USE teaching
GO
CREATE VIEW s_c_sc
AS
SELECT student.sno,sname,course.cno,cname,score
FROM student,sc,course WHERE student.sno=sc.sno
AND course.cno=sc.cno AND specialty='电子信息'
GO
```

单击工具栏中的"执行"按钮,执行 T-SQL 语句,视图创建成功,如图 10-4 所示。

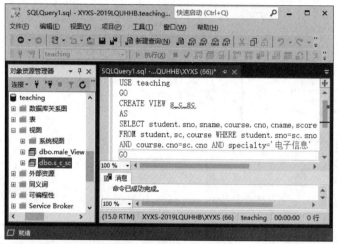

图 10-4 创建 s_c_sc 视图

【例 10-2】 针对附录实验中 bankcard 数据库的表创建名为 acc_count 的账户统计视图,求每个储户的账户个数,要求包括身份证号和姓名。

```
USE bankcard
GO
CREATE VIEW acc_count
AS
SELECT depositor.IDNO,Dname,COUNT(*) AS Number
FROM depositor,account
WHERE depositor.IDNO=account.IDNO
GROUP BY depositor.IDNO,Dname
GO
```

单击工具栏中的"执行"按钮,执行 T-SQL 语句,视图创建成功。

与在 SSMS 中创建的视图一样,在对象资源管理器中展开创建了视图的数据库,再展开"视图"节点,就可以看到视图列表中刚创建好的这两个视图。

10.1.3 修改视图

1. 在 SSMS 中修改视图

使用 SSMS 修改视图的操作步骤如下。

(1) 在 SSMS 对象资源管理器中展开相应数据库文件夹。

(2) 展开"视图"节点,右击要修改的视图,如 acc_count,在弹出的快捷菜单中选择"设计",如图 10-5 所示。

第10章 视图和索引

图10-5 修改视图的定义

（3）如果要向视图中再添加表，则可以在窗口中右击，在弹出的快捷菜单中选择"添加表"，如图10-6所示。如果要移除表，则右击要移除的表，在弹出的快捷菜单中选择"删除"，如图10-7所示。

   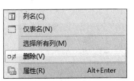

图10-6 添加表菜单命令　　　图10-7 移除表菜单命令

（4）如果要修改其他属性，则在窗口上半部分可重新选择视图所用的列；在中间的网格窗格部分，对视图每列进行属性设置。最后，单击"保存"按钮保存修改后的视图。

（5）例如，将 male_View 视图修改为用于查询所有男生选课情况的信息。首先添加 sc 表，然后选择其中的 cno 和 score 列，其他属性不变，在窗口下半部分可看到系统同时对 T-SQL 语句的修改，如图10-8所示。最后，单击工具栏"保存"按钮保存修改后的 male_View 视图。

2. 使用 T-SQL 语句修改视图

T-SQL 提供了 ALTER VIEW 语句用于修改视图，语法格式如下。

```
ALTER VIEW [schema_name.]view_name
[ (column_name[,...n]) ] [with <view_attribute>[...n]]
AS {select_statement}
[ WITH CHECK OPTION ]
```

各参数含义与 CREATE VIEW 语句相同。

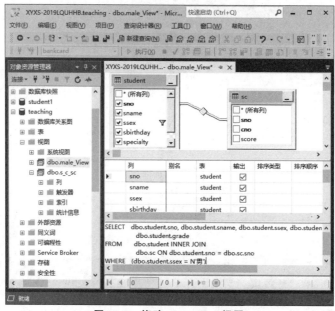

图 10-8 修改 male_View 视图

【例 10-3】 修改 acc_count 视图,求每个储户的账户个数和总存款余额,要求包括身份证号和姓名。

```
USE bankcard
GO
ALTER VIEW acc_count
AS
SELECT depositor.IDNO,Dname,COUNT(*) AS Number,SUM(Balance) SumBalance
FROM depositor,account
WHERE depositor.IDNO=account.IDNO
GROUP BY depositor.IDNO,Dname
GO
```

单击工具栏"执行"按钮,执行 T-SQL 语句,视图修改成功。

【例 10-4】 创建 Few_Balance 余额统计视图,求总存款余额少于 5000 的储户信息,包括身份证号和姓名和手机号。

```
USE bankcard
GO
CREATE VIEW Few_Balance
AS
SELECT depositor.IDNO,depositor.Dname,Telephone
FROM acc_count, depositor
WHERE acc_count.IDNO=depositor.IDNO and SumBalance<5000
GO
```

单击工具栏"执行"按钮,执行 T-SQL 语句,视图创建成功。

分析以上各视图是否为可更新视图,即能否通过此视图修改基本表中数据。由读者自行完成。

10.1.4 使用视图

视图创建完毕,就可以如同查询基本表一样通过视图查询所需要的数据,而且有些查询需要的数据直接从视图中获取比从基本表中获取要简单,也可以通过视图修改基本表中的数据。

1. 使用视图进行数据查询

可以在 SSMS 中选择要查询的视图,浏览该视图的数据;也可以在查询窗口中执行 T-SQL 语句查询视图。

例如,要查询各个储户的统计信息,就可以在 SSMS 中右击 acc_count 视图,在弹出的快捷菜单中选择"选择前 1000 行"或"编辑前 200 行",即可浏览每个储户的账户个数和总存款余额,如图 10-9 所示。

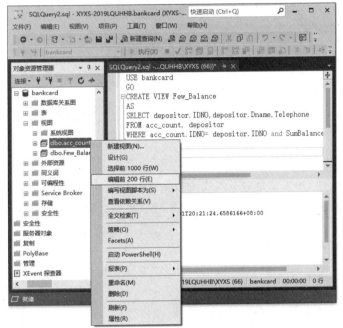

图 10-9　界面方式查询视图数据

也可以在查询窗口中执行 T-SQL 语句:

```
SELECT * FROM acc_count
```

同样可以查询各储户的统计信息,如图 10-10 所示。

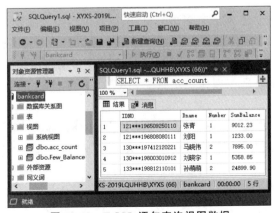

图 10-10　T-SQL 语句查询视图数据

【例 10-5】 查询 s_c_sc 视图，统计"C++语言"课程的总分和平均分。

```
USE teaching
SELECT sumscore=SUM(score), avgscore=AVG(score) FROM s_c_sc
WHERE cname='C++语言'
```

结果如图 10-11 所示。

【例 10-6】 查询 acc_count 视图中储户张青的统计信息。

```
USE bankcard
SELECT * FROM acc_count
WHERE Dname='张青'
```

结果为如图 10-12 所示。

图 10-11 例 10-5 查询结果

图 10-12 例 10-6 查询结果

视频讲解

2. 使用视图修改基本表中数据

修改视图的数据，其实就是对基本表中数据进行修改，因为真正存储数据的地方是基本表，而不是视图，同样可使用 INSERT、UPDATE、DELETE 语句来完成。但是，在利用视图更新数据时也要注意，并不是所有视图都可以进行数据更新，只有对满足以下可更新条件的视图才能进行数据更新。

(1) 任何通过视图的数据更新（包括 UPDATE、INSERT 和 DELETE 语句）都只能引用一张基本表的列。

① 如果视图中数据为一张表的行、列子集，则此视图可更新（包括 UPDATE、INSERT 和 DELETE 语句）；但如果视图中没有包含表中某个不允许取空值又没有默认值约束的列，则不能利用视图插入数据。

② 如果视图所依赖的基本表有多张，完全不能向该视图添加（INSERT）数据。

③ 如果视图所依赖的基本表有多张，那么一次只能修改（UPDATE）一张基本表中的数据。

④ 如果视图所依赖的基本表有多张，那么不能通过视图删除（DELETE）数据。

(2) 视图中被修改的列必须直接引用表列中的基础数据，不能是通过任何其他方式对表中的列进行派生而来的数据，如通过聚合函数、计算（如表达式计算）、集合运算等。

(3) 被修改的列不应是在创建视图时受 GROUP BY、HAVING、DISTINCT 或 TOP 子句影响的。

注意：通常有可能插入并不满足视图查询的 WHERE 子句条件中的一行。为了限制此操作，可以在创建视图时使用 WITH CHECK OPTION 选项。

【例 10-7】 通过 male_View 视图向 student 表中插入一条男生信息。

```
INSERT INTO male_View VALUES ('2023010005','张三','男','2005-6-1','电子信息','2023级')
```

如果通过 male_View 视图向 student 表中插入一条女生信息，也可以完成；如果不希望用户通过 male_View 视图插入女生信息,在创建 male_View 视图时应该使用 WITH CHECK OPTION 选项。语法格式如下。

```
CREATE VIEW male_View  AS
SELECT sno, sname, ssex, sbirthday, specialty, grade
FROM student WHERE ssex ='男'
WITH CHECK OPTION
```

10.1.5 删除视图

在不需要某视图或想清除视图定义及与之相关联的权限时,可以删除该视图。视图的删除不会影响所依附的基本表的数据,定义在 sysahjects、syscolumns、syscomments、sysdepends 和 sysprotects 系统表中的视图信息也会被删除。

1. 在 SSMS 中删除视图

在 SSMS 中右击要删除的视图,在弹出的快捷菜单中选择"删除",如图 10-13 所示。弹出"删除对象"对话框,单击"确定"按钮就可以删除视图。

2. 使用 T-SQL 语句删除视图

T-SQL 提供了删除视图的 DROP VIEW 语句。语法格式如下。

```
DROP VIEW view_name
```

【**例 10-8**】 删除例 10-1 创建的 s_c_sc 视图。

```
USE teaching
GO
DROP VIEW s_c_sc
GO
```

图 10-13 删除视图菜单命令

10.2 索引

索引(Index)是对数据库表中一个或多个列的值进行排序的结构,其主要目的是提高 SQL Server 系统的性能,加快数据的查询速度和缩短系统的响应时间。所以,索引就是加快检索表中数据的方法。

10.2.1 索引简介

数据库的索引就类似于书籍的目录,如果想快速查找而不是逐页查找指定的内容,可以通过目录中章节的页号快速找到其对应的内容。当表中有大量记录时,若要对表进行查询,第 1 种方式是全表搜索,将所有记录一一取出,和查询条件进行一一对比,然后返回满足条件的记录,这样做会消耗大量数据库系统时间,并造成大量磁盘 I/O 操作;第 2 种方式就是在表中建立索引,然后在索引中找到符合查询条件的索引值,最后通过保存在索引中的 ROWID(行号,相当于书籍的页码)快速找到表中对应的记录。

索引包含从表或视图中一个或多个列生成的键,以及映射到指定数据的存储位置的指

扫一扫

视频讲解

针,它是以 B+ 树结构与表或视图相关联的。

索引的优点如下。

(1) 大大加快数据的检索速度,这是创建索引的最主要的原因。

(2) 创建唯一性索引,可以保证表中每行数据的唯一性。

(3) 可以加快表和表之间的连接。

(4) 在使用分组和排序子句进行数据检索时,同样可以显著减少查询中分组和排序的时间。

(5) 查询优化器可以提高系统的性能,但它是依靠索引起作用的。

虽然索引具有如此多的优点,但索引的存在也让系统付出了一定的代价。创建索引和维护索引都会消耗时间,当对表中的数据进行增加、删除和修改操作时,索引就要进行维护,否则索引的作用就会下降。

另外,每个索引都会占用一定的物理空间,如果占用的物理空间过多,就会影响到整个 SQL Server 系统的性能。

10.2.2　索引类型

SQL Server 2019 支持在表中任何列(包括计算列)上定义索引。索引可以是唯一的,即索引列不会有两行记录相同,这样的索引称为唯一索引。例如,如果在 student 表中的 sname 列上创建了唯一索引,则以后输入的姓名将不能同名。索引也可以是不唯一的,即索引列上可以有多行记录相同。如果索引是根据单列创建的,这样的索引称为单列索引,根据多列组合创建的索引则称为复合索引。

按索引的组织方式分类,可以将索引分为聚集索引和非聚集索引。

1. 聚集索引

聚集索引会对表和视图进行物理排序,所以这种索引对查询非常有效,在表和视图中只能有一个聚集索引。当建立主键约束时,如果表中没有聚集索引,SQL Server 会用主键列作为聚集索引键。可以在表的任何列或列的组合上建立索引,实际应用中一般为定义成主键约束的列建立聚集索引。

汉语字典的正文就是一个聚集索引的顺序结构。

例如,要查"安"字,就可以翻开字典的前几页,因为"安"的拼音是 an,而按拼音排序字典是以字母 a 开头,以 z 结尾的,那么"安"字就自然地排在字典的前部。如果翻完了所有 an 读音的部分仍然找不到这个字,那么就说明字典中没有这个字。同样,如果查"张"字,可以将字典翻到最后部分,因为"张"的拼音是 zhang。

也就是说,字典的正文内容本身就是按照音序排列的,而"汉语拼音音节索引"就可以称为聚集索引。

2. 非聚集索引

非聚集索引不会对表和视图进行物理排序,如果表中不存在聚集索引,则表是未排序的。在表或视图中,最多可以建立 250 个非聚集索引,或者 249 个非聚集索引和一个聚集索引。

查字典时,不认识的字就不能按照上面的方法来查找。可以根据偏旁部首来查(以下内容因所使用字典不同而异)。例如,查"张"字,在查部首之后的检字表中"张"的页码是 622

页,检字表中"张"的上面是"弛"字,但页码却是60页,"张"的下面是"弟"字,页码是95页,正文中这些字并不是真正地分别位于"张"字的上下方。

所以,现在看到的连续的"弛、张、弟"3个字实际上就是它们在非聚集索引中的排序,是字典正文中的字在非聚集索引中的映射。用这种方式找到所需要的字需要两个过程,先找到目录(检字表)中的结果,然后再翻到所需要的页码。这种目录纯粹是目录,正文纯粹是正文的排序方式就称为非聚集索引。

聚集索引和非聚集索引都可以是唯一的索引。因此,只要列中数据是唯一的,就可在同一张表上创建一个唯一的聚集索引。如果必须实施唯一性以确保数据的完整性,则应在列上创建 UNIQUE 或 PRIMARY KEY 约束,而不要创建唯一索引。

创建 PRIMARY KEY 或 UNIQUE 约束会在表中指定的列上自动创建唯一索引。创建 UNIQUE 约束与手动创建唯一索引没有明显的区别,进行数据查询时,查询方式相同,而且查询优化器不区分唯一索引是由约束创建还是手动创建的。如果存在重复的键值,则无法创建唯一索引和 PRIMARY KEY 或 UNIQUE 约束。如果是复合的唯一索引,则该索引可以确保索引列中每个组合都是唯一的,创建复合唯一索引可为查询优化器提供附加信息,所以对多列创建复合索引时最好是唯一索引。

10.2.3 创建索引

扫一扫
视频讲解

我们已经知道,创建索引虽然可以提高查询速度,但是它需要牺牲一定的系统性能。因此,在创建时,哪些列适合创建索引,哪些列不适合创建索引,需要进行详细的考查。

1. 创建索引时应考虑的问题

(1) 对一张表中创建大量的索引,应进行权衡。

对于 SELECT 查询,大量索引可以提高性能,可以从中选择最快的查询方法,但是会影响 INSERT、UPDATE 和 DELETE 语句的性能,因为对表中的数据进行修改时,索引也要动态地维护,维护索引耗费的时间会随着数据量的增加而增加,所以应避免对经常更新的表建立过多的索引,而对更新少而且数据量大的表创建多个索引,可以大大提高查询性能。

(2) 对于小型表(行数较少)进行索引可能不会产生优化效果。

(3) 对于主键和外键列应考虑建索引,因为经常通过主键查询数据,而外键用于表间的连接。

(4) 很少在查询中使用的列以及值很少的列(如性别列)不应考虑创建索引。

(5) 视图中如果包含聚合函数或连接,创建视图的索引可以显著提升查询性能。

2. 通过 SSMS 创建索引

在 SSMS 中使用向导创建索引是一种图形界面环境下最快捷的创建方式,其步骤如下。

(1) 在 SSMS 对象资源管理器中选择要创建索引的表(如 teaching 数据库中的 student 表),然后展开 student 表,右击"索引",在弹出的快捷菜单中选择"新建索引",然后选择"聚集索引"或"非聚集索引",如图 10-14 所示。

(2) 如图 10-15 所示,弹出"新建索引"对话框,在"常规"选项页中,可以创建索引,在"索引名称"文本框中输入索引名称,"唯一"复选框可以选择是否设置唯一索引等。例如,输入索引名称为 index_sname。

图 10-14 新建索引菜单命令

图 10-15 创建索引界面

（3）通过索引设置按钮,可以为新建的索引添加、删除、移动索引列。例如,单击"添加"按钮,进入如图 10-16 所示的"添加索引列"窗口,勾选 sname 列,单击"确定"按钮即可添加一个按 sname 列升序排序的非聚集索引。再单击"确定"按钮,索引创建完成。

（4）索引创建完成后,在 SSMS 对象资源管理器中,选择创建了索引的表(student),展开 student 表→"索引",就会出现新建的索引 index_sname,如图 10-17 所示。

3. 使用 T-SQL 语句创建索引

使用 T-SQL 语句创建索引的语法格式如下。

```
CREATE [ UNIQUE ][ CLUSTERED | NONCLUSTERED ] INDEX index_name
  ON { table_name | view_name } ( column_name [ ASC | DESC ] [ ,...n ] )
    [ WITH <index_option > [ ,...n ] ] [ ON filegroup ]
 <index_option >::=
 { PAD_INDEX | FILLFACTOR =fillfactor
 | IGNORE_DUP_KEY | DROP_EXISTING
 | STATISTICS_NORECOMPUTE }
```

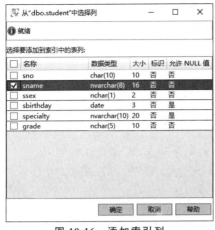 

图 10-16　添加索引列　　　　图 10-17　创建索引成功

参数说明：

（1）UNIQUE：建立的索引字段中不能有重复数据出现，创建的索引是唯一索引。如果不使用这个关键字，创建的索引就不是唯一索引。

（2）CLUSTERED｜NONCLLTSTERED：指定 CLUSTERED 创建聚集索引，指定 NONCLUSTERED 创建非聚集索引，两者只能选其一；如果不指定，默认为非聚集索引。

（3）index_name：为新创建的索引指定的名称，索引名必须符合标识符的规则。

（4）table_name｜view_name：创建索引的表或视图的名称。

（5）column_name：索引中包含的列的名称。

（6）FILLFACTOR：索引页的填充率，指定每个索引页预留多少可利用空间，利用 WITH FILLFACTOR 语句指定其大小。如果要查询 FILLFACTOR 的大小，可以使用 SELECT index_name,origfillfactor FROM sysindexes 命令进行查询。

（7）PAD_INDEX 和 FILLFACTOR：PAD_INDEX 只有在指定了 FILLFACTOR 时才能使用，属于填充因子。

（8）IGNORE_DUP_KEY：指在使用 INSERT 或 UPDATE 命令修改数据且加入相同关键字内容时对操作的反应。

（9）DROP_EXISTING：删除并重新建立原来存在的聚集索引或非聚集索引，新指定的索引名必须与现有的索引名相同。

（10）STATISTICS_NORECOMPUTE：过期的索引统计，不会自动重新计算。

（11）filegroup：在已经创建的文件组上指定索引。

【例 10-9】 根据 teaching 数据库中 student 表的姓名列的升序创建一个名为 index_sname 的普通索引，用 T-SQL 语句完成。

```
USE teaching
  GO
CREATE INDEX index_sname ON student(sname)
```

【例 10-10】 根据 teaching 数据库中 student 表的专业、年级创建一个名为 specialty_grade 的复合索引，其中专业为升序，年级为降序。

```
USE teaching
GO
```

```
CREATE INDEX specialty_grade
ON student(specialty ASC, grade DESC)
```

同样,索引创建完成后,在 SSMS 的对象资源管理器中,选择创建了索引的表(student),展开 student 表→"索引",就会出现新建的 specialty_grade 索引。

4. 间接创建索引

在定义表结构或修改表结构时,如果定义了主键(PRAMARY KEY)约束或唯一性(UNIQUE)约束,可以间接创建索引。

【例 10-11】 创建一张 student1 表,并定义主键约束。

```
USE teaching
GO
CREATE TABLE student1(
  sno char(6) PRAMARY KEY,
  sname char(8)  )
```

本例就按 sno 升序创建了一个聚集索引。

【例 10-12】 创建一张教师表 teacher,并定义主键约束和唯一性约束。

```
USE teaching
GO
CREATE TABLE teacher(
  tno char(6) PRAMARY KEY,
  tid char(18) UNIQUE,
  tname nchar(4) )
```

本例创建了两个索引,按 tno(教师号)升序创建了一个聚集索引,按 tid(身份证号)升序创建了一个非聚集唯一索引。

索引一经创建,就完全由系统自动选择和维护,不需要用户指定使用索引,也不需要用户执行打开索引或更新索引等操作,所有工作都由 SQL Server 数据库管理系统自动完成。但对于读者来讲,应该明白为什么要创建这些索引,即这些索引可能在什么情况下被选择使用。例如,student 表中按姓名列升序创建的 index_sname 索引,下面的 T-SQL 语句在执行时,系统就可以利用此索引加快查询速度。

```
SELECT sno,specialty FROM student WHERE sname='郑丽'
DELETE FROM student WHERE sname='郑丽'
```

5. 创建视图的索引

视图也称为虚拟表,这是因为由视图返回的结果集其一般格式与由列和行组成的表相似,并且在 SQL 语句中引用视图的方式也与引用表的方式相同。

对于标准视图,结果集不是永久地存储在数据库中,为每个引用视图的查询动态生成结果集的开销很大,特别是对于那些涉及对大量行进行复杂处理(如聚合大量数据或连接许多行)的视图,开销更为可观。若经常在查询中引用这类视图,可通过在视图上创建索引提高性能。在视图上创建唯一聚集索引时将执行该视图,并且结果集在数据库中的存储方式与带聚集索引的表的存储方式相同。

在视图上创建索引的另一个好处是查询优化器开始在查询中使用视图的索引,而不是直接在 FROM 子句中命名视图。这样一来,可从视图的索引检索数据而无须重新编码,由此带来的高效率也使现有查询获益。

在视图上创建聚集索引可存储创建索引时存在的数据。视图的索引还自动反映自创建索引后对基本表数据所做的更改,这一点与在基本表上创建的索引相同。视图的聚集索引必须唯一,从而提高了 SQL Server 在索引中查找数据行的效率。

与基本表上的索引相比,对视图中索引的维护可能更复杂。只有当视图的结果检索速度的效益超过了修改所需的开销时,才应在视图上创建索引。这样的视图通常包括映射到相对静态的数据上、处理多行以及由许多查询引用的视图。

在视图上创建聚集索引之前,该视图必须满足以下要求。

(1) 当执行 CREATE VIEW 语句时,ANSI_NULLS 和 QUOTED_IDENTIFIER 选项必须设置为 ON。OBJECTPROPERTY 函数通过 ExecIsAnsiNullsOn 或 ExecIsQuotedIdentOn 属性为视图报告此信息。

(2) 为执行所有 CREATE TABLE 语句以创建视图引用的表,ANSI_NULLS 选项必须设置为 ON。

(3) 视图不能引用任何其他视图,只能引用基本表。

(4) 视图引用的所有基本表必须与视图位于同一个数据库中,并且所有者也与视图相同。

(5) 必须使用 SCHEMABINDING 选项创建视图。SCHEMABINDING 将视图绑定到基础基本表的架构上。

(6) 必须已使用 SCHEMABINDING 选项创建视图中引用的用户定义的函数。

(7) 表和用户定义的函数必须由两部分名称引用。

(8) 视图中的表达式所引用的所有函数必须是确定性的。OBJECTPROPERTY 函数的 IsDeterministic 属性报告用户定义的函数是否是确定性的。

(9) 选择列表不能使用 * 或 table_name.* 语法指定列。必须显式给出列名。

(10) 不能在多个视图列中指定用作简单表达式的表的列名。如果对列的所有(或只有一个例外)引用是复杂表达式的一部分或是函数的一个参数,则可多次引用该列。

在视图上创建的第 1 个索引必须是唯一聚集索引,在创建唯一聚集索引后,可创建其他非聚集索引。视图上的索引命名规则与表上的索引命名规则相同。

可以在 SSMS 对象资源管理器中以界面方式创建视图的索引,也可以使用 T-SQL 语句创建视图的索引。

【例 10-13】 创建一个女生视图 female_view,并为该视图按 sno 升序创建一个具有唯一性的聚集索引。

创建视图语句如下。

```
USE teaching
GO
CREATE VIEW female_view
WITH SCHEMABINDING
AS
SELECT sno,sname,ssex,specialty FROM dbo.student
WHERE ssex='女'
```

在 SSMS 对象资源管理器中展开相应数据库文件夹,展开"视图"选项,再展开要创建索引的视图。例如,在 female_view 视图创建聚集索引,右击"索引",在弹出的快捷菜单中选择"新建索引"→"聚集索引",如图 10-18 所示。弹出"新建索引"对话框,按学号的升序创建一个唯一的聚集索引,输入索引名,设置索引类型,单击"确定"按钮即可新建一个视图的索引。

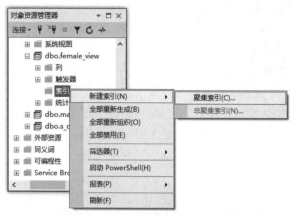

图 10-18　新建视图索引菜单命令

T-SQL 语句创建索引：

```
CREATE UNIQUE CLUSTERED INDEX index_female ON female_view(sno)
```

创建聚集索引后，对于任何试图为视图修改基本数据而进行的连接，其选项设置必须与创建索引所需的选项设置相同。如果这个执行语句的连接没有适当的选项设置，则 SQL Server 生成错误并回滚任何会影响视图结果集的 INSERT、UPDATE 或 DELETE 语句。有关更多信息，请参考 SQL Server 联机丛书中影响结果的 SET 选项。

若删除视图，视图上的所有索引也将被删除。若删除聚集索引，视图上的所有非聚集索引也将被删除。可分别删除非聚集索引。删除视图上的聚集索引将删除存储的结果集，并且优化器将重新像处理标准视图那样处理视图。

尽管 CREATE UNIQUE CLUSTERED INDEX 语句仅指定组成聚集索引键的列，但视图的完整结果集将存储在数据库中。与基本表上的聚集索引一样，聚集索引的 B+ 树结构仅包含键列，但数据行包含视图结果集中的所有列。

若想为现有系统中的视图添加索引，必须计划绑定任何想要放入索引的视图。可以删除视图并通过指定 WITH SCHEMABINDING 重新创建它；也可以创建另一个视图，使其具有与现有视图相同的文本，但是名称不同。优化器将考虑新视图上的索引，即使在查询的 FROM 子句中没有直接引用它。

10.2.4　查看索引信息

在实际使用索引的过程中，有时需要对表的索引信息进行查询，了解在表中曾经建立的索引。可以使用 SSMS 进行查询；也可以在查询窗口中使用 T-SQL 语句进行查询。

1. 在 SSMS 中查看索引信息

在 SSMS 中，右击要查看的表，在弹出的快捷菜单中选择"设计"，进入"表设计器"窗口，右击任意位置，在弹出的快捷菜单中选择"索引/键"，即可查看此表上所有的索引信息。例如，查看 student 表上的索引信息，如图 10-19 和图 10-20 所示。

2. 使用 T_SQL 语句查看索引信息

可以使用系统存储过程 sp_helpindex 或 sp_help 查看索引信息，如查看 student 表上的索引信息。

图 10-19　查看 student 表上的索引信息菜单命令

图 10-20　student 表上的索引信息

（1）使用 sp_helpindex 系统存储过程查看索引信息。

```
USE teaching
GO
EXEC sp_helpindex student
```

结果如图 10-21 所示。

结果显示了 student 表中所建立的 3 个索引：①索引名称为 index_sname，索引描述为非聚集索引，索引关键字为 sname；②索引名称为 PK_student，索引描述为聚集索引、唯一索引，索引关键字为 sno；③索引名称为 specialty_grade，索引描述为非聚集索引，索引关键字为 specialty 和 grade。

（2）使用 sp_help 系统存储过程查看索引信息。

```
USE teaching
GO
```

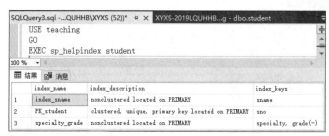

图 10-21   sp_helpindex 查看索引信息

```
EXEC sp_help student
```

结果如图 10-22 所示。

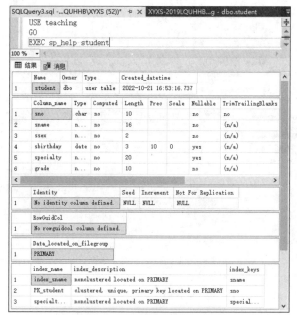

图 10-22   sp_help 查看索引信息

由结果可以看出，执行 sp_help 系统存储过程的查询结果要比执行 sp_helpindex 系统存储过程显示的结果更加详细，除了索引信息，还包括当前表的基本信息、与此表相关的各种约束等。

10.2.5   删除索引

当不再需要某索引时，可以将其从数据库中删除，以释放当前占用的存储空间，这些释放的空间可以由数据库中的任何对象使用。

删除聚集索引可能要花费一些时间，因为必须重建同一张表上的所有非聚集索引。另外，必须通过删除约束才能删除 PRIMARY KEY 或 UNIQUE 约束使用的索引。如果要在不删除和重新创建 PRIMARY KEY 或 UNIQUE 约束的情况下，删除并重新创建该约束使用的索引，应该通过一个步骤重建该索引。删除某张表时，会自动删除在此表上创建的索引。

1. 在 SSMS 中删除索引

与在 SSMS 中创建索引的步骤一样，选择要进行删除索引的表，展开"索引"选项，右击要删除的索引,在弹出的快捷菜单中选择"删除",如图 10-23 所示。弹出"删除对象"对话框,单击"确定"按钮。

图 10-23 删除索引菜单命令

2. 使用 T-SQL 语句删除索引

删除索引的 T-SQL 语句的语法格式为

```
DROP INDEX table_name.index_name
```

【例 10-14】 删除 student 表中的 index_sname 索引。

```
DROP INDEX student.index_sname
GO
```

习题 10

扫一扫   扫一扫

习题   自测题

第11章 存储过程和触发器

在 SQL Server 2019 应用操作中,存储过程和触发器都扮演着相当重要的角色。

存储过程可以使用户对数据库的管理工作变得更容易。当开发一个应用程序时,为了易于修改和扩充,经常会将负责不同功能的语句集中起来而且按照用途分别独立放置,以便能够反复调用,而这些独立放置且拥有不同功能的语句,即为"过程"(Procedure)。

触发器是一种特殊类型的存储过程。当有操作影响触发器保护的数据时,触发器就会自动触发执行。触发器是与表紧密联系在一起的,它在特定的表上定义,并与指定的数据修改事件相对应;它是一种功能强大的工具,可以扩展 SQL Server 完整性约束默认值对象和规则的完整性检查逻辑,实施更加复杂的数据完整性约束。

本章主要介绍存储过程的基本概念,存储过程的创建、修改、执行和删除操作;触发器的基本概念,触发器的分类,触发器的创建、修改和删除,以及触发器的应用。

 存储过程

SQL Server 2019 的存储过程(Stored Procedure)就是一个具有独立功能的子程序,以特定的名称存储在数据库中,可以在存储过程中声明变量、有条件地执行语句以及实现其他各项强大的程序设计功能。

11.1.1 存储过程简介

存储过程是 T-SQL 语句和可选流程控制语句的预编译集合,它以一个名称存储并作为一个单元处理,能够提高系统的应用效率和执行速度。SQL Server 提供了许多系统存储过程以管理 SQL Server 和显示有关数据库和用户的信息。

存储过程是一种独立存储在数据库内的对象,可以接收输入参数、输出参数、返回单个值或多个结果集,由应用程序通过调用执行。存储过程可以由客户调用,也可以从另一个过程或触发器调用,参数可以被传递和返回,出错代码也可以被检验。

存储过程最主要的特色是当写完一个存储过程第一次执行时即被翻译成可执行代码存储在系统表内,当作数据库的对象之一,一般用户只要执行存储过程,并且提供存储过程所需的参数就可以得到所要的结果,而不必再去编辑 T-SQL 命令。

一般来讲,应使用 SQL Server 中的存储过程,而不使用存储在客户计算机本地的 T-SQL 程序,其优势主要表现在以下几方面。

(1) 模块化程序设计。只需创建一次并将其存储在数据库中，以后即可在程序中调用该过程任意次。存储过程可由在数据库编程方面有专长的人员创建，并可独立于程序源代码而单独修改。如果业务规则发生变化，可以通过修改存储过程适应新的业务规则，而不必修改客户端的应用程序。这样所有调用该存储过程的应用程序就会遵循新的业务规则。

(2) 加快 T-SQL 语句的执行速度。如果某操作需要大量 T-SQL 语句或需重复执行，存储过程将比批处理代码的执行要快。创建存储过程时对其进行分析和优化并预先编译好放在数据库内，缩短编译语句所花的时间；编译好的存储过程会进入缓存，所以对于经常执行的存储过程，除了第 1 次执行外，其他次执行的速度会有明显提高。而客户计算机本地的 T-SQL 语句每次运行时，都要从客户端重复发送，并且在 SQL Server 每次执行这些语句时，都要对其进行编译和优化。

(3) 减少网络流量。一个需要数百行 T-SQL 语句的操作由一条执行过程代码的单独语句就可实现，而不需要在网络中发送数百行代码。

(4) 更高的安全性。数据库用户可以通过得到权限执行存储过程，而不必给予用户直接访问数据库对象的权限，这些对象将由存储过程执行操作。另外，存储过程可以加密，这样用户就无法阅读存储过程中的 T-SQL 语句。这些安全特性将数据库结构和数据库用户隔离开来，这也进一步保证数据的完整性和可靠性。

■ 11.1.2 存储过程的类型

扫一扫

视频讲解

1. 系统存储过程

存储过程在第一次运行时生成可执行代码，其后在运行时执行速度很快。SQL Server 2019 中的许多管理活动都是通过一种特殊的存储过程执行的，这种存储过程称为系统存储过程。系统过程主要存储在 master 数据库中并以 sp_ 为前缀，并且系统存储过程主要是从系统表中获取信息，从而为数据库系统管理员管理 SQL Server 提供支持。通过系统存储过程，SQL Server 中的许多管理性或信息性的活动（如获取数据库和数据库对象的信息）都可以顺利、有效地完成。

尽管这些系统存储过程存储在 master 数据库中，但是仍可以在其他数据库中对其进行调用，在调用时，不必在存储过程名前加上数据库名。而且，当创建一个数据库时，一些系统存储过程会在新的数据库中被自动创建。

SQL Server 2019 系统存储过程是为用户提供方便的，它们使用户可以很容易地从系统表中提取信息、管理数据库，并执行涉及更新系统表的其他任务。

如果存储过程以 sp_ 开始，又在当前数据库中找不到，SQL Server 2019 就在 master 数据库中寻找。当系统存储过程的参数是保留字或对象名，且对象名由数据库或拥有者名字限定时，整个名字必须包含在单引号中。一个用户需要在所有数据库中拥有执行一个系统存储过程的许可权，否则在任何数据库中都不能执行系统存储过程。

2. 本地存储过程

本地存储过程也就是用户自行创建并存储在用户数据库中的存储过程，一般所说的存储过程指的就是本地存储过程。

用户创建的存储过程是由用户创建并能完成某一特定功能（如查询用户所需的数据信息）的存储过程。

3. 临时存储过程

临时存储过程可分为以下两种。

1) 本地临时存储过程

无论哪个数据库是当前数据库,如果在创建存储过程时,其名称以♯符号开头,则该存储过程将成为一个存储在 tempdb 数据库中的本地临时存储过程。本地临时存储过程只有创建它的连接的用户才能够执行它,而且一旦这位用户断开与 SQL Server 的连接,本地临时存储过程就会自动删除。当然,这位用户也可以在连接期间用 DROP PROCEDURE 语句删除他所创建的本地临时存储过程。

2) 全局临时存储过程

无论哪个数据库是当前数据库,只要所创建的存储过程名称是以两个♯符号开头,则该存储过程将成为一个存储在 tempdb 数据库中的全局临时存储过程。全局临时存储过程一旦创建,以后连接到 SQL Server 2019 的任意用户都能执行它,而且不需要特定的权限。

当创建全局临时存储过程的用户断开与 SQL Server 2019 的连接时,SQL Server 2019 将检查是否有其他用户正在执行该全局临时存储过程,如果没有,便立即将全局临时存储过程删除;如果有,SQL Server 2019 会让这些正在执行中的操作继续进行,但是不允许任何用户再执行全局临时存储过程,等到所有未完成的操作执行完毕后,全局临时存储过程就会自动删除。

无论创建的是本地临时存储过程还是全局临时存储过程,只要 SQL Server 2019 停止运行,它们将不复存在。

4. 远程存储过程

在 SQL Server 2019 中,远程存储过程是位于远程服务器上的存储过程,通常可以使用分布式查询和 EXECUTE 语句执行一个远程存储过程。

5. 扩展存储过程

扩展存储过程是用户可以使用外部程序语言(如 C 语言)编写的存储过程。显而易见,扩展存储过程可以弥补 SQL Server 2019 的不足,并按需要自行扩展其功能。

扩展存储过程在使用和执行上与一般的存储过程完全相同,为了区别,扩展存储过程的名称通常以"XP_"开头。扩展存储过程是以动态链接库(DLL)的形式存在,能让 SQL Server 2019 动态地装载和执行。扩展存储过程一定要存储在 master 系统数据库中。

11.1.3 创建存储过程

在 SQL Server 2019 中创建存储过程主要有两种方式:一种方式是在 SSMS 中以界面方式创建存储过程,另一种方式是通过在查询窗口中执行 T-SQL 语句创建存储过程。

1. 在 SSMS 中创建存储过程

在 SSMS 中以界面方式创建存储过程的步骤如下。

(1) 启动 SSMS,选择要创建存储过程的数据库,展开"可编程性"选项,可以看到存储过程列表中系统自动为数据库创建的系统存储过程。右击"存储过程"选项,在弹出的快捷菜单中选择"存储过程",如图 11-1 所示。

(2) 出现创建存储过程的 T-SQL 语句,编辑相关的语句即可,如图 11-2 所示。

(3) 编辑成功后,进行语法检查,然后单击"执行"按钮,至此一个新的存储过程建立

第11章 存储过程和触发器

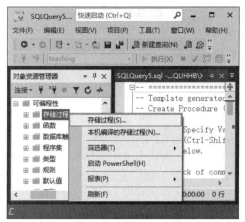

图 11-1　在 SSMS 中以界面方式创建存储过程

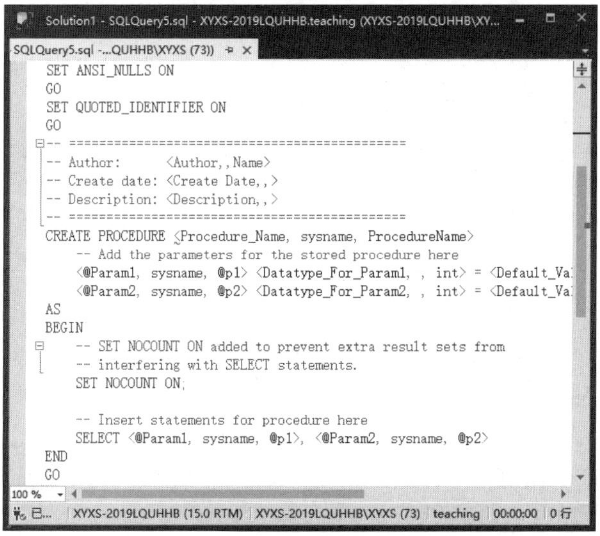

图 11-2　创建存储过程的 T-SQL 语句

成功。

注意：用户只能在当前数据库中创建存储过程，数据库的拥有者有默认的创建权限，权限也可以转让给其他用户。

2. 利用 T-SQL 语句创建存储过程

SQL Server 2019 提供了 CREATE PROCEDURE 语句创建存储过程。语法格式如下。

```
CREATE { PROC | PROCEDURE } procedure_name [ ; number ]
 [ { @parameter data_type }
   [ VARYING ] [ =default ] [ [ OUT [ PUT ] ] [ ,...n ]
 [ WITH { RECOMPILE | ENCRYPTION | RECOMPILE , ENCRYPTION } [ ,...n ] ]
 [FOR REPLICATION]
 AS sql_statement [ ...n ]
```

参数说明：

（1）procedure_name：新建存储过程的名称。存储过程名必须符合标识符规则，且对于数据库及其所有者必须唯一。

(2) number:可选的整数,用来对同名的过程分组,以便用一条 DROP PROCEDURE 语句即可将同组的过程一起除去。

(3) @parameter:过程中的参数,在 CREATE PROCEDURE 语句中可以声明一个或多个参数。存储过程最多可以指定 2100 个参数,使用@符号作为第 1 个字符指定参数名称,参数名称必须符合标识符的规则。

(4) data_type:参数的数据类型。所有数据类型(包括 text、ntext 和 image)均可以用作存储过程的参数。

(5) VARYING:指定作为输出参数支持的结果集。

(6) default:参数的默认值。如果定义了默认值,不必指定该参数的值即可执行存储过程。

(7) OUTPUT:表明参数是返回参数。该选项的值可以返回给调用此存储过程的应用程序。

(8) RECOMPILE | ENCRYPTION | RECOMPILE,ENCRYPTION:RECOMPILE 表明 SQL Server 不会缓存该存储过程的计划,该存储过程在运行时重新编译;ENCRYPTION 表示 SQL Server 加密用 CREATE PROCEDURE 语句创建存储过程的定义,使用 ENCRYPTION 可防止将过程作为 SQL Server 复制的一部分发布。

(9) FOR REPLICATION:指定不能在订阅服务器上执行为复制创建的存储过程。使用 FOR REPLICATION 选项创建的存储过程可用作存储过程筛选,且只能在复制过程中执行。此选项不能和 WITH RECOMPILE 选项一起使用。

(10) AS:指定过程要执行的操作。

(11) sql_statement:过程要包含的任意数目和类型的 T-SQL 语句。

在创建存储过程时,应当注意以下几点。

(1) 存储过程最大不能超过 128MB。

(2) 用户定义的存储过程只能在当前数据库中创建,但是临时存储过程通常是在 tempdb 数据库中创建的。

(3) 在一条 T-SQL 语句中,CREATE PROCEDURE 不能与其他 T-SQL 语句一起使用。

(4) SQL Server 允许在存储过程创建时引用一个不存在的对象,在创建时,系统只检查创建存储过程的语法。在执行存储过程时,如果缓存中没有一个有效的计划,则会编译生成一个可执行计划。只有在编译时才会检查存储过程所引用的对象是否都存在。这样,一条创建存储过程语句只要在语法上没有错误,即使引用了不存在的对象,也是可以成功执行的。但是,如果存储过程在执行时引用了一个不存在的对象,这次执行操作将会失败。

【例 11-1】 在 teaching 数据库中创建无参存储过程,查询每个学生的平均成绩。

```
USE teaching
GO
CREATE PROCEDURE student_avg
AS
SELECT sno, avg(score) as 'avgstore' FROM sc GROUP BY sno
GO
```

执行语句,创建存储过程成功,如图 11-3 所示。

成功执行 CREATE PROCEDURE 语句后,创建的存储过程的名称存储在 sysobjects

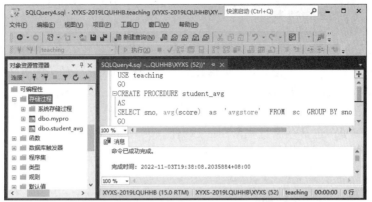

图 11-3 创建 student_avg 存储过程

系统表中,而 CREATE PROCEDURE 语句的文本存储在 syscomments 中。

【例 11-2】 在 teaching 数据库中创建带参数的存储过程,查询某个学生的基本信息。

```
USE teaching
GO
CREATE PROCEDURE GetStudent @number char(10)
AS
SELECT * FROM student WHERE sno=@number
GO
```

【例 11-3】 在 teaching 数据库中创建带参数的存储过程,修改某学生某门课的成绩。

```
USE teaching
GO
CREATE PROCEDURE Update_score @number char(10),@cno char(4),@score int
AS   UPDATE sc SET score=@score
WHERE sno=@number and cno=@cno
```

【例 11-4】 在附录实验的 bankcard 数据库中使用流程控制语句创建存储过程。假设今天银行有活动,如果今天某账号交易支出总金额超过 3000 元,则奖励其 10 元。

```
USE bankcard
GO
CREATE PROCEDURE add_10 @AccNO char(20)
WITH ENCRYPTION
AS
IF (SELECT SUM(Expense) FROM Trecord WHERE TDate=CONVERT(varchar(10), GETDATE(), 120) AND AccNO
=@AccNO) >=3000
BEGIN
  UPDATE Account SET Balance=Balance+10 WHERE AccNO=@AccNO
  INSERT Trecord(TDate,AccNO,Income,Abstract) VALUES (GETDATE(),@AccNO,10,'银行活动奖励')
  END
```

【例 11-5】 在 bankcard 数据库中创建带 OUTPUT 参数的存储过程,用于计算指定的储户的总余额,存储过程中使用一个输入参数(身份证号)和两个输出参数(储户姓名和总余额)。

```
USE bankcard
GO
CREATE PROCEDURE s_balance @IDNO char(18),@dname nvarchar(10) OUTPUT,@sbalance money
OUTPUT
AS
SELECT @dname=Dname FROM depositor WHERE IDNO=@IDNO
SELECT @sbalance=SUM(Balance) FROM account  WHERE IDNO=@IDNO
GO
```

11.1.4 执行存储过程

执行存储过程即调用存储过程,可以在 SSMS 中以界面方式执行存储过程,也可以使用 T-SQL 语句中的 EXECUTE 语句执行存储过程。

1. 在 SSMS 中执行存储过程

在 SSMS 中以界面方式执行存储过程的步骤如下。

(1) 启动 SSMS,选择存储过程所在的数据库,展开"存储过程"选项,右击存储过程名,如 teaching 数据库中的 dbo.GetStudent,在弹出的快捷菜单中选择"执行存储过程",如图 11-4 所示。

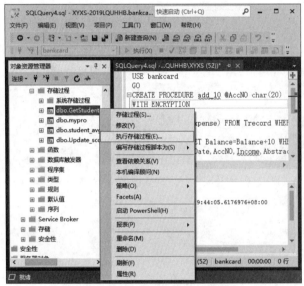

图 11-4 执行存储过程菜单命令

(2) 弹出"执行过程"对话框,输入要查询的学生的学号,如 2021010001,如图 11-5 所示。

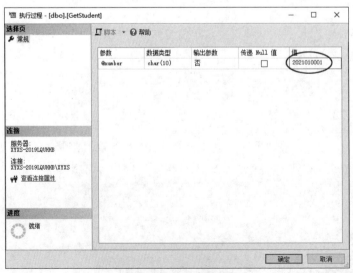

图 11-5 输入参数值

（3）单击"确定"按钮，执行结果如图11-6所示。

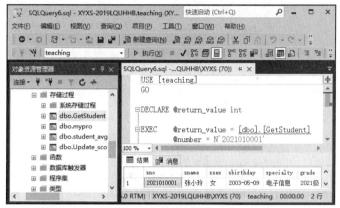

图 11-6　存储过程执行结果

2. 使用 T-SQL 语句执行存储过程

如果存储过程是批处理中的第 1 条语句，那么不使用 EXECUTE 关键字也可以执行该存储过程。对于存储过程的所有者或任何一名对此存储过程拥有 EXECUTE 权限的用户，都可以执行此存储过程。如果需要在启动 SQL Server 时，系统自动执行存储过程，可以使用 sp_proception 进行设置。如果被调用的存储过程需要参数输入，在存储过程名后逐一给定，每个参数用逗号隔开，不必使用括号。如果没有使用@参数名＝default 这种方式传入值，则参数的排列必须和建立存储过程所定义的次序对应，用来接收输出值的参数则必须加上 OUTPUT。

EXECUTE 可以简写为 EXEC，如果存储过程是批处理中的第 1 条语句，那么可以省略 EXECUTE 关键字。对于以 sp_开头的系统存储过程，系统将在 master 数据库中查找。如果执行用户自定义的 sp_开头的存储过程，就必须用数据库名和所有者名限定。

EXECUTE 语句的语法格式为

```
[ [EXEC[UTE] ] [@return_status=] procedure_name[;number]
{[[@parameter=]value | [@parameter=] @variable [OUTPUT]]}
[WITH RECOMPILE]
```

参数说明：

（1）@return_status：可选的整型变量，保存存储过程的返回状态。

（2）procedure_name：执行的存储过程的名称。

（3）number：可选的整数，用于将相同名称的过程进行组合，使得它们可以用一条 DROP PRDCEDURE 语句除去。

（4）@parameter：过程参数，在 CREATE PROCEDURE 语句中定义。参数名称前必须加上@符号。在以@parameter＝value 格式使用时，参数名称和常量可以不按 CREATE PROCEDURE 语句中定义的顺序出现。

（5）value：过程中参数的值。如果参数名称没有指定，参数值必须以 CREATE PRDCEDURE 语句中定义的顺序给出。

（6）@variable：用来保存参数或返回参数的变量。

（7）OUTPUT：指定存储过程必须返回一个参数。该存储过程的匹配参数也必须由关键字 OUTPUT 创建。

（8）WITH RECOMPILE：强制编译新的计划。如果所提供的参数为非典型参数或数据有很大的改变,使用该选项,在以后的程序执行中使用更改过的计划。

【例 11-6】 执行 student_avg 存储过程。

```
EXECUTE student_avg
```

结果如图 11-7 所示。

图 11-7 执行 student_avg 存储过程

【例 11-7】 执行带参数的 GetStudent 存储过程,查询 2021010001 号学生的基本信息。

```
EXECUTE GetStudent '2021010001'
```

【例 11-8】 执行修改成绩的 Update_score 存储过程,将 2022020001 号学生选修的 C001 号课程的成绩修改为 100。

```
EXECUTE Update_score '2022020001','C001',100
```

【例 11-9】 用账号 412542800335120***01 执行 add_10 存储过程。

```
EXECUTE add_10 '412542800335120***01'
```

【例 11-10】 执行带有输入和输出参数的 s_balance 存储过程。

```
Declare @dname nvarchar(10),@sbalance money
EXECUTE s_balance '133***198812110101',@dname OUTPUT,@sbalance OUTPUT
Print '储户'+@dname+'目前总余额'+str(@sbalance)
```

结果如图 11-8 所示。

11.1.5 查看存储过程

可以在 SSMS 中以界面方式查看存储过程,也可以使用 T-SQL 语句查看存储过程。

1. 在 SSMS 中查看存储过程

（1）启动 SSMS,选择存储过程所在的数据库,展开"存储过程"选项,右击存储过程名,如 teaching 数据库中的 dbo.GetStudent,在弹出的快捷菜单中选择"编写存储过程脚本为"→"CREATE 到"→"新查询编辑器窗口",如图 11-9 所示。

（2）进入"查询编辑器"窗口,可以看到 CREATE PROCEDURE 代码,如图 11-10 所示。

第11章 存储过程和触发器

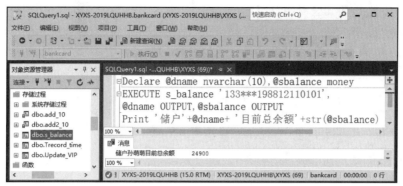

图 11-8　s_balance 存储过程的执行结果

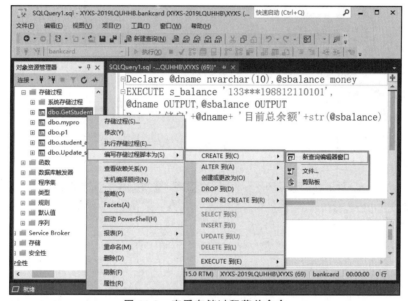

图 11-9　查看存储过程菜单命令

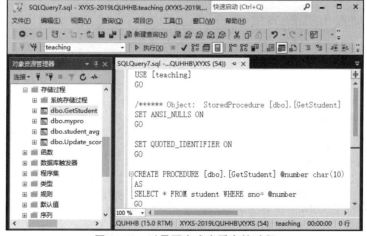

图 11-10　以界面方式查看存储过程

2. 使用 T-SQL 语句查看存储过程

可以执行 sp_helptext 系统存储过程，用于查看创建存储过程的命令语句；也可以执行 sp_help 系统存储过程，用于查看存储过程的名称、拥有者、类型、创建时间，以及存储过程中所使用的参数信息。语法格式分别为

```
sp_helptext 存储过程名称
sp_help 存储过程名称
```

【例 11-11】 查看 s_balance 存储过程的相关信息。

```
sp_helptext s_balance
```

结果如图 11-11 所示。

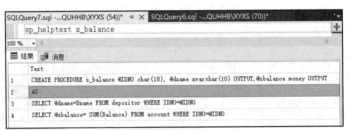

图 11-11 用 sp_helptext 查看 s_balance 存储过程

```
sp_help s_balance
```

结果如图 11-12 所示。

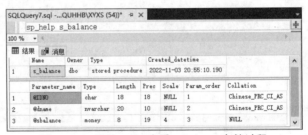

图 11-12 用 sp_help 查看 s_balance 存储过程

11.1.6 修改和删除存储过程

1. 修改存储过程

修改存储过程，可以在 SSMS 中右击要修改的存储过程，在弹出的快捷菜单中选择"修改"，与创建时的步骤基本相同；也可以通过 T-SQL 中的 ALTER 语句来完成。

ALTER 语句的语法格式如下。

```
ALTER { PROC | PROCEDURE } procedure_name [ ; number ]
    [ { @parameter data_type }
    [ VARYING ] [ =default ] [ [ OUT [ PUT ] ] [ ,...n ]
    [ WITH { RECOMPILE | ENCRYPTION | RECOMPILE , ENCRYPTION } [ ,...n ] ]
    [ FOR REPLICATION ]
    AS sql_statement [ ...n ]
```

注：语句中的参数与 CREATE PROCEDURE 语句中的参数相同。

【例 11-12】 修改 add_10 存储过程，将 3000 元和 10 元设置为两个参数的默认值，使存储过程应用更灵活。

```
USE bankcard
GO
ALTER PROCEDURE add_10 @AccNO char(20),@exp money=3000,@add int=10
WITH ENCRYPTION
AS
IF (SELECT SUM(Expense) FROM Trecord
WHERE TDate=CONVERT(varchar(10),GETDATE(),120)
AND AccNO=@AccNO)>=@exp
  BEGIN
    UPDATE Account SET Balance=Balance+@add WHERE AccNO=@AccNO
    INSERT Trecord(TDate,AccNO,Income,Abstract) VALUES
    (CONVERT(varchar(10),GETDATE(),120),@AccNO,@add,'银行活动奖励')
  END
```

【例 11-13】 执行带有参数和默认值的 add_10 存储过程。

```
EXECUTE add_10 '412542800335120***01'
EXECUTE add_10 '412542800335120***01',2000
EXECUTE add_10 '412542800335120***01',5000,20
```

2. 删除存储过程

对于不需要的存储过程，可以在 SSMS 中右击要删除的存储过程，在弹出的快捷菜单中选择"删除"将其删除，也可以使用 T-SQL 中的 DROP PROCEDURE 语句将其删除。如果另一个存储过程调用某个已删除的存储过程，则 SQL Server 2019 会在执行该调用过程时显示一条错误信息。如果定义了同名和参数相同的新存储过程替换已删除的存储过程，那么引用该存储过程的其他存储过程仍能顺利执行。

删除存储过程的 T-SQL 语句的语法格式为

```
DROP PROCEDURE {procedure_name} [,...n]
```

其中，procedure_name 为要删除的存储过程或存储过程组的名称。

【例 11-14】 删除 s_balance 存储过程。

```
DROP PROCEDURE s_balance
```

11.2 触发器

11.2.1 触发器简介

视频讲解

在 SQL Server 2019 数据库系统中，存储过程和触发器都是 SQL 语句和流程控制语句的集合。就本质而言，触发器也是一种存储过程，它是一种在基本表被修改时自动执行的内嵌过程，主要通过事件进行触发而被执行，而存储过程可以通过存储过程名称而被直接调用。

当对某一张表进行 UPDATE、INSERT、DELETE 等操作时，SQL Server 2019 就会自动执行触发器所定义的 SQL 语句，从而确保对数据的处理符合由这些 SQL 语句所定义的规则，触发器的主要作用是其能实现由主键和外键所不能保证的复杂的参照完整性和数据的一致性，有助于强制引用完整性，以便在添加、更新或删除表中的行时保留表之间已定义的关系。

由于在触发器中可以包含复杂的处理逻辑，因此，应该将触发器用于保持低级的数据的完整性，而不是返回大量的查询结果。

使用触发器主要可以实现以下操作。

（1）强制比 CHECK 约束更复杂的数据完整性。在数据库中要实现数据完整性的约束，可以使用 CHECK 约束或触发器来实现。但是，在 CHECK 约束中不允许引用其他表中的列完成检查工作，而触发器可以引用其他表中的列来完成数据完整性的约束。

（2）使用自定义的错误提示信息。用户有时需要在数据完整性遭到破坏或其他情况下，使用预先自定义好的错误提示信息或动态自定义的错误提示信息。通过使用触发器，用户可以捕获破坏数据完整性的操作，并返回自定义的错误提示信息。

（3）实现数据库中多张表的级联修改。用户可以通过触发器对数据库中的相关表进行级联修改。

（4）比较数据库修改前后数据的状态。触发器提供了访问由 INSERT、UPDATE 或 DELETE 语句引起的数据前后状态变化的能力。因此，用户就可以在触发器中引用由于修改所影响的记录行，并可以阻止数据库中未经许可的指定更新和变化。

（5）调用存储过程。约束的本身是不能调用存储过程的，但是触发器本身就是一种存储过程，而存储过程是可以嵌套使用的，所以触发器也可以调用一个或多个存储过程。

（6）维护非规范化数据。用户可以使用触发器来保证非规范数据库中的低级数据的完整性。维护非规范化数据与表的级联是不同的，表的级联指的是不同表之间的主外键关系，维护表的级联可以通过设置表的主键与外键的关系来实现；而非规范数据通常是指在表中派生的、冗余的数据值，维护非规范化数据应该通过使用触发器来实现。

视频讲解

11.2.2 触发器的分类

1. DML 触发器

DML 触发器是当数据库服务器中发生数据操纵语言（DML）事件时会自动执行的存储过程。

DML 事件包括在指定表或视图中修改数据的 INSERT、UPDATE 或 DELETE 语句。DML 触发器可以查询其他表，还可以包含复杂的 T-SQL 语句。系统将触发器和触发它的语句作为可在触发器内回滚的单个事务对待，如果检测到错误（如磁盘空间不足），则整个事务自动回滚。

DML 触发器经常用于强制执行业务规则和数据完整性，可用于强制引用（参照）完整性，以便在多张表中添加、更新或删除行时，保留在这些表之间所定义的关系。但 SQL Server 通常通过 ALTER TABLE 和 CREATE TABLE 语句提供声明性引用完整性。引用完整性是指有关表的主键和外键之间的关系的规则。若要强制实现引用完整性，可在 ALTER TABLE 和 CREATE TABLE 语句中使用主键和外键约束。如果触发器所在的表上存在约束，则在 INSTEAD OF 触发器执行之后和 AFTER 触发器执行之前检查这些约束。如果违反了约束，则将回滚 INSTEAD OF 触发器操作，并且不激活 AFTER 触发器。

SQL Server 2019 的 DML 触发器分为两类。

（1）AFTER 触发器。这类触发器是在记录已经改变完之后才会被激活执行，它主要是用于记录变更后的处理或检查，一旦发现错误，可以用 ROLLBACK 语句回滚本次的操作。

以删除记录为例，当 SQL Server 接收一条要执行删除操作的 SQL 语句时，SQL Server 先将要删除的记录存放在一张临时表——删除表（deleted）中，然后把数据表中的记录删除,再激活 AFTER 触发器,执行 AFTER 触发器的 SQL 语句。执行完毕之后,删除内存中的删除表(deleted),退出整个操作。

(2) INSTEAD OF 触发器。与 AFTER 触发器不同,这类触发器一般是用来取代原本的操作,在记录变更之前发生的,它并不执行原来 SQL 语句的操作(UPDATE、INSERT、DELETE),而是执行触发器本身所定义的操作。

2. DDL 触发器

DDL 触发器是 SQL Server 2005 及以后版本新增的一个触发器类型,是一种特殊的触发器,它在响应数据定义语言(DDL)语句时触发,一般用于数据库中执行管理任务。

添加、删除或修改数据库的对象,一旦误操作,可能会导致大麻烦,需要数据库管理员或开发人员对相关可能受影响的实体进行代码的重写。为了在数据库结构发生变动而出现问题时能够跟踪问题和定位问题的根源,我们可以利用 DDL 触发器记录类似"用户建立表"这种变化的操作,这样可以大大减轻跟踪和定位数据库模式变化的烦琐程度。

与 DML 触发器一样,DDL 触发器也是通过事件激活并执行其中的 SQL 语句的。

DML 触发器是响应 UPDATE、INSERT 或 DELETE 语句而激活的;与 DML 触发器不同,DDL 触发器是响应 CREATE、ALTER、DROP、GRANT、DENY、REVOKE 和 UPDATE STATISTICS 等语句而激活的。

一般来说,在以下几种情况下可以使用 DDL 触发器。

(1) 数据库中的库架构或数据表架构很重要,不允许被修改。

(2) 防止数据库或数据表被误操作删除。

(3) 在修改某张数据表结构的同时修改另一张数据表的相应结构。

(4) 要记录对数据库结构操作的事件。

11.2.3 创建触发器

在创建触发器前,需要注意以下问题。

(1) CREATE TRIGGER 语句必须是批处理中的第 1 条语句,只能用于一张表(或视图)。

(2) 创建触发器的权限默认为表的所有者,不能将该权限转给其他用户。

(3) 虽然触发器可以引用当前数据库以外的对象,但只能在当前数据库中创建。

(4) 虽然不能在临时表或系统表上创建触发器,但是触发器可以引用临时表。不应引用系统表,而应使用信息架构视图。

(5) 在含有用 DELETE 或 UPDATE 操作定义的外键的表中,不能定义 INSTEAD OF 触发器。

(6) 虽然 TRUNCATE TABLE 语句类似于没有 WHERE 子句的 DELETE 语句,但不会激发 DELETE 触发器,因为 TRUNCATE TABLE 语句没有记录日志。

创建触发器时需指定以下几项内容。

(1) 触发器的名称。

(2) 在其上定义触发器的表。

(3) 触发器将何时激发。

(4) 激活触发器的数据修改语句,有效选项为 INSERT、UPDATE 或 DELETE,多个数据修改语句可激活同一个触发器。

图 11-13 创建触发器菜单命令

在 SQL Server 中创建触发器主要有两种方式:在 SSMS 中以界面方式创建触发器或通过在查询窗口中执行 T-SQL 语句创建触发器。

1. 在 SSMS 中以界面方式创建触发器

在 SSMS 中以界面方式创建触发器的步骤如下。

(1) 启动 SSMS,展开要创建 DML 触发器的数据库和其中的表或视图(如 student 表),右击"触发器"选项,在弹出的快捷菜单中选择"新建触发器",如图 11-13 所示。

(2) 出现创建触发器的 T-SQL 语句,编辑相关的语句即可,如图 11-14 所示。

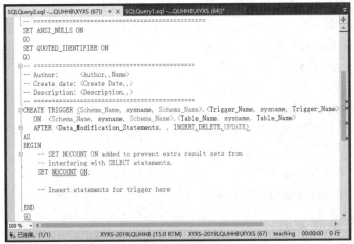

图 11-14 创建触发器的 T-SQL 语句

(3) 语句编辑成功后,进行语法检查,然后单击"执行"按钮,触发器创建成功。

2. 使用 T-SQL 语句创建触发器

SQL Server 提供了 CREATE TRIGGER 语句用于创建触发器。语法格式如下。

```
CREATE TRIGGER trigger_name
 ON { table_name | view }
 [WITH ENCRYPTION]
 { FOR | AFTER | INSTEAD OF }
 { [ INSERT ] [ DELETE ] [ UPDATE ] }
 [NOT FOR REPLICATION]
 AS sql_statement [...n ]
```

参数说明:

(1) trigger_name:触发器名称。触发器名称必须符合标识符规则,并且在数据库中必须唯一。用户可以选择是否指定触发器所有者名称。

(2) table_name|view:在其上执行触发器的表或视图,可以选择是否指定表或视图的所有者名称。

(3) WITH ENCRYPTION:加密 syscomments 表中包含 CREATE TRIGGER 语句文本的条目。使用 WITH ENCRYPTION 可防止将触发器作为 SQL Server 复制的一部分

发布，这是为了满足数据安全的需要。

（4）AFTER：指定触发器只有在触发 SQL 语句中指定的所有操作都已成功执行后才激发。所有引用级联操作和约束检查也必须成功完成后，才能执行此触发器。如果仅指定 FOR 关键字，则 AFTER 是默认设置。不能在视图上定义 AFTER 触发器。

（5）INSTEAD OF：指定执行触发器而不是执行触发语句，从而替代触发语句的操作。在表或视图上，每个 INSERT、UPDATE 或 DELETE 语句最多可以定义一个 INSTEAD OF 触发器。如果在定义一个可更新的视图时，使用了 WITH CHECK OPTION 选项，则 INSTEAD OF 触发器不允许在这个视图上定义。用户必须用 ALTER VIEW 语句删除选项后，才能定义 INSTEAD OF 触发器。

对于 INSTEAD OF 触发器，不允许在具有 ON DELETE 级联操作引用关系的表上使用 DELETE 选项。同样，也不允许在具有 ON UPDATE 级联操作引用关系的表上使用 UPDATE 选项。

（6）INSERT、UPDATE、DELETE：是指在表或视图上执行哪些数据修改语句时激活触发器的关键字。必须至少指定一个选项，允许使用以任意顺序组合的关键字，多个选项需要用逗号分隔。

（7）NOT FOR REPLICATION：表示当复制进程更改触发器所涉及的表时，不应执行该触发器。

（8）sql_statement：定义触发器被触发后将执行的数据库操作，它指定触发器执行的条件和动作。触发器条件是指除引起触发器执行的操作外的附加条件；触发器动作是指当前用户执行激发触发器的某种操作并满足触发器的附加条件时触发器所执行的动作。

首先举一个在数据库中创建 DDL 触发器的例子。

【例 11-15】 使用 DDL 触发器 limited 防止数据库中的任意表被修改或删除。

```
USE teaching
GO
CREATE TRIGGER limited ON database
FOR DROP_TABLE, ALTER_TABLE
AS
    PRINT '名为 limited 的触发器不允许您执行对表的修改或删除操作！'
    ROLLBACK
```

成功执行以上 T-SQL 语句后，在 teaching 数据库中就创建了一个 DDL 触发器 limited。

启动 SSMS，展开 teaching 数据库下的"可编程性"→"数据库触发器"选项，就可以看到刚刚创建的 limited 触发器，如图 11-15 所示。

【例 11-16】 假定某有修改 student 表权限的用户要修改 student 表，添加一个年龄列：age tinyint。

```
ALTER TABLE student
ADD age tinyint
```

结果如图 11-16 所示。

所以，当任意用户在 teaching 数据库中试图修改表的结构或删除表时，都会触发 limited 触发器。该触发器显示提示信息，并回滚用户试图执行的操作。

【例 11-17】 为 student 表创建一个简单 DML 触发器，在插入和修改数据时，都会自动

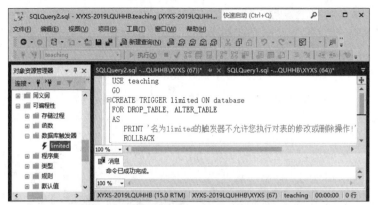

图 11-15 创建好的 DDL 触发器 limited

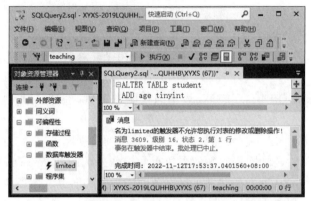

图 11-16 修改 student 表时触发了 limited 触发器

显示提示信息。

```
USE teaching
GO
CREATE TRIGGER reminder ON student
FOR INSERT,UPDATE
AS print '你在插入或修改 student 表的数据'
```

【例 11-18】 将姓名为刘梅的学生的名字改为刘小梅。

```
UPDATE student SET sname='刘小梅' WHERE sname='刘梅'
```

结果如图 11-17 所示。

【例 11-19】 为 student 表创建一个 DML 触发器,在插入和修改数据时,都会自动显示所有学生的信息。

```
CREATE TRIGGER print_table ON student
FOR INSERT,UPDATE
AS SELECT * FROM student
```

【例 11-20】 将姓名为"刘小梅"的名字改为"刘梅"。

```
UPDATE student SET sname='刘梅' WHERE sname='刘小梅'
```

结果如图 11-18 所示。

【例 11-21】 在 student 表上创建一个 DELETE 类型的触发器,删除数据时,显示删除学生的数量。

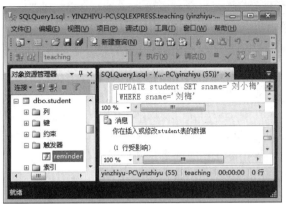

图 11-17 修改学生姓名触发了 reminder 触发器

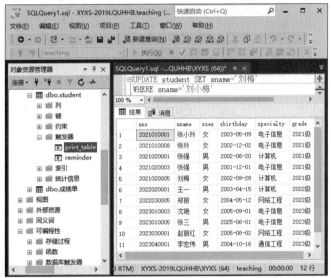

图 11-18 修改学生姓名触发了 print_table 触发器

```
CREATE TRIGGER del_count ON student
FOR DELETE
AS
  DECLARE @count varchar(50)
  SET @count=STR(@@ROWCOUNT)+'个学生被删除'
  SELECT @count
RETURN
```

【例 11-22】 删除所有计算机专业的学生,触发 del_count 触发器。

```
DELETE FROM student WHERE specialty='计算机'
```

SQL Server 2019 为每个 DML 触发器都定义了两张特殊的表,一张是插入表(Inserted),另一张是删除表(Deleted)。这两张表是建立在数据库服务器的内存中的,是由系统管理的逻辑表,而不是真正存储在数据库中的物理表。对于这两张表,用户只有读取的权限,没有修改的权限。

在触发器的执行过程中,SQL Server 建立和管理这两张临时表。这两张表的结构与触发器所在数据表的结构是完全一致的,其中包含了在激发触发器的操作中插入或删除的所有记录。当触发器的工作完成之后,这两张表也将会从内存中删除。

插入表中存放的是更新后的记录。对于插入记录操作,插入表中存放的是刚插入的数据;对于修改记录操作,插入表中存放的是修改后的记录。

删除表中存放的是更新前的记录。对于修改记录操作,删除表中存放的是修改前的记录(修改完后即被删除);对于删除记录操作,删除表中存放的是被删除的旧记录。

也就是说,用户在执行 INSERT 语句时,所有被添加的记录都会存储在插入表和触发程序表中;用户在执行 DELETE 语句时,从触发程序表中被删除的行会发送到删除表;对于 UPDATE 语句,SQL Server 先将要进行修改的记录存储到删除表中,然后再将修改后的数据插入插入表以及触发程序表中。

下面利用触发器和这两张特殊的表实现级联式数据修改。

【例 11-23】 在附录实验 bankcard 数据库中使用流程控制语句创建 insert 触发器。当向交易记录表(trecord)中添加了一条交易信息时,如果今天某账号交易支出某个金额,则其账户余额减去此金额;如果今天某账号收入某个金额,则其账户余额加上此金额。

```
USE bankcard
GO
CREATE TRIGGER Transactions ON trecord
FOR INSERT
AS
IF (SELECT Expense FROM inserted) IS NOT NULL
UPDATE account SET Balance =Balance- (SELECT Expense FROM inserted)
WHERE AccNO= (SELECT AccNO FROM inserted)
ELSE
UPDATE account SET Balance =Balance+ (SELECT Income FROM inserted)
WHERE AccNO= (SELECT AccNO FROM inserted)
```

【例 11-24】 向交易记录表(trecord)中添加两条交易信息记录,触发此触发器。

```
INSERT Trecord VALUES(getdate(),'412542800335120***06',50,NULL,
'412542800335120***08','北国超市','消费支出')
INSERT Trecord VALUES(getdate(),'412542800335120***08',NULL, 50,
'412542800335120***06','北国超市','销售收入')
```

如果表和表之间存在主、外键约束,那么可以通过 CREATE TABLE 或 ALTER TABLE 命令或通过设置关系图的属性设置级联修改和级联删除。当然,也可以通过触发器编程实现级联修改和级联删除。

触发器可以实现复杂的约束和特殊的约束。下面用一个详细的例子来介绍。

首先在 teaching 数据库中创建 3 张表。

(1) 教师表:包括教师号、姓名和职称属性。

```
CREATE TABLE teacher
( tno int primary key,
  sname char(6),
  prof_title char(10) )
GO
```

(2) 教师工资表:包括教师号、姓名和工资属性。

```
CREATE TABLE teacher_salary
(tno int primary key foreign key references teacher(tno),
  sname char(6),
  salary  int  )
GO
```

（3）工资级别表：包括职称、最小工资和最大工资属性。

```
CREATE TABLE salary_level
(prof_title char(10) primary key,
 minsalary int,
 maxsalary int  )
GO
```

插入数据。

```
INSERT teacher VALUES(1,'郑浩','教授')
INSERT teacher VALUES(2,'王伟','副教授')
INSERT teacher VALUES(3,'李平','讲师')
INSERT salary_level VALUES('教授',10000,12000)
INSERT salary_level VALUES('副教授',7900,10000)
INSERT salary_level VALUES('讲师',6500,8500)
INSERT salary_level VALUES('助教',5900,6900)
```

扫一扫

视频讲解

【例 11-25】 在教师工资表上创建一个触发器，用于实现复杂的约束：在对教师的工资进行录入和修改时，按职称级别进行约束。

```
CREATE TRIGGER teacher_sala1 ON teacher_salary
FOR INSERT, UPDATE
AS
DECLARE @minsalary int, @maxsalary int, @salary int, @prof varchar(10), @tname varchar(10)
SELECT @minsalary=minsalary, @maxsalary=maxsalary, @salary =i.salary,
@prof=t.prof_title, @tname=i.sname
FROM inserted i,salary_level s,teacher t
WHERE s.prof_title =t.prof_title and t.tno=i.tno
IF NOT (@salary BETWEEN @minsalary AND @maxsalary)
BEGIN
  PRINT @tname+'的职称为:'+@prof+'工资应该在'+str(@minsalary)+
' 到 '+str(@maxsalary)+'之间。'
    ROLLBACK
END
```

利用 SQL 语句触发该触发器。

```
INSERT teacher_salary VALUES(1,'郑浩',9800)
```

结果如图 11-19 所示。

图 11-19　插入违反触发器规则的数据（1）

【例 11-26】 在教师工资表上创建一个触发器，用于实现特殊的约束：规定每月的 10 日前发工资，即对教师的工资进行录入时，触发此触发器，时间不对不能录入。

```
CREATE TRIGGER teacher_sala2 ON teacher_salary
FOR INSERT
AS
declare @d int
set @d=day(getdate())
IF @d>10
```

```
BEGIN
PRINT '只能在每月的10日以前发工资,今天是'+str(@d)+'日。'
ROLLBACK
END
```

利用 SQL 语句触发该触发器。

```
INSERT teacher_salary VALUES(2,'王伟',7200)
```

结果如图 11-20 所示。

图 11-20　插入违反触发器规则的数据（2）

【例 11-27】 在触发器中调用存储过程。

首先创建一个 p1 存储过程。

```
CREATE PROC p1 AS
SELECT * FROM student
```

然后为 student 表创建一个 tr1 触发器。

在插入、修改或删除数据时,都会触发此触发器,调用 p1 存储过程。

```
CREATE TRIGGER tr1 ON student
FOR INSERT,UPDATE,DELETE
AS EXEC p1
```

【例 11-28】 主要针对某些列实施监控的列级触发器。

首先,建立登记修改人账号的 change_user 表,表结构如图 11-21 所示。

图 11-21　change_user 表结构

创建 tr_change 触发器,用于登记修改数据者及修改时间等信息。

```
CREATE TRIGGER tr_change
ON course FOR UPDATE
AS
IF UPDATE (classhour)
BEGIN
  INSERT change_user
  VALUES (getdate(),'course.classhour',user_name())
END
ELSE IF UPDATE (credit)
  BEGIN
    INSERT change_user
    VALUES(getdate(),'course.credit',user_name())
  END
```

利用 SQL 语句触发该触发器。

```
UPDATE course SET classhour=5 WHERE cno='C004'
```

结果如图 11-22 所示。

teaching 数据库中其他表上也可以建立相似的触发器,用于登记修改数据者及修改时

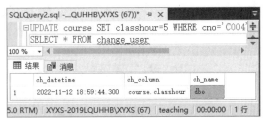

图 11-22　修改 course 表数据后 change_user 表的变化

间等信息，读者可以自行完成。

11.2.4　查看触发器信息及修改触发器

在 SQL Server 2019 中，一般有两种方法查看触发器信息：在 SSMS 中查看触发器信息和使用系统存储过程查看触发器信息。

1. 在 SSMS 中查看触发器信息

在 SSMS 中查看触发器信息的具体步骤如下。

（1）在 SSMS 的对象资源管理器中选择 teaching 数据库，再展开"表"→dbo.student→"触发器"选项，右击要查看的触发器名，如 del_count，在弹出的快捷菜单中选择"编写触发器脚本为"→"CREATE 到"→"新查询编辑器窗口"，如图 11-23 所示。

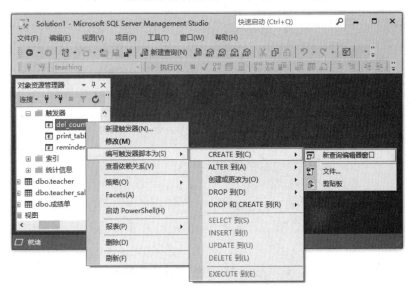

图 11-23　查看触发器信息菜单命令

（2）出现该触发器的 T-SQL 语句内容，如图 11-24 所示。

2. 使用系统存储过程查看触发器信息

sp_help 和 sp_helptext 系统存储过程分别提供有关触发器的不同信息。

（1）通过 sp_help 系统存储过程，可以了解触发器的一般信息，包括名字、拥有者名称、类型、创建时间等。

【例 11-29】　通过 sp_help 存储过程查看 student 表上的 print_table 触发器。

```
sp_help print_table
```

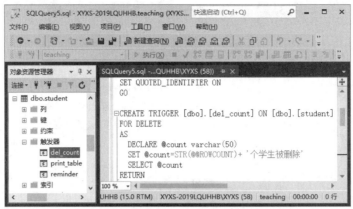

图 11-24　查看 CREATE TRIGGER 创建触发器命令

结果如图 11-25 所示。

（2）通过 sp_helptext 存储过程查看触发器的定义信息。

【例 11-30】　通过 sp_helptext 存储过程查看 student 表上的 print_table 触发器。

```
sp_helptext print_table
```

结果如图 11-26 所示。

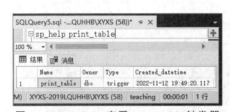

图 11-25　sp_help 查看 print_table 触发器

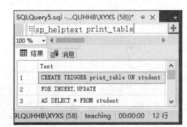

图 11-26　sp_helptext 查看 print_table 触发器

还可以通过使用 sp_helptrigger 系统存储过程查看某张特定表上存在的触发器的某些相关信息。

【例 11-31】　通过 sp_helptrigger 存储过程查看 student 表上的触发器信息。

```
sp_helptrigger student
```

结果如图 11-27 所示。

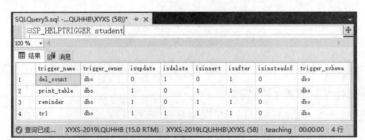

图 11-27　sp_helptrigger 查看 student 表上的触发器信息

3. 修改触发器

在 SSMS 对象资源管理器中，选择 teaching 数据库，展开"表"→dbo.student→"触发器"选项,右击要修改的触发器名称,如 del_count,在弹出的快捷菜单中选择"修改",出现创建触发器的 T-SQL 语句,修改相关的语句即可。

也可以通过使用 SQL Server 2019 提供的 ALTER TRIGGER 语句修改触发器,语法格式如下。

```
ALTER RIGGER trigger_name
    ON { table_name | view }
    [WITH ENCRYPTION ]
{ FOR | AFTER | INSTEAD OF }
    { [ INSERT ] [ DELETE ] [ UPDATE ] }
[NOT FOR REPLICATION ]
    AS sql_statement [...n ]
```

各参数含义与 CREATE TRIGGER 语句中的参数含义相同。

【例 11-32】 修改 teaching 数据库中 student 表上的 reminder 触发器,使得在用户执行添加或修改操作时,自动给出错误提示信息,撤销此次操作。

```
ALTER TRIGGER reminder
ON student
INSTEAD OF INSERT , UPDATE
AS print '你执行的添加或修改操作无效!'
```

11.2.5 禁止、启用和删除触发器

禁用触发器与删除触发器不同,禁用触发器时,仍会为数据表定义该触发器,只是在执行 INSERT、UPDATE 或 DELETE 语句时,除非重新启用触发器,否则不会执行触发器中的操作;而删除触发器是将该触发器在数据表上的定义完全删除,如果想使用此触发器,需重新创建。

1. 禁止和启用触发器

在使用触发器时,用户可能会遇到需要禁止某个触发器起作用的场合。例如,在某些表上不允许批量更新操作,使用的触发器根据 @@ROWCOUNT 进行判断,如果 @@ROWCOUNT 大于预设的值就不允许更新,但是作为数据库管理员难免有批量更新的要求,此时就需要让触发器不起作用,即禁止。

当一个触发器被禁止时,该触发器仍然存在表上,只是触发器的动作将不再执行,直到该触发器被重新启用。ALTER TABLE 语句可以禁止和启用一张表上的一个或全部触发器。禁止和启用触发器的语法格式如下。

```
ALTER TABLE table_name
    [ENABLE | DISABLE] TRIGGER
    [ ALL | trigger_name [ ,...n ] ]
```

参数说明:

(1) ENABLE | DISABLE TRIGGER:指定启用或禁止触发器。当一个触发器被禁止时,它对表的定义依然存在,而当在表上执行 INSERT、UPDATE 或 DELETE 语句时,触发器中的操作将不执行,除非重新启用该触发器。

(2) ALL:指定启用或禁止表上所有触发器。

(3) trigger_name:指定要启用或禁止的一个或几个触发器的名称。

【例 11-33】 禁止 student 表上创建的所有触发器。

```
ALTER TABLE student
DISABLE TRIGGER ALL
```

2. 删除触发器

删除已创建的触发器，一般有以下两种方法。

（1）在 SSMS 对象资源管理器中右击相应的触发器，在弹出的快捷菜单中选择"删除"即可。

（2）使用 T-SQL 中的 DROP TRIGGER 语句删除指定的触发器，具体语法格式如下。

```
DROP TRIGGER trigger_name
```

【例 11-34】 使用 DROP TRIGGER 语句删除 student 表上的 del_count 触发器。

```
USE teaching
GO
DROP TRIGGER del_count
```

注：删除触发器所在的表时，SQL Server 将自动删除与该表相关的触发器。

习题 11

扫一扫
习题

扫一扫
自测题

第12章 事务与并发控制

关系型数据库有 4 个显著的特征,即安全性、完整性、并发性和监测性。

数据库的安全性就是要保证数据库中数据的安全,防止未授权用户随意修改数据库中的数据,确保数据的安全。在大多数数据库管理系统中,主要是通过许可保证数据库的安全性。

完整性是数据库的一个重要特征,也是保证数据库中的数据切实有效、防止错误、实现商业规则的一种重要机制。在数据库中,区别所保存的数据是无用的垃圾还是有价值的信息,主要是依据数据库的完整性是否健全。在 SQL Server 中,数据的完整性是通过一系列逻辑来保障的,这些逻辑分为 3 方面,即实体完整性、域完整性和参照完整性。

对任何系统都可以这样说,没有监测,就没有优化。只有通过对数据库进行全面的性能监测,才能发现影响系统性能的因素和瓶颈,也才能针对瓶颈因素采取切合实际的策略,解决问题,提高系统的性能。

为了充分利用数据库资源,发挥数据库共享资源的特点,应该允许多个用户并行地存取数据库。但这样就会产生多个用户程序并发存取同一数据的情况,若对并发操作不加控制,就可能会存取不正确的数据,破坏数据库的一致性,所以数据库管理系统必须提供并发控制机制。

并发控制机制的好坏是衡量一个数据库管理系统性能的重要标志之一。SQL Server 以事务为单位,通常使用锁实现并发控制。当用户对数据库并发访问时,为了确保事务完整性和数据库一致性,需要使用锁定。这样,就可以保证任何时候都可以有多个正在运行的用户程序,但是所有用户程序都在彼此完全隔离的环境中运行。

本章主要介绍 SQL Server 2019 数据库系统的事务和锁的基本概念、事务和锁的分类及使用,以及通过锁的机制实现事务的并发控制。

12.1 事务简介

扫一扫

视频讲解

事务处理是数据库的主要工作,事务由一系列的数据操作组成,是数据库应用程序的基本逻辑单元,用来保证数据的一致性。SQL Server 提供了几种自动的可以通过编程完成的机制,包括事务日志、SQL 事务控制语句,以及事务处理运行过程中通过锁定保证数据完整性的机制。

事务和存储过程类似,由一系列 T-SQL 语句组成,是 SQL Server 系统的执行单元。在数据库处理数据时，有一些操作是不可分割的整体。例如，用银行卡消费时，首先要在账户扣除资金，然后再添加资金到商家的账户上。在这个过程中，用户所进行的实际操作可以理解成不可分割的，不能只扣除不添加，当然也不能只添加不扣除。

利用事务可以解决上面的问题，即把这些操作放在一个容器里，强制用户执行完所有操作或不执行任何一条语句。事务就是作为单个逻辑工作单元执行的一系列操作，这一系列的操作或者都被执行，或者都不被执行。

在 SQL Server 2019 中，事务要求处理时必须满足 4 个原则，即原子性、一致性、隔离性和持久性。

（1）原子性。事务必须是原子工作单元，对于其数据修改，要么全都执行，要么全都不执行。这一性质即使在系统崩溃之后仍能得到保证，在系统崩溃之后将进行数据库恢复，用来恢复和撤销系统崩溃处于活动状态的事务对数据库的影响，从而保证事务的原子性。系统在对磁盘上的任何实际数据的修改之前都会将这个操作的日志记录到磁盘上。当发生崩溃时，系统能根据日志记录的当时该事务处于的状态，确定是撤销该事务所做的操作，还是将操作提交。

（2）一致性。一致性要求事务执行完成后，将数据库从一个一致状态转变到另一个一致状态。即在相关数据库中，所有规则都必须应用于事务的修改，以保持所有数据的完整性，事务结束时，所有内部数据结构都必须是正确的。例如，在转账的操作中，各账户金额必须平衡，这条规则对于程序员是一个强制的规定。

（3）隔离性。也称为独立性，是指并行事务的修改必须与其他并行事务的修改相互独立。保证事务查看数据时数据所处的状态，只能是另一并发事务修改它之前的状态或者是修改它之后的状态，而不能是中间状态。隔离性意味着一个事务的执行不能被其他事务干扰，即一个事务内部的操作及使用的数据对并发的其他事务是隔离的，并发执行的各个事务之间不能互相干扰。

（4）持久性。在事务完成提交之后，就对系统产生持久的影响，即事务的操作将写入数据库中，无论发生何种机器和系统故障都不应该对其有任何影响。例如，自动柜员机（ATM）在向客户支付一笔钱时，就不用担心丢失客户的取款记录。事务的持久性保证事务对数据库的影响是持久的，即使系统崩溃。

事务的这种机制保证了一个事务或者成功提交，或者失败回滚。因此，事务对数据的修改具有可恢复性，即当事务失败时，它对数据的修改都会恢复到该事务执行前的状态。而使用一般的批处理，则可能出现有的语句被执行，而另一些语句没有被执行的情况，从而有可能造成数据不一致。

12.2 事务的类型

根据事务的系统设置和运行模式的不同，SQL Server 将事务分为多种类型。

12.2.1 根据系统的设置分类

根据系统的设置，SQL Server 将事务分为两种类型：系统事务和用户定义事务。

1. 系统事务

系统事务是指在执行某些语句时，一条语句就是一个事务。但是要明确，一条语句的对象既可能是表中的一行数据，也可能是表中的多行数据，甚至是表中的全部数据。因此，只有一条语句构成的事务也可能包含多行数据的处理。

CREATE、ALTER、DROP、INSERT、UPDATE、DELETE、SELECT、FETCH、OPEN、GRANT、REVOKE、TRUNCATE TABLE 等语句本身就构成了一个事务。

【例 12-1】 使用 CREATE TABLE 语句创建一张表。

```
CREATE TABLE student
(   Id      CHAR(10),
    Name    CHAR(6),
    Sex     CHAR(2)
)
```

这条语句本身就构成了一个事务。

由于没有使用条件限制，那么这条语句就是创建包含 3 列的表。要么创建全部成功，要么全部失败。

2. 用户定义事务

在实际应用中，大多数采用用户定义的事务来处理。在开发应用程序时，可以使用 BEGIN TRANSACTION 语句定义明确的用户定义事务。在使用用户定义事务时，一定要注意事务必须有明确的结束语句。如果不使用明确的结束语句，那么系统可能把从事务开始到用户关闭连接之间的全部操作都作为一个事务来对待。事务的明确结束可以使用 COMMIT TRANSACTION 或 ROLLBACK TRANSACTION 语句。COMMIT 是提交语句，将全部完成的语句明确地提交到数据库中。ROLLBACK 是回滚语句，该语句将事务的操作全部回滚，即表示事务操作失败。

还有一种特殊的用户定义事务，即分布式事务。如果事务是在一个服务器上的操作，其保证的数据完整性和一致性是指一个服务器上的完整性和一致性。但是，如果在比较复杂的环境，可能有多台服务器，那么要保证在多台服务器环境中事务的完整性和一致性，就必须定义一个分布式事务。在这个分布式事务中，所有操作都可以涉及对多个服务器的操作，当这些操作都成功时，那么所有这些操作都提交到相应服务器的数据库中，如果这些操作中有一个操作失败，那么这个分布式事务中的全部操作都将回滚。

12.2.2 根据运行模式分类

根据运行模式的不同，SQL Server 将事务分为 4 种类型：自动提交事务、显示事务、隐式事务和批处理级事务。

1. 自动提交事务

如果没有通过任何语句设置事务，一条 T-SQL 语句就是一个事务，即自动提交事务，语句执行完事务就结束。以前我们使用的每条 T-SQL 语句都可以称作一个自动提交事务。

2. 显式事务

显式事务指每个均以 BEGIN TRANSACTION、COMMIT TRANSACTION 或 ROLLBACK TRANSACTION 语句明确地定义了什么时候开始、什么时候结束的事务。

3. 隐式事务

隐式事务指在前一个事务完成时新事务隐式开始，但每个事务仍以 COMMIT

TRANSACTION 或 ROLLBACK TRANSACTION 语句显式结束。

4. 批处理级事务

批处理级事务是 SQL Server 2005 以后版本的新增功能，该事务只能应用于多个活动结果集（MARS），在 MARS 会话中启动的 T-SQL 显式或隐式事务变为批处理级事务。当批处理完成时，没有提交或回滚的批处理级事务自动由 SQL Server 语句集合分组后形成单个逻辑工作单元。

12.3 事务处理语句

所有 T-SQL 语句本身都是内在的事务。另外，SQL Server 有专门的事务处理语句，这些语句将 SQL 语句集合分组后形成单个逻辑工作单元。事务处理的 T-SQL 语句如下。

（1）定义一个事务的开始：BEGIN TRANSACTTION。

（2）提交一个事务：COMMIT TRANSACTION。

（3）回滚事务：ROLLBACK TRANSACTION。

（4）在事务内设置保存点：SAVE TRANSACTION。

BEGIN TRANSACTION 代表一个事务的开始点，每个事务继续执行直到用 COMMIT TRANSACTION 提交，从而正确地完成对数据库作永久的改动；或者遇到错误用 ROLLBACK TRANSACTION 语句撤销所有改动，即回滚整个事务，也可以回滚到事务内的某个保存点，它也标志一个事务的结束。

1. BEGIN TRANSACTION 语句

BEGIN TRANSACTION 语句定义一个显式事务的起始点，即事务的开始。语法格式为

```
BEGIN { TRAN | TRANSACTION }
[ transaction_name | @tran_name_variable ]
[WITH MARK ['description']]
```

参数说明：

（1）TRANSACTION 关键字可以缩写为 TRAN。

（2）transaction_name：给事务分配的名称，事务可以定义名称，也可以不定义名称，但是只能使用符合标识符规则的名字。

（3）@tran_name_variable：含有效事务名称的变量名，必须用数据类型声明这个变量。

（4）WITH MARK：用于指定在日志中标记事务。

（5）description：描述该标记的字符串。

2. COMMIT TRANSACTION 语句

COMMIT TRANSACTION 语句为提交一个事务，标志一个成功的隐式事务或显式事务的结束。语法格式为

```
COMMIT [{ TRAN | TRANSACTION }
[ transaction_name | @tran_name_variable ] ]
```

对于 COMMIT TRANSACTION 语句需要注意以下两点。

（1）因为数据已经永久修改，所以在 COMMIT TRANSACTION 语句后不能回滚事务。

(2) 在嵌套事务中使用 COMMIT TRANSACTION 时,内部事务的提交并不释放资源,也没有执行永久修改,只有在提交了外部事务时,数据修改才具有永久性而且资源才会被释放。

3. ROLLBACK TRANSACTION 语句

ROLLBACK TRANSACTION 语句将显式事务或隐式事务回滚到事务的起点或事务内的某个保存点,它也标志一个事务的结束。语法格式为

```
ROLLBACK [ { TRAN | TRANSACTION }
[ transaction_name | @tran_name_variable
| savepoint_name | @savepoint_variable ] ]
```

对于 ROLLBACK TRANSACTION 语句需要注意以下几点。

(1) 如果不指定回滚的事务名称或保存点,则 ROLLBACK TRANSACTION 语句会将事务回滚到事务的起点。

(2) 在嵌套事务时,该语句将所有内层事务回滚到最远的 BEGIN TRANSACTION 语句,transaction_name 也只能是来自最远的 BEGIN TRANSACTION 语句的名称。

(3) 执行 COMMIT TRANSACTION 语句后不能回滚事务。

(4) 如果在触发器中执行 ROLLBACK TRANSACITON 语句,将回滚对当前事务中所做的所有数据修改,包括触发器所做的修改。

(5) 事务在执行过程中出现任何达到一定级别的错误,SQL Server 都将自动回滚事务。

4. SAVE TRANSACTION 语句

SAVE TRANSACTION 语句用于在事务内设置保存点。语法格式为

```
SAVE { TRAN | TRANSACTION }
  { savepoint_name | @savepoint_variable }
```

在事务内的某个位置建立一个保存点,使用户可以将事务回滚到该保存点的状态,而不回滚整个事务。

使用事务时应注意以下几点。

(1) 不是所有 T-SQL 语句都能放在事务里,通常 INSERT、UPDATE、DELETE、SELECT 等可以放在事务里,创建、删除、恢复数据库等操作不能放在事务里。

(2) 事务要尽量小,而且一个事务占用的资源越少越好。

(3) 如果在事务中间发生了错误,并不是所有情况都会回滚,只有达到一定的错误级别才会回滚,可以在事务中使用@@Error 变量查看是否发生了错误。

【例 12-2】 定义一个事务,将所有选修了 C004 号课程的学生的分数加 5 分,并提交该事务。

```
DECLARE @t_name CHAR(10)
SET @t_name='add_score'
BEGIN TRANSACTION @t_name
USE teaching
UPDATE sc SET score=score+5
WHERE cno='C004'
COMMIT TRANSACTION @t_name
```

【例 12-3】 定义一个事务,向 student 表中插入一行数据,然后再删除该行。执行后,新插入的数据行并没有被删除。利用事务保存点来完成。

```
BEGIN TRANSACTION
USE teaching
INSERT INTO student(sno,sname,ssex,sbirthday,specialty,grade)
VALUES('2023120001','朱一虹','女','2005-5-6','电子信息','2023级')
SAVE TRAN savepoint
DELETE FROM student WHERE sname='朱一虹'
ROLLBACK TRAN savepoint
COMMIT
```

【例 12-4】 定义一个事务，向 student 表中插入一行数据，如果插入成功，则向 sc 表中插入一行或多行此学生的选课信息，并显示"添加成功"；如果插入失败，则不向 sc 表中插入数据，并显示"添加失败"。

```
BEGIN TRANSACTION
USE teaching
INSERT INTO student VALUES('2023130001','李虹','女','2005-8-16','计算机','2023级')
IF @@Error=0
 BEGIN
   INSERT INTO sc (sno,cno)VALUES('2023130001','C001')
   INSERT INTO sc (sno,cno)VALUES('2023130001','C004')
   PRINT '添加成功！'
   COMMIT
 END
ELSE
 BEGIN
    PRINT '添加失败！'
    ROLLBACK
END
```

【例 12-5】 定义一个转账事务，向附录实验 bankcard 数据库的 trecord 表中插入一行某账号的转出记录数据，以及另一账号的转入记录数据。两个插入操作都会触发 Transactions 触发器，修改相应的余额。

```
BEGIN TRANSACTION
INSERT Trecord VALUES(getdate(),'412542800335120***06',500,NULL, '436742800335120***05',
NULL,'转账支出')
INSERT Trecord VALUES(getdate(),'436742800335120***05',NULL, 500, '412542800335120***06',
NULL,'转账收入')
COMMIT
```

12.4 事务的并发控制

并发控制指的是当多个用户同时更新行时，用于保护数据库完整性的各种技术，目的是保证一个用户的工作不会对另一个用户的工作产生不合理的影响。在某些情况下，这些措施保证了当用户和其他用户一起操作时，所得的结果和他单独操作时的结果是一样的。

■ 12.4.1 并发带来的问题

并发性是指多个用户可以同时对同一数据进行操作，特别是对于网络数据库，这个特点更加突出。提高数据库的处理速度，单单依靠提高计算机的物理速度是不够的，还必须充分考虑数据库的并发性问题，提高数据库并发操作的效率。

当多个用户同时读取或修改相同的数据库资源时，通过并发控制机制可以控制用户的读取和修改。如果多个用户同时访问一个数据库且没有加以控制，则当他们的事务同时使用相同的数据时就可能会发生问题,这些问题包括以下几种情况。

(1) 丢失修改。在一个事务读取一个数据时,另外一个事务也访问该同一数据。那么,在第1个事务中修改了这个数据后,第2个事务也修改了这个数据。这样第1个事务内的修改结果就被丢失,因此称为丢失修改。

例如,事务 T1 读取某表中数据 $A=20$,事务 T2 也读取 $A=20$,事务 T1 修改 $A=A-1$,事务 T2 也修改 $A=A-1$,最终结果 $A=19$,事务 T1 的修改丢失。

(2) 脏读。一个事务正在访问数据,并且对数据进行了修改,而这个修改还没有提交到数据库中,这时,另外一个事务也访问这个数据,然后使用了这个数据。因为这个数据是还没有提交的数据,那么另外一个事务读到的这个数据是"脏数据",依据"脏数据"所做的操作可能是不正确的。

例如,事务 T1 读取某表中数据 $A=20$,并修改 $A=A-1$,写回数据库,事务 T2 读取 $A=19$,事务 T1 回滚了前面的操作,事务 T2 也修改 $A=A-1$,最终结果 $A=18$,事务 T2 读取的就是"脏数据"。

(3) 不可重复读。在一个事务中多次读同一数据。在这个事务还没有结束时,另外一个事务也访问同一数据。那么,在第1个事务中的两次读数据之间,由于第2个事务的修改,那么第1个事务两次读到的数据可能是不一样的。在一个事务内两次读到的数据不一样,就称为不可重复读。

例如,事务 T1 读取某表中数据 $A=20$、$B=30$,求 $C=A+B$,$C=50$,事务 T1 继续往下执行;事务 T2 读取 $A=20$,修改 $A=A*2$,$A=40$;事务 T1 又一次读取数据 $A=40$,$B=30$,求 $C=A+B$,$C=70$;所以,在事务 T1 内两次读到的数据是不一样的,即不可重复读。

(4) 幻读。与不可重复读相似,幻读是指当事务不是独立执行时发生的一种现象。例如,第1个事务对一张表中的全部数据行都进行了某种修改;同时,第2个事务向表中插入了一行数据。那么,以后就会发生操作第1个事务的用户发现表中还有没有修改的数据行,就好像出现了幻觉一样。当对某条记录执行插入或删除操作而该记录属于某个事务正在读取的行的范围时,会发生幻读问题。

为防止出现上述数据不一致的情况,必须使并发的事务串行化,使各事务都按照某种次序进行,从而消除相互干扰,这种机制就是锁。

12.4.2 锁的基本概念

锁是实现并发控制的主要方法,是防止其他事务访问指定的资源、实现并发控制的一种手段,是多个用户能够同时操纵同一个数据库中的数据而不发生数据不一致现象的重要保障。

为了提高系统的性能,加快事务的处理速度,缩短事务的等待时间,应该使锁定的资源最小化。为了控制锁定的资源,应该首先了解系统的空间管理。在 SQL Server 2019 中,最小空间管理单位是页,一页有 8KB。所有数据、日志、索引都存放在页中。另外,使用页有一个限制,这就是表中的一行数据必须在同一页中,不能跨页。页的空间管理单位是簇,一个簇是 8 个连续的页。表和索引的最小占用单位是簇。数据库由一个或多个表或索引组成,即由多个簇组成。

数据库中的锁是一种软件机制,用来指示某个用户已经占用了某种资源,从而防止其他用户作出影响本用户的数据修改或导致数据库数据的不完整性和不一致性。所谓资源,主要指用户可以操作的数据行、索引以及数据表等。根据资源的不同,锁有多粒度的概念,也就是指可以锁定的资源的层次。SQL Server 中能够锁定的资源粒度主要包括数据库、表、页、行标识符(即表中的单行数据)等。

采用多粒度锁的重要用途是支持并发操作和保证数据的完整性。SQL Server 根据用户的请求,作出分析后自动给数据库加上合适的锁。假设某用户只操作一张表中的部分行数据,系统可能会只添加几个行锁或页面锁,这样可以尽可能多地支持多用户的并发操作。但是,如果用户事务中频繁对某张表中的多条记录操作,将导致对该表的许多记录行都加上了行锁,数据库系统中锁的数目会急剧增加,这样就加重了系统负荷,影响系统性能。因此,在数据库系统中,一般都支持锁升级。所谓锁升级,是指调整锁的粒度,将多个低粒度的锁替换成少数的更高粒度的锁,以此降低系统负荷。在 SQL Server 中,当一个事务中的锁较多,达到锁升级门限时,系统自动将行级锁和页面锁升级为表级锁。特别值得注意的是,在 SQL Server 中,锁的升级门限以及锁升级是由系统自动确定的,不需要用户设置。

12.4.3 锁的类型

数据库引擎使用不同类型的锁锁定资源,这些锁确定了并发事务访问资源的方式。
SQL Server 2019 中常见的锁有以下几种。

1. 共享锁

共享锁(Shared Lock,S 锁)允许并发事务读取(SELECT)一个资源。资源上存在 S 锁时,任何其他事务都不能修改数据。一旦已经读取数据,便立即释放资源上的 S 锁,除非在事务生存周期内用锁定提示保留 S 锁。

2. 排他锁

排他锁(Exclusive Lock,X 锁)可以防止并发事务对资源进行访问,其他事务不能读取或修改 X 锁锁定的数据。即 X 锁锁定的资源只允许进行锁定操作的程序使用,其他任何对它的操作均不会被接受。执行数据更新语句(即 INSERT、UPDATE 或 DELETE 语句)时 SQL Server 会自动使用 X 锁,但当对象上有其他锁存在时无法对其加 X 锁。X 锁一直到事务结束才能被释放。

3. 更新锁

更新锁(Update Lock,U 锁)可以防止通常形式的死锁。一般更新模式由一个事务组成,此事务读取记录,获取资源(页或行)的 S 锁,然后修改行,此操作要求锁转换为 X 锁。如果两个事务获得了资源上的 S 锁,然后试图同时更新数据,则一个事务尝试将锁转换为 X 锁。S 锁到 X 锁的转换必须等待一段时间,因为一个事务的 X 锁与其他事务的 S 锁不兼容,此时发生锁等待,而第 2 个事务也试图获取 X 锁以进行更新;由于两个事务都要转换为 X 锁,并且每个事务都等待另一个事务释放 S 锁,因此发生死锁。

U 锁就是为了防止这种死锁而设立的。当 SQL Server 准备更新数据时,首先对数据对象加 U 锁,锁定的数据将不能被修改,但可以读取,所以 U 锁可以与 S 锁共存。等到 SQL Server 确定要进行更新数据操作时,它会自动将 U 锁转换为 X 锁,但当数据对象上有其他 U 锁存在时无法对其加 U 锁锁定。

4. 意向锁（Intent Lock）

如果对一个资源加意向锁（Intent Lock，I 锁），则说明该资源的下层资源正在被加锁（S 锁或 X 锁）——对任意资源加锁时，必须先对它的上层资源加 I 锁。

系统使用 I 锁最小化锁之间的冲突。I 锁建立一个锁机制的分层结构，这种结构依据锁定的资源范围从低到高依次是行级锁、页级锁和表级锁。I 锁表示系统希望在层次低的资源上获得 S 锁或 X 锁。

例如，放置在表级的 I 锁表示一个事务可以在表中的页或行上放置 S 锁。I 锁可以提高性能，这是因为系统只需要在表级检查 I 锁，确定一个事务能否在那张表上安全地获取一个锁，而不需要检查表上的每个行锁或页锁，确定一个事务是否可以锁定整张表。

常用的 I 锁有 3 类：意向共享锁（IS 锁）、意向排他锁（IX 锁）、共享意向排他锁（SIX 锁）。

IS 锁表示某事务有读取低层次资源的意向，把 S 锁放在这些低层次的单个资源上。也就是说，如果对一个数据对象加 IS 锁，表示它的后裔资源拟（意向）加 S 锁。例如，要对某个元组加 S 锁，则要首先对包含该元组的关系和数据库加 IS 锁。

IX 锁表示某事务有修改低层次资源的意向，把 X 锁放在这些低层次的单个资源上。也就是说，如果对一个数据对象加 IX 锁，表示它的后裔资源拟（意向）加 X 锁。例如，要对某个元组加 X 锁，则要首先对包含该元组的关系和数据库加 IX 锁。

SIX 锁是 S 锁和 IX 锁的组合。使用 SIX 锁表示某事务有读取顶层资源和修改一些低层次资源的意向，把 IX 锁放在这些低层次单个资源上。也就是说，如果对一个数据对象加 SIX 锁，表示对它加 S 锁，再加 IX 锁，即 SIX = S + IX。例如，对某张表加 SIX 锁，则表示该事务要读整张表（所以要对该表加 S 锁），同时会更新个别元组（所以要对该表加 IX 锁）。

5. 模式锁

模式锁（Schema Lock）保证当表或索引被另外一个会话使用时，其结构模式不能被删除或修改。SQL Server 系统提供了两种类型的模式锁：模式稳定锁（Sch-S）和模式修改锁（Sch-M）。模式稳定锁确保锁定的资源不能被删除，模式修改锁确保其他会话不能使用正在修改的资源。

执行表的数据定义语言（DDL）操作（如添加列或删除表等）时使用模式修改锁。当编译查询时，使用模式稳定性锁。模式稳定性锁不阻塞任何事务锁，包括 X 锁。因此，在编译查询时，其他事务（包括在表上有 X 锁的事务）都能继续运行，但不能在表上执行 DDL 操作。

6. 大容量更新锁

当将数据大容量复制到表，且指定了 TABLOCK 提示或使用 sp_tableoption 设置了 table_lock_on_bulk 表选项时，将使用大容量更新锁（Bulk Update Lock）。大容量更新锁允许事务将数据并发地大容量复制到同一张表中，同时防止其他不进行大容量复制数据的事务访问该表。

■ 12.4.4 锁的信息

1. 锁的兼容性

在一个事务已经对某个对象锁定的情况下，另一个事务请求对同一个对象的锁定，此时就会出现锁定兼容性问题。当两种锁定方式兼容时，可以同意对该对象的第 2 个锁定请求。如果请求的锁定方式与已挂起的锁定方式不兼容，那么就不能同意第 2 个锁定请求。相反，请求要等到第 1 个事务释放其锁定，并且释放所有其他现有的不兼容锁定为止。

例如，当第 1 个事务控制排他锁时，在第 1 个事务结束并释放排他锁之前，其他事务不能在该资源上获取任何类型的（共享、更新或排他）锁。另一种情况下，如果共享锁已应用到资源，其他事务还可以获取该项目的共享锁或更新锁，即使第 1 个事务尚未完成。但是，在释放共享锁之前，其他事务不能获取排他锁。

资源锁模式有一个兼容性矩阵，显示了与在同一资源上可获取的其他锁相兼容的锁，如表 12-1 所示。

表 12-1　锁的兼容性

锁 A	锁 B					
	IS	S	IX	SIX	U	X
IS	是	是	是	是	是	否
S	是	是	否	否	是	否
IX	是	否	是	否	否	否
SIX	是	否	否	否	否	否
U	是	是	否	否	否	否
X	否	否	否	否	否	否

关于锁的兼容性的一些说明如下。

(1) IX 锁与 IX 锁模式兼容，因为 IX 锁表示打算更新一些行而不是所有行，还允许其他事务读取或更新另一部分行，只要这些行不是其他事务当前所更新的行即可。

(2) 模式稳定性锁与除了模式修改锁之外的所有锁都兼容。

(3) 模式修改锁与其他所有锁都不兼容。

(4) 大容量更新锁只与模式稳定性锁及其他大容量更新锁兼容。

2. 查看锁的信息

在 SQL Server 2019 中，一般可以使用 SSMS 对象资源管理器浏览系统中的锁，也可以使用 sp_lock 系统存储过程或查询 sys.dm_tran_locks 系统表。

(1) 进入 SSMS 对象资源管理器，右击服务器名，在弹出的快捷菜单中选择"活动和监视器"，如图 12-1 所示。

(2) 选择"进程"选项，可以看到锁的具体信息，如图 12-2 所示。

图 12-1　查看锁的信息菜单命令

12.4.5　死锁的产生及解决办法

封锁机制的引入能解决并发用户的数据不一致性问题，但也会引起事务间的死锁问题。在事务和锁的使用过程中，死锁是一个不可避免的现象。

图 12-2　锁的具体信息

在数据库系统中,死锁是指多个用户分别锁定了一个资源,并又试图请求锁定对方已经锁定的资源,这就产生了一个锁定请求环,导致多个用户都处于等待对方释放所锁定资源的状态。通常,根据用户的操作需求使用不同的锁类型锁定资源,然而,当某组资源的两个或多个事务之间有循环相关性时,就会发生死锁现象。

产生死锁的情况一般包括以下两种。

(1) 当两个事务分别锁定了两个单独的对象,这时每个事务都要求在另一个事务锁定的对象上获得一个锁,因此每个事务都必须等待另一个事务释放占有的锁,这时,就发生了死锁。这种死锁是典型的死锁形式。

(2) 在一个数据库中,有若干个长时间运行的事务执行并行的操作,当查询分析器处理一种非常复杂的查询,如连接查询时,那么由于不能控制处理的顺序,有可能发生死锁现象。

在数据库中解决死锁常用的方法如下。

(1) 要求每个事务一次就将要使用的数据全部加锁,否则就不能继续执行。或者,预先规定一个顺序,所有事务都按这个顺序加锁,这样就不会发生死锁。

(2) 允许死锁发生,系统用某些方式诊断当前系统中是否有死锁发生。在 SQL Server 中,系统能够自动定期搜索和处理死锁问题。系统在每次搜索中标识所有等待锁定请求的事务,如果在下一次搜索中该被标识的事务仍处于等待状态,SQL Server 就开始递归死锁搜索。当搜索检测到锁定请求环时,系统将根据事务的死锁优先级别结束一个优先级最低的事务,此后系统回滚该事务,并向该进程发出 1205 号错误信息。这样,其他事务就有可能继续运行了。

死锁优先级的设置语句为 SET DEADLOCK_PRIORITY﹛LOW｜NORMAL﹜。其中,LOW 说明该进程会话的优先级较低,在出现死锁时,可以首先中断该进程的事务。另外,通过设置 LOCK_TIMEOUT 选项能够设置事务处于锁定请求状态的最长等待时间,设置语句为 SET LOCK_TIMEOUT﹛timeout_period﹜。其中,timeout_period 以毫秒为单位。

12.4.6　手工加锁

SQL Server 系统建议让系统自动管理锁,该系统会分析用户的 SQL 语句要求,自动为该请求加上合适的锁,而且在锁的数目太多时,系统会自动进行锁升级。如前所述,升级的门限由系统自动配置,并不需要用户配置。

在实际应用中,有时为了应用程序正确运行和保持数据的一致性,必须人为地给数据库的某张表加锁。例如,在某应用程序的一个事务操作中,需要根据一个编号对几张数据表做

扫一扫

视频讲解

统计操作,为保证统计数据时间的一致性和正确性,从统计第 1 张表开始到全部表结束,其他应用程序或事务不能再对这几张表写入数据,这时该应用程序希望在从统计第 1 张数据表开始或在整个事务开始时能够由程序人为地(显式地)锁定这几张表,这就需要用到手工加锁(也称为显式加锁)技术。

SQL Server 的 SELECT、INSERT、DELETE、UPDATE 语句支持显式加锁。这 4 个语句在显式加锁的语法上类似,下面仅以 SELECT 语句为例给出语法形式。

```
SELECT FROM [ WITH ]
```

其中,[WITH]指需要在该语句执行时添加在该表上的锁类型,所指定的锁类型有以下几种。

(1) HOLDLOCK:在该表上保持共享锁,直到整个事务结束,而不是在语句执行完立即释放所添加的锁。

(2) NOLOCK:不添加共享锁和排他锁,当这个选项生效后,可能读到未提交读的数据或"脏数据",这个选项仅仅应用于 SELECT 语句。

(3) PAGLOCK:指定添加页面锁(否则通常可能添加表锁)。

(4) READCOMMITTED:设置事务为读提交隔离性级别。

(5) READPAST:跳过已经加锁的数据行,这个选项将使事务读取数据时跳过那些已经被其他事务锁定的数据行,而不是阻塞直到其他事务释放锁,READPAST 仅应用于 READ COMMITTED 隔离性级别下事务操作中的 SELECT 语句操作。

(6) EADUNCOMMITTED:等同于 NOLOCK。

(7) REPEATABLEREAD:设置事务为可重复读隔离性级别。

(8) ROWLOCK:指定使用行级锁。

(9) SERIALIZABLE:设置事务为可串行的隔离性级别。

(10) TABLOCK:指定使用表级锁,而不是使用行级或页面级的锁,SQL Server 在该语句执行完后释放这个锁,而如果同时指定了 HOLDLOCK,该锁一直保持到这个事务结束。

(11) TABLOCKX:指定在表上使用排他锁,这个锁可以阻止其他事务读或更新这张表的数据,直到这个语句或整个事务结束。

(12) UPDLOCK:指定在读表中数据时设置修改锁(UPDATE LOCK,U 锁),而不是设置共享锁,该锁一直保持到这个语句或整个事务结束,使用 UPDLOCK 的作用是允许用户先读取数据(而且不阻塞其他用户读数据),并且保证在后来再更新数据时,这一段时间内这些数据没有被其他用户修改。

【例 12-6】 系统自动加排他锁的情况。

新建两个连接,在第 1 个连接中执行以下语句。

```
BEGIN TRAN
UPDATE student SET sname='王一' WHERE sno='2021020001'
WAITFOR DELAY '00:00:30'   --等待 30s
COMMIT TRAN
```

在第 2 个连接中执行以下语句。

```
SELECT * FROM student WHERE sno='2021020001'
```

若执行第 1 条语句后马上执行第 2 条语句,则 SELECT 查询必须等待 UPDATE(系统自动加排他锁)执行完毕才能执行,即要等待 30s。

【例 12-7】 人为加 HOLDLOCK 锁的情况。

新建 3 个连接,在第 1 个连接中执行以下语句。

```
BEGIN TRAN
SELECT * FROM student (HOLDLOCK) --HOLDLOCK 人为加锁
WHERE sno='2021020001'
WAITFOR DELAY '00:00:30'  --等待 30s
COMMIT TRAN
```

在第 2 个连接中执行以下语句。

```
SELECT  *  FROM student WHERE  sno='2021020001'
```

在第 3 个连接中执行以下语句。

```
UPDATE student SET sname='张明明' WHERE sno='2021020001'
```

若执行第 1 个连接中的语句后马上执行第 2 个和第 3 个连接中的语句,则第 2 个连接中的 SELECT 查询可以执行,而第 3 个连接中 UPDATE 操作必须等待第 1 个连接中的共享锁结束后才能执行,即要等待 30s。

由上可见,在 SQL Server 中可以灵活多样地为 SQL 语句显式加锁,若使用恰当,我们完全可以完成一些程序的特殊要求,保证数据的一致性和完整性。对于一般使用者,了解锁机制并不意味着必须使用它。事实上,SQL Server 建议让系统自动管理数据库中的锁,而且一些关于锁的设置选项也没有提供给用户和数据库管理人员。对于特殊用户,通过给数据库中的资源显式加锁,可以满足很高的数据一致性和可靠性要求,只是需要特别注意避免死锁现象的出现。

习题 12

第13章 数据库系统的安全性

安全性对于任何数据库管理系统都是至关重要的,数据库的安全性是指保护数据库以防止因不合法用户的访问而造成数据的泄密或破坏。SQL Server 2019 提供有效的数据访问安全机制,在数据库管理系统中,用检查口令等手段检查用户身份,从而保证只有合法的用户才能进入数据库系统。当用户对数据库执行操作时,系统自动检查用户是否有权限进行这些操作。

加密是指通过使用加密算法和密钥对数据进行模糊处理的过程,是当数据库被破解或备份被窃取后的最后一道防线。通过加密,使得未被授权的人在没有密钥或解密算法的情况下所窃取的数据变得毫无意义。

对于系统管理员、数据库编程人员,甚至每个用户,数据库系统的安全性都是至关重要的。本章首先介绍两种数据库身份验证模式及其设置,服务器登录账号和数据库用户账号的创建方法以及角色和权限的管理,然后介绍几种数据加密算法在数据库加密和解密中的应用。

13.1 身份验证

当用户使用 SQL Server 2019 时,需要经过两个安全性阶段——身份验证阶段和权限认证阶段。

身份验证阶段,用户在 SQL Server 上获得对任何数据库的访问权限之前,必须登录到 SQL Server 2019,并且被认为是合法的。SQL Server 2019 或 Windows 对用户进行验证,如果验证通过,用户就可以连接到 SQL Server 2019 服务器;否则,服务器将拒绝用户登录,从而保证系统的安全性。

用户验证通过后,登录到 SQL Server 2019 服务器,需要检测用户是否有访问服务器中数据的权限,因此需要将登录账号映射为某些数据库的用户,并为数据库用户授予数据访问权限,权限认证可以控制用户对数据库进行的操作。

■ 13.1.1 SQL Server 的身份验证模式

身份验证模式用来确认登录 SQL Server 用户的登录账号和密码的正确性,验证其是否具有连接 SQL Server 的权限。

在身份验证阶段,SQL Server 和 Windows 是组合在一起的,因此 SQL Server 提供了两种确认用户的验证模式——Windows 验证模式和混合验证模式。

1. Windows 验证模式

SQL Server 2019 数据库系统通常运行在 Windows 服务器平台上，Windows 本身具备管理登录、验证用户合法性的能力。SQL Server 使用 Windows 操作系统的安全机制验证用户身份，在这种模式下，用户只要能够通过 Windows 的用户身份验证，即可连接到 SQL Server 2019 服务器，而 SQL Server 本身不需要管理一套登录数据。

在 Windows 验证模式下，SQL Server 检测当前使用 Windows 的用户账户，并在系统注册表中查找该用户，以确定该用户是否有权限登录。这种验证模式只适用于能够进行有效身份验证的 Windows 操作系统，在其他操作系统中无法使用。SQL Server 的登录安全性直接集成到 Windows 的安全上，可以利用 Windows 的安全特性，如安全验证和密码加密、审核、密码过期、最短密码长度，以及在多次登录请求无效后锁定账户。

Windows 验证模式的优点如下。

（1）数据库管理员的工作可以集中在管理数据库上，而不是管理用户账户，对用户账户的管理可以交给 Windows 去完成。

（2）Windows 有更强的用户账户管理工具，可以设置账户锁定、密码期限等。如果不是通过定制扩展 SQL Server，SQL Server 是不具备这些功能的。

（3）Windows 的组策略支持多个用户同时被授权访问 SQL Server。

2. 混合验证模式

混合验证模式使用户可以使用 Windows 身份验证或 SQL Server 身份验证与 SQL Server 2019 服务器连接。它将区分用户账户在 Windows 操作系统下是否可信。对于可信的用户，直接采用 Windows 身份验证模式；否则，SQL Server 2019 会通过账户的存在性和密码的匹配性自行进行验证。例如，允许某些非可信的 Windows 用户连接 SQL Server 2019 服务器，它通过检查是否已设置 SQL Server 2019 登录账户以及输入的密码是否与设置的相符进行验证，如果 SQL Server 2019 服务器未设置登录信息，则身份验证失败，而且用户会收到错误提示信息。

在混合验证模式下，使用哪个模式取决于最初通信时使用的网络库，如果一个用户使用 TCP/IP Sockets 进行登录验证，则将使用 SQL Server 验证模式；如果用户使用命名管道，则登录时使用 Windows 验证。在 SQL Server 验证模式下，处理登录的过程在输入登录名和密码后，SQL Server 在系统注册表中检测输入的登录名和密码，如果输入的登录名和密码正确，就可以登录到 SQL Server 服务器。

混合验证模式的优点如下。

（1）在 Windows 之上创建了另一个安全层次。

（2）支持除了 Windows 用户以外的更大范围的用户连接数据库服务器。

（3）一个应用程序可使用单独的 SQL Server 登录账号和密码。

13.1.2　设置身份验证模式

SQL Server 的安全系统必须保证不能被未通过验证的用户访问。在第 1 次安装 SQL Server 或使用 SQL Server 连接其他服务器时，需要指定验证模式。对于已经指定验证模式的 SQL Server 服务器，在 SQL Server 中还可以进行修改。

在 SSMS 中设置身份验证模式的基本步骤如下。

（1）启动 SSMS，在对象资源管理器中右击目标服务器，在弹出的快捷菜单中选择"属性"，如图 13-1 所示。

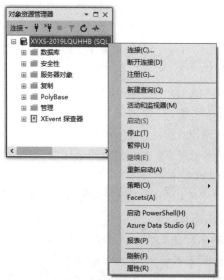

图 13-1　利用对象资源管理器设置身份验证模式

（2）弹出"服务器属性"对话框，选择"安全性"选择页，进入安全性设置，如图 13-2 所示。

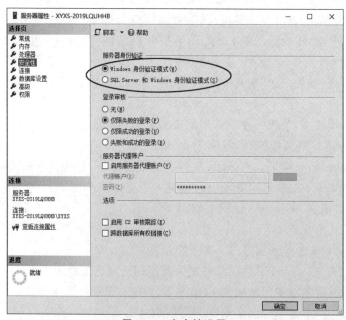

图 13-2　安全性设置

（3）在"服务器身份验证"选项中选择需要的验证模式。还可以在"登录审核"选项中设置需要的审核方式。审核方式取决于安全性要求，4 种审核级别的含义如下。

① 无：不使用登录审核。

② 仅限失败的登录：记录所有失败登录。
③ 仅限成功的登录：记录所有成功登录。
④ 失败和成功的登录：记录所有的登录。

（4）单击"确定"按钮，弹出如图 13-3 所示的对话框，重启 SQL Server 完成服务器登录验证模式的设置。

图 13-3 设置服务器身份验证模式提示

13.2 账号管理

Windows 用户账号和 SQL Server 登录账号允许用户登录到 SQL Server 系统中。如果用户想继续对系统中的某个特定数据库进行操作，就必须有一个数据库用户账号。每个数据库要求单独的用户账号，每个用户账号都拥有该数据库中对象（如表、视图和存储过程等）应用的一些安全权限，用户在数据库中进行的所有活动由 T-SQL 语句传到 SQL Server 的服务器上，以确定是否有权限。

所以，对于每个要使用的数据库，用户必须拥有该数据库的账号。当然，如果没有这些特定的账号，用户也可以使用 guest 账号登录。数据库用户账号可以从已经存在的 Windows 用户账号、Windows 用户组、SQL Server 的登录名或角色映射过来。

■ 13.2.1 服务器登录账号

登录属于服务器级的安全策略，要连接到数据库，首先要存在一个合法的登录账号。创建服务器登录账号的方法有两种：在 SSMS 中通过界面方式创建服务器登录账号和利用 T-SQL 语句创建服务器登录账号。

1. 在 SSMS 中通过界面方式创建服务器登录账号

（1）在 SSMS 的对象资源管理器中展开"安全性"选项。右击"登录名"，在弹出的快捷菜单中选择"新建登录名"，如图 13-4 所示。

（2）弹出"登录名-新建"对话框，首先选择登录的验证模式。如图 13-5 所示，如果选择"Windows 身份验证"，则"登录名"设置为 Windows 登录账号即可，无须设置密码。Windows 的 administrator 在安装 SQL Server 时已经成为其服务器登录用户，如果要为普通 Windows 用户新建 SQL Server 服务器登录用户，可在此完成；如果选择"SQL Server 身份验证"，则需要设置一个"登录名"和"密码"。最后都可以进行其他参数的设置。

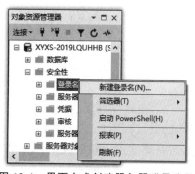

图 13-4 界面方式创建服务器登录账号

（3）选择"服务器角色"选择页，进行服务器角色

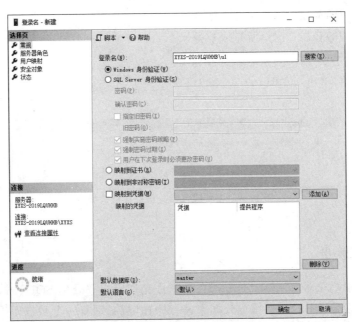

图 13-5 "登录名-新建"对话框

设定,如图 13-6 所示,如果此登录账号的用户为本服务器的管理员,可以为其添加服务器角色,否则不为其添加任何服务器角色。

图 13-6 服务器角色设定

(4) 选择"用户映射"选项页,进行映射设置,可以为这个新建的登录名添加映射到此登录名的数据库用户(注意,如果是 Windows 用户,删除其前面的主机名),并添加数据库角色,从而使该用户获得数据库的相应角色对应的数据库权限。同样,也可以不为此用户添加任何数据库角色,如图 13-7 所示。

(5) 单击"确定"按钮,服务器登录账号创建完毕。

第13章 数据库系统的安全性

图 13-7 映射设置

2. 查看服务器登录账号

可以使用对象资源管理器查看登录账号。在 SSMS 对象资源管理器中展开"安全性"→"登录名"选项,即可看到系统创建的默认登录账号以及建立的其他登录账号,如图 13-8 所示。

图 13-8 查看服务器登录账号

3. 使用 T-SQL 语句创建服务器登录账号

使用 T-SQL 语句创建服务器登录账号的语法格式如下。

```
CREATE LOGIN login_name { WITH <option_list1> | FROM <sources> }
<option_list1>::=
    PASSWORD = { 'password' | hashed_password HASHED } [ MUST_CHANGE ]
    [ , <option_list2> [ ,... ] ]
<option_list2>::=
```

```
    SID = sid
    | DEFAULT_DATABASE = database
    | DEFAULT_LANGUAGE = language
    | CHECK_EXPIRATION = { ON | OFF }
    | CHECK_POLICY = { ON | OFF }
    | CREDENTIAL = credential_name
<sources>::=
    WINDOWS [ WITH <windows_options>[,...] ]
    | CERTIFICATE certname
    | ASYMMETRIC KEY asym_key_name
<windows_options>::=
    DEFAULT_DATABASE = database
| DEFAULT_LANGUAGE = language
```

参数说明：

（1）login_name：指定创建的登录名。有 4 种类型的登录名：SQL Server 登录名、Windows 登录名、证书映射登录名和非对称密钥映射登录名。如果创建的登录名从 Windows 账号映射而来，则必须使用[< domainName >\< login_name >]格式的登录名。SQL Server 身份验证登录必须是符合标识符命名规则的登录名。

（2）PASSWORD = 'password'：适用于仅限 SQL Server 登录名的登录。指定正在创建的登录名的密码。

（3）PASSWORD = hashed_password：仅适用于 HASHED 关键字。指定要创建的登录名的密码的哈希值。

（4）MUST_CHANGE：适用于 SQL Server 仅限的登录。如果包括此选项，则 SQL Server 将在首次使用新登录名时提示用户输入新密码。

（5）DEFAULT_DATABASE = database：指定将指派给登录名的默认数据库。如果未包括此选项，则默认数据库将设置为 master。

（6）DEFAULT_LANGUAGE = language：指定将指派给登录名的默认语言。如果未包括此选项，则默认语言将设置为服务器的当前默认语言。即使将来服务器的默认语言发生更改，登录名的默认语言也仍保持不变。

（7）CHECK_EXPIRATION = { ON | OFF }：适用于 SQL Server 仅限的登录。指定是否应对此登录账号强制实施密码过期策略。默认值为 OFF。

（8）CHECK_POLICY = { ON | OFF }：适用于 SQL Server 仅限的登录。指定应对此登录名强制实施运行 SQL Server 的计算机的 Windows 密码策略。默认值为 ON。

（9）WINDOWS：指定将登录名映射到 Windows 登录名。

（10）CERTIFICATE certname：指定将与此登录名关联的证书名称。此证书必须已存在于 master 数据库中。

（11）ASYMMETRIC KEY asym_key_name：指定将与此登录名关联的非对称密钥的名称。此密钥必须已存在于 master 数据库中。

【例 13-1】 使用 T-SQL 语句创建一个 SQL Server 账号 u2，密码为 123456。

```
CREATE LOGIN u2
WITH PASSWORD='123456',
CHECK_POLICY=OFF
```

如果要通过 T-SQL 语句将前面的 Windows 账号 u1 创建为 SQL Server 登录账号，则使用以下 T-SQL 命令。

```
CREATE LOGIN [XYXS-2019LQUHHB\u1]
FROM WINDOWS
```

扫一扫
视频讲解

13.2.2 数据库用户账号

用户是数据库级的安全策略，在为数据库创建新的用户前，必须存在创建用户的一个登录或使用已经存在的登录创建用户。用户登录后，如果想要操作数据库，还必须有一个数据库用户账号，然后为这个数据库用户设置某种角色，才能进行相应的操作。如果在创建服务器登录账号时没有利用"用户映射"选项设置其为某数据库用户，可以通过以下方式设置。

1. 在 SSMS 中通过界面方式创建数据库用户账号

（1）在 SSMS 对象资源管理器中选择要创建用户的数据库，如 teaching。展开该数据库的"安全性"选项，右击"用户"，在弹出的快捷菜单中选择"新建用户"，如图 13-9 所示。

（2）弹出"数据库用户－新建"对话框，在"常规"选择页中，用户类型有 5 种选择，这里只介绍 Windows 用户和带登录名的 SQL 用户，其他 3 种请读者自行了解。这里选择"带登录名的 SQL 用户"，填写要创建的登录名，如 u2，选择此用户的服务器登录名为例 13-1 创建的 u2；选择"默认架构"名称，可以默认为 dbo，如图 13-10 所示。

图 13-9　新建数据库用户菜单命令

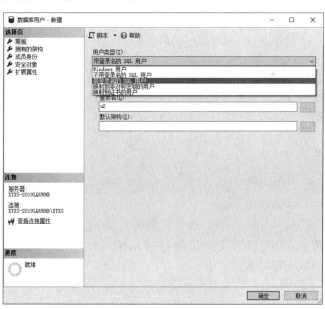

图 13-10　新建数据库用户

（3）单击"安全对象"选择页，进行权限设置，如图 13-11 所示。"安全对象"选择页主要用于设置数据库用户拥有的能够访问的数据库对象以及相应的访问权限。单击"搜索"按钮为该用户添加数据库对象，并为添加的对象添加显式权限。

（4）单击"确定"按钮，完成此数据库用户的创建。详细步骤见 13.4.2 节。

2. 查看数据库用户

可以使用对象资源管理器查看数据库用户。在 SSMS 对象资源管理器中选择要查看的数据库，展开其"安全性"→"用户"选项，则显示目前数据库中的所有用户，如图 13-12

所示。

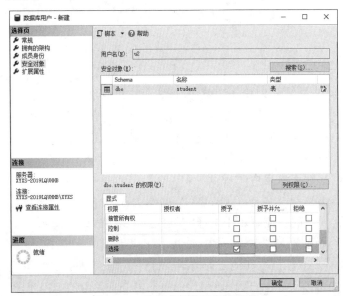

图 13-11 数据库用户的权限设置

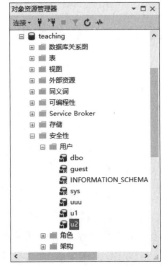

图 13-12 查看数据库用户

3. 使用 T-SQL 语句创建数据库用户账号

使用 T-SQL 语句创建数据库用户的语法格式如下。

```
CREATE USER user_name
    [ { { FOR | FROM }
        {
          LOGIN login_name
          | CERTIFICATE cert_name
          | ASYMMETRIC KEY asym_key_name
        }
        | WITHOUT LOGIN
    ]
    [ WITH DEFAULT_SCHEMA = schema_name ]
```

参数说明：

(1) user_name：指定在此数据库中用于识别该用户的名称，它的长度最多为 128 个字符。在创建基于 Windows 主体的用户时，除非指定其他用户名，否则 Windows 主体名称将成为用户名。

(2) login_name：指定要为其创建数据库用户的登录名。login_name 必须是在服务器中的有效登录名，可以是基于 Windows 主体（用户或组）的登录名，也可以是使用 SQL Server 身份验证的登录名。当以 SQL Server 登录名进入数据库时，它将获取正在创建的这个数据库用户的名称和 ID。在创建登录名从 Windows 主体映射时，使用[＜domainName＞\＜loginName＞]格式。

(3) DEFAULT_SCHEMA＝schema_name：指定服务器为此数据库用户解析对象名时将搜索的第 1 个架构，默认为 dbo。

【例 13-2】 使用 T-SQL 语句在 teaching 数据库中创建一个数据库用户 u1，对应的服务器登录账号为 XYXS-2019LQUHHB\u1。

```
CREATE USER u1 FOR LOGIN [XYXS-2019LQUHHB\u1]
```

13.3 角色管理

角色是一种 SQL Server 安全账户,是 SQL Server 内部的管理单元,是管理权限时可以视为单个单元的其他安全账户的集合。角色包含 SQL Server 登录、Windows 登录、组或其他角色(与 Windows 中的用户组类似),若用户被加入某个角色,则具有该角色的权限。可以建立一个角色代表单位中一类工作人员所执行的工作,然后给这个角色授予适当的权限。

利用角色,SQL Server 管理者可以将某些用户设置为某个角色,这样只对角色进行权限设置便可以实现对所有用户权限的设置,极大地减少了管理员的工作量。SQL Server 提供了用户通常管理工作的预定义服务器角色和数据库角色。如果有好几个用户需要在一个特定的数据库中执行一些操作,数据库拥有者可以在这个数据库中加入一个角色。

一般而言,角色是为特定的工作组或任务分类而设置的,用户可以根据自己所执行的任务成为一个或多个角色的成员。当然,用户可以不必是任何角色的成员,也可以为用户分配个人权限。

SQL Server 的安全体系结构中包括几个含有特定隐含权限的角色。除了两类预定义的角色,数据库拥有者还可以自己创建角色,这些角色分为 3 类:固定服务器角色、固定数据库角色和自定义数据库角色。

13.3.1 固定服务器角色

固定服务器角色是在服务器级别定义的,所以存在于数据库外,是属于数据库服务器的。在 SQL Server 安装时就创建了在服务器级别上应用的大量预定义的角色,每个角色对应着相应的管理权限。这些固定服务器角色用于授权给 DBA(数据库管理员),拥有某种或某些角色的 DBA 就会获得与相应角色对应的服务器管理权限。

通过给用户分配固定服务器角色,可以使用户具有执行管理任务的角色权限。根据 SQL Server 的管理任务以及这些任务相对的重要性等级把具有 SQL Server 管理职能的用户划分为不同的用户组,每组所具有的管理 SQL Server 的权限都是 SQL Server 内置的,即不能对其进行添加、修改和删除,只能向其中加入用户或其他角色。因此,固定服务器角色的维护比单个权限维护更容易些,但是固定服务器角色不能修改。

SQL Server 2019 在安装时定义的几个固定服务器角色,具体权限描述如下。

(1) sysadmin(System Administrators):可以在 SQL Server 中执行任何活动。

(2) serveradmin(Server Administrators):可以设置服务器范围的配置选项,还可以关闭服务器。

(3) setupadmin(Setup Administrators):可以管理连接服务器和启动过程。

(4) securityadmin(Security Administrators):可以管理登录和创建数据库的权限,还可以读取错误日志和更改密码。

(5) processadmin(Process Administrators):可以管理在 SQL Server 中运行的进程。

(6) dbcreator(Database Creators):可以创建、更改和删除数据库。

(7) diskadmin(Disk Administrators):可以管理磁盘文件。

(8) bulkadmin(Bulk Administrators):可以执行 BULK INSERT(大容量插入语句)。

在 SSMS 中，可以按以下步骤为用户分配固定服务器角色，从而使该用户获取相应的权限。

（1）在对象资源管理器中展开服务器的"安全性"→"登录名"选项，右击要添加固定服务器角色的登录账号，如 XYXS-2019LQUHHB\u1，在弹出的快捷菜单中选择"属性"，如图 13-13 所示。

图 13-13　为登录账号分配固定服务器角色

（2）弹出"登录属性-XYXS-2019LQUHHB\u1"对话框，单击"服务器角色"选择页，选择一个要为其添加的角色，如 dbcreator，单击"确定"按钮，添加完成，如图 13-14 所示。

图 13-14　为登录账号添加服务器角色

■ 13.3.2　数据库角色

在安装 SQL Server 2019 时，数据库级别上也有一些预定义的角色，在创建每个数据库时都会添加这些角色到新创建的数据库中,每个角色对应着相应的权限。这些数据库角色用于授权给数据库用户,拥有某种或某些角色的用户会获得相应角色对应的权限。

也可以为数据库添加角色,然后把角色分配给用户,使用户拥有相应的权限,在 SSMS 中,给用户添加角色(或者叫作将角色授权给用户)的操作与将固定服务器角色授予用户的方法类似,通过相应角色的属性对话框可以方便地添加用户,使用户成为角色成员。

1. 固定数据库角色

固定数据库角色是为某个或某组用户授予不同级别的管理或访问数据库以及数据库对象的权限,这些权限是数据库专有的,并且还可以使一个用户具有属于同一个数据库的多个角色。

SQL Server 2019 在安装时定义的几个固定数据库角色,具体权限描述如下。

(1) db_owner:具有数据库中的全部权限。

(2) db_accessadmin:可以添加和删除用户。

(3) db_securityadmin:可以管理全部权限、对象所有权限,拥有角色和角色成员资格。

(4) db_ddladmin:可以发出除 GRANT、REVOKE、DENY 之外的所有数据定义语句。

(5) db_backupoperator:具有备份数据库的权限。

(6) db_datareader:可以选择数据库内任何用户表中的所有数据。

(7) db_datawriter:可以更改数据库内任何表中的所有数据。

(8) db_denydatareader:不能选择数据库内任何用户表中的任何数据。

(9) db_denydatawriter:不能更改数据库内任何用户表中的任何数据。

(10) public:最基本的数据库角色。每个用户可以不属于其他 9 个固定数据库的角色,但至少会属于 public 数据库角色,当在数据库中添加新用户账号时,SQL Server 2019 会自动将新的用户账号加入 public 数据库角色中。

2. 自定义数据库角色

创建用户自定义的数据库角色就是创建一组用户,这些用户具有相同的一组权限。如果一组用户需要执行在 SQL Server 中指定的一组操作并且不存在对应的 Windows 组,或者没有管理 Windows 用户账号的权限,就可以在数据库中建立一个用户自定义的数据库角色。

另外,创建用户自定义数据库角色时,创建者需要完成一系列任务:创建新的数据库角色;分配权限给创建的角色;将这个角色授予某个用户。

在 SSMS 中创建用户自定义数据库角色操作的具体步骤如下。

(1) 在 SSMS 对象资源管理器中展开要添加新角色的目标数据库的"安全性"→"角色"选项,右击"数据库角色",在弹出的快捷菜单中选择"新建数据库角色",如图 13-15 所示。

(2) 弹出"数据库角色-新建"对话框,单击"常规"选项页,添加角色名称和所有者,并选择此角色所拥有的架构。在此对话框中,也可以单击"添加"按钮为新

图 13-15 新建用户自定义数据库角色

创建的角色添加用户,如图 13-16 所示。

图 13-16 "数据库角色-新建"对话框

(3) 单击"安全对象"选择页,单击"搜索"按钮,弹出"添加对象"对话框,如图 13-17 所示。

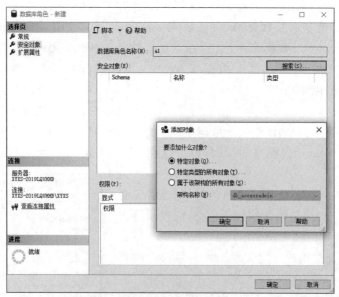

图 13-17 添加对象

(4) 选择"特定对象",单击"确定"按钮。弹出"选择对象"对话框,单击"对象类型"按钮,弹出"选择对象类型"对话框,这里选择"表"选项,单击"确定"按钮,如图 13-18 所示。

(5) 返回"选择对象"对话框,单击"浏览"按钮,弹出"查找对象"对话框,选择设置此角色的表,如 student 表,如图 13-19 所示。

(6) 单击"确定"按钮。接着进行权限设置,可以为新创建的角色添加所拥有的数据库

第13章 数据库系统的安全性

图 13-18 选择对象类型

图 13-19 查找对象

对象的访问权限,如图 13-20 所示。

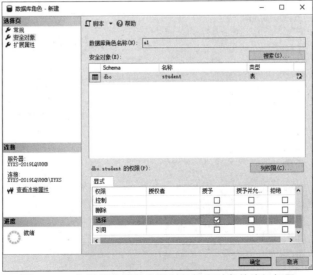

图 13-20 为新创建的角色添加数据库对象的访问权限

· 239 ·

(7) 单击"确定"按钮，自定义数据库角色创建完成。

13.3.3 应用程序角色

应用程序角色是一种比较特殊的由用户定义的数据库角色。

应用程序角色是用来控制应用程序存取数据库的，本身不包含任何成员。在编写数据库的应用程序时，可以自定义应用程序角色，让应用程序的操作能用编写的程序存取 SQL Server 的数据。也就是说，应用程序的操作者本身并不需要在 SQL Server 2019 上拥有登录账号以及用户账号，但是仍然可以存取数据库。

如果想让某些用户只能通过特定的应用程序间接地存取数据库中的数据，而不是直接地存取数据库数据，就应该考虑使用应用程序角色。当某个用户使用了应用程序角色时，便放弃了已被赋予的所有数据库专有权限，所拥有的只是应用程序角色被设置的权限。

应用程序角色可以加强对某个特别的应用程序的安全性。换句话说，允许应用程序自己代替 SQL Server 接管用户验证的职责。例如，某公司职员只是用某个特定的应用程序修改员工数据信息，那么就可以建立应用程序角色。

应用程序角色和所有其他的角色都有很大不同，主要表现在以下两方面。

(1) 应用程序角色没有成员，因为它们只在应用程序中使用，不需要直接对某些用户赋予权限。

(2) 必须为应用程序角色设计一个密码以激活它。

应用程序角色被应用程序的会话激活以后，会话就会失去所有属于登录、用户账号或角色的权限，因为这些角色都只适用于它们所在的数据库内部，所以会话只能通过 guest 用户账号的权限访问其他数据库。因此，如果在数据库中没有 guest 用户账号，会话就不能获得访问数据库的权限。

在 SSMS 中创建应用程序角色的步骤如下。

(1) 在 SSMS 对象资源管理器展开要建立应用程序角色的目标数据库的"安全性"→"角色"选项，右击"应用程序角色"，在弹出的快捷菜单中选择"新建应用程序角色"。

(2) 弹出"应用程序角色-新建"对话框，如图 13-21 所示，输入角色名称、密码等。

图 13-21 创建应用程序角色

(3) 单击"确定"按钮,应用程序角色创建完成。

当一个数据库连接启动以后,必须执行 sp_setapprole 系统存储过程激活应用程序角色所拥有的权限。语法格式为:

```
sp_setapprole
[@rolename] 'role' [@passwd=] 'password' [,[@encrypt=] 'encrypt-style']
```

其中,role 是当前数据库中已经定义过的应用程序角色的名称;password 表示密码;encrypt_style 定义密码的加密模式。

注意:激活应用程序角色以后,就不能让这个角色无效,而必须等到会话断开之后;应用程序角色总是和数据库绑定的,也就是说,它作用的范围是当前数据库。如果在会话中改变了当前数据库,那么就只能做那个数据库中允许的操作。

13.4 权限管理

权限用于控制对数据库对象的访问,以及指定用户对数据库可以执行的操作,用户在登录到 SQL Server 之后,其用户账号所归属的 Windows 组或角色所被赋予的权限决定了该用户能够对哪些数据库对象执行哪种操作,以及能够访问、修改哪些数据。

13.4.1 权限的类别

用户可以设置服务器和数据库的权限。服务器权限允许数据库管理员执行管理任务,数据库权限用于控制对数据库对象的访问和语句执行。用户只有在具有访问数据库的权限之后,才能够对服务器上的数据库进行权限下的各种操作。

1. 服务器权限

服务器权限允许数据库管理员执行任务,这些权限定义在固定服务器角色中。这些固定服务器角色可以分配给登录用户,但这些角色是不能修改的。一般只把服务器权限授给 DBA(数据库管理员),他不需要修改或授权给别的用户登录。在 13.3.1 节中已有过详细介绍,不再赘述。

2. 数据库对象权限

数据库对象是授予用户允许他们访问数据库中对象的一类权限,对象权限对于使用 SQL 语句访问表或视图是必需的。除了数据库中的对象权限外,还可以给用户分配数据库权限。SQL Server 2019 对数据库权限进行了扩充,增加了许多新的权限,这些数据库权限除了授权用户可以创建数据库对象和进行数据库备份外,还增加了一些更改数据库对象的权限。

13.4.2 权限操作

SQL Server 2019 中的权限控制操作,可以通过在 SSMS 中对用户的权限进行设置,也可以使用 T-SQL 提供的 GRANT(授予)、REVOKE(撤销)和 DENY(禁止)语句完成。

1. 在 SSMS 中设置权限

在 SSMS 中给用户设置权限的具体步骤如下。

(1) 在 SSMS 对象资源管理器中展开目标数据库的"安全性"→"用户"选项,右击目标用户,在弹出的快捷菜单中选择"属性",如图 13-22 所示。

(2) 弹出"数据库用户"对话框,单击"安全对象"选择页,进行权限设置。单击"搜索"按钮,弹出"添加对象"对话框,选择要添加的对象类别(如"特定对象"),然后单击"确定"按钮,如图 13-23 所示。

图 13-22 为用户设置权限

图 13-23 "添加对象"对话框

(3) 在"选择对象"对话框中,单击"对象类型"按钮。弹出"选择对象类型"对话框,选择需要添加权限的对象类型,如图 13-24 所示。最后单击"确定"按钮。

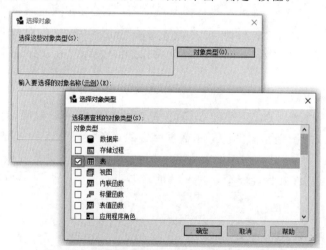

图 13-24 "选择对象"及"选择对象类型"对话框

(4) 返回"选择对象"对话框,在该对话框中出现了刚才选择的对象类型。单击该对话框中的"浏览"按钮,弹出"查找对象"对话框,依次选择要添加权限的对象,单击"确定"按钮,如图 13-25 所示。

(5) 再次返回"选择对象"对话框,已包含了选择的对象,确定无误后,单击"确定"按钮,

第13章 数据库系统的安全性

图 13-25 "查找对象"对话框

完成对象选择操作。回到"数据库用户"对话框,其中已包含用户添加的对象,依次选择每个对象,并在下面的该对象的"显式权限"窗口中根据需要勾选"授予/拒绝"列的复选框,添加或禁止对该(表)对象的相应访问权限。设置完每个对象的访问权限后,单击"确定"按钮,完成给用户添加数据库对象权限所有操作,如图 13-26 所示。

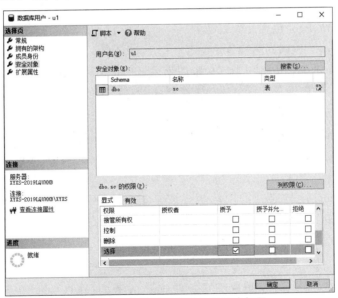

图 13-26 为数据库用户设置显式权限

2. 使用 T-SQL 语句设置权限

数据库内的权限始终授予数据库用户、角色和 Windows 用户或组,但从不授予 SQL Server 登录。为数据库内的用户或角色设置适当权限的方法有 GRANT 授予权限、DENY 禁止权限和 REVOKE 撤销权限。

1)授权语句

T-SQL 语句中的 GRANT 命令的语法格式如下。

```
GRANT { ALL [ PRIVILEGES ] }
   | permission [ ( column [ ,...n ] ) ] [ ,...n ]
   [ ON [ class :: ] securable ] TO principal [ ,...n ]
   [ WITH GRANT OPTION ] [ AS principal ]
```

参数说明：

（1）ALL：不推荐使用此选项，保留此选项仅用于向后兼容。它不会授予所有可能的权限。授予 ALL 参数相当于授予以下权限。

如果安全对象是数据库，则 ALL 对应 BACKUP DATABASE、BACKUP LOG、CREATE DATABASE、CREATE DEFAULT、CREATE FUNCTION、CREATE PROCEDURE、CREATE RULE、CREATE TABLE 和 CREATE VIEW。

如果安全对象是标量函数，则 ALL 对应 EXECUTE 和 REFERENCES。

如果安全对象是表值函数，则 ALL 对应 DELETE、INSERT、REFERENCES、SELECT 和 UPDATE。

如果安全对象是存储过程，则 ALL 对应 EXECUTE。

如果安全对象是表，则 ALL 对应 DELETE、INSERT、REFERENCES、SELECT 和 UPDATE。

如果安全对象是视图，则 ALL 对应 DELETE、INSERT、REFERENCES、SELECT 和 UPDATE。

（2）PRIVILEGES：包含此参数是为了符合 ISO 标准。

（3）permission：权限的名称。

（4）column：指定表中将授予其权限的列的名称。需要使用括号（ ）。

（5）class：指定将授予其权限的安全对象的类。需要使用范围限定符 ::。

（6）securable：指定将授予其权限的安全对象。

（7）TO principal：主体的名称。可为其授予安全对象权限的主体，随安全对象而异。

（8）GRANT OPTION：指示被授权者在获得指定权限的同时还可以将指定权限授予其他主体。

（9）AS principal：指定一个主体，执行该查询的主体从该主体获得授予该权限的权利。

在以下示例中，首先假定所有被授权的登录用户已存在。

【例 13-3】 把查询 student 表的权限授予用户 u1。

```
GRANT SELECT ON student TO u1
```

执行此操作后，用户 u1 就被授予了查询 student 表的权限。可以在 SSMS 中查看到用户 u1 被授予了 student 表的 SELECT 权限。展开 teaching 数据库的"用户"选项，右击目标用户 u1，在弹出的快捷菜单中选择"属性"。

在"数据库用户-u1"对话框中选择"安全对象"选择页，可以看到用户 u1 拥有了对 sc 表和 student 表的"选择"权限，如图 13-27 所示。此时，用户 u1 登录 SQL Server 就可以对 sc 表和 student 表进行 SELECT 操作。

【例 13-4】 把 student 表的所有数据操作权限授予用户 u2 和 u3。

```
GRANT SELECT,INSERT,UPDATE,DELETE ON student TO u2,u3
```

执行此操作后，用户 u2 和 u3 就被授予了对 student 表的 SELECT、INSERT、

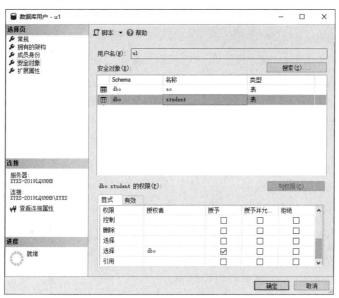

图 13-27　用户 u1 的权限

UPDATE、DELETE 权限。可以在 SSMS 中查看到用户 u2 和 u3 被授予了 student 表的 SELECT、INSERT、UPDATE、DELETE 权限。此时,用户 u2 或 u3 登录 SQL Server,就可以对 student 表进行所有这些操作。

【例 13-5】　把对 sc 表的查询权限授予所有用户。

```
GRANT SELECT ON sc TO PUBLIC
```

执行此操作后,所有用户都被授予了对 sc 表的查询权限。可以在 SSMS 中查看到 PUBLIC 用户被授予了 sc 表的 SELECT 权限。此时,所有登录用户都可以对 sc 表进行 SELECT 操作。

【例 13-6】　把查询 student 表和修改学生学号的权限授予用户 u4。

```
GRANT SELECT,UPDATE(sno) ON student TO u4
```

【例 13-7】　把向 sc 表插入数据的权限授予用户 u5,并允许用户 u5 再将此权限授予其他用户。

```
GRANT INSERT ON sc TO u5 WITH GRANT OPTION
```

执行此操作后,用户 u5 被授予了向 sc 表插入数据的权限,同时允许用户 u5 再将此权限授予其他用户。例如,用户 u5 向用户 u6 授予向 sc 表插入数据的权限,并允许用户 u6 再将此权限授予其他用户,语句如下。

```
GRANT INSERT ON sc TO u6 WITH GRANT OPTION
```

执行此操作后,用户 u6 被授予了向 sc 表插入数据的权限,同时允许用户 u6 再将此权限授予其他用户。例如,用户 u6 向用户 u7 授予向 sc 表插入数据的权限,用户 u7 不能再将此权限授予其他用户,语句如下。

```
GRANT INSERT ON sc TO u7
```

【例 13-8】　把对男生视图的查询和插入数据的权限授予用户 U2。

```
GRANT SELECT,INSERT ON male_view TO U2
```

【例 13-9】 将 select 表值函数 st_func 的权限授予用户 u1。

```
GRANT SELECT ON st_func TO u1
```

【例 13-10】 将在 teaching 数据库中建表的权限授予用户 u8。

```
USE teaching
GRANT create table TO u8
```

2）撤销权限语句

T-SQL 语句中的 REVOKE 命令的语法格式如下。

```
REVOKE [ GRANT OPTION FOR ]
    {
      [ ALL [ PRIVILEGES ] ]
      |permission [ ( column [ ,...n ] ) ] [ ,...n ]
    }
    [ ON [ class :: ] securable ]
    { FROM } principal [ ,...n ]
    [ CASCADE ] [ AS principal ]
```

与 GRANT 命令中不同的参数说明如下。

（1）GRANT OPTION FOR：指示将撤销授予指定权限的能力。使用此参数时，需同时使用 CASCADE 参数。

（2）CASCADE：指示当前正在撤销的权限也将从其他被该主体授权的主体中撤销。使用 CASCADE 参数时，如果同时指定 GRANT OPTION FOR 参数，则只撤销该主体授予指定权限的能力及其授予给其他主体的权限。

【例 13-11】 撤销用户 u4 修改 student 表学号的权限。

```
REVOKE UPDATE(sno) ON student FROM u4
```

【例 13-12】 撤销所有用户对 sc 表的查询权限。

```
REVOKE SELECT ON sc FROM PUBLIC
```

【例 13-13】 撤销用户 u5 对 sc 表的 INSERT 权限。

```
REVOKE INSERT ON sc FROM u5 CASCADE
```

注意：执行此操作后，用户 u5 被撤销了向 sc 表插入数据的权限，用户 u5 授予其他用户的此权限也被一并撤销，包括用户 u6 和 u7。

3）禁止权限语句

T-SQL 语句中的 DENY 命令的语法格式如下。

```
DENY { ALL [ PRIVILEGES ] }
     | permission [ ( column [ ,...n ] ) ] [ ,...n ]
     [ ON [ class :: ] securable ] TO principal [ ,...n ]
     [ CASCADE ] [ AS principal ]
```

各参数的含义与 GRANT 和 REVOKE 命令完全相同。

DENY 语句禁止对 SQL Server 2019 的特定数据库对象的权限，防止主体通过其组或角色成员身份继承权限。

【例 13-14】 禁止用户 u1 对 course 表的 SELECT 权限。

```
DENY SELECT ON course TO u1
```

【例 13-15】 禁止用户 u2 对 GetStudent 存储过程的 EXECUTE 权限。

```
DENY EXECUTE ON GetStudent TO u2
```

13.5 数据加密

加密是一种帮助保护数据的机制,它通过特定的加密(Encryption)算法和密钥(Secret Key)将数据变为乱码,使原始数据转换为不可读形式,只有经过授权的访问者才能使用解密(Decryption)算法和密钥将数据解密,实现正确读取。

■ 13.5.1 数据加密简介

数据加密和解密的一般过程如图 13-28 所示。

图 13-28 数据加密和解密的一般过程

1. 数据加密分类

一般来说,加密可以分为两大类:对称加密(Symmetric Cryptography)和非对称加密(Asymmetric Cryptography)。

对称加密是最快速、最简单的一种加密方式,加密与解密用的是同样的密钥。对称加密有很多种算法,由于它效率很高,所以被广泛应用在很多加密协议的核心。

对称加密通常使用的是相对较小的密钥,一般小于 256 比特。因为密钥越大,加密越强,但加密与解密的过程越慢。如果只用 1 比特来做这个密钥,那么黑客可以先试着用 0 来解密,不行的话就再用 1 解密;但如果密钥有 1MB 大,黑客可能永远也无法破解,但加密和解密的过程要花费很长的时间。所以,密钥的大小既要照顾到安全性,也要照顾到效率。

非对称加密为数据的加密与解密提供了一个非常安全的方法,它使用了一对密钥:公钥(Public Key)和私钥(Private Key)。私钥只能由一方安全保管,不能外泄,而公钥则可以发给任何请求它的人。非对称加密使用这对密钥中的一个进行加密,而解密则需要另一个密钥。例如,你向 A 请求他的公钥,A 将公钥发送给你,你使用公钥对消息加密,那么只有持有对应私钥的人(A)才能对你的消息解密。

对于对称加密,因为使用数据时不仅需要传输数据本身,还要通过某种方式传输密钥,这很有可能使得密钥在传输的过程中被窃取。而对于非对称加密,私钥持有人可以把公钥发送给任何人,但不需要将私钥发送出去,因此安全性大大提高。

对称加密算法简单、效率高,非对称加密算法复杂、效率低,因此,一种折中的办法是使用对称密钥加密数据(数据一般较大),而使用非对称密钥加密对称密钥(密钥一般较小)。这样既可以利用对称密钥的高性能,也可以利用非对称密钥的可靠性。

SQL Server 中还有第 3 类加密方式——证书。使用证书是非对称加密的另一种形式,但一个组织可以使用证书并通过数字签名将一对公钥和私钥与其拥有者相关联,从而更加提高可靠性。

2. SQL Server 中的数据加密

SQL Server 2000 和以前的版本是不支持加密的,所有加密操作都需要在程序中完成。

这就导致一个问题，数据库中加密的数据仅对某一特定程序有意义，而另外的程序如果没有对应的解密算法，则数据变得毫无意义。

SQL Server 2005 开始引入了列级加密。可以对数据库表中特定列进行加密，只保护用户名、密码、银行卡号等敏感数据，既有利于数据的安全性，又可以提高数据库的访问速度。这个过程涉及 4 对加密和解密的内置函数，具体如下。

（1）EncryptByCert()和 DecryptByCert()：利用证书对数据进行加密和解密。

（2）EncryptByAsymKey()和 DecryptByAsymKey()：利用非对称密钥对数据进行加密和解密。

（3）EncryptByKey()和 DecryptByKey()：利用对称密钥对数据进行加密和解密。

（4）EncryptByPassphrase()和 DecryptByPassphrase()：利用密码字段产生对称密钥对数据进行加密和解密。

SQL Server 2008 开始引入了透明数据加密（Transparent Data Encryption，TDE）。所谓的透明数据加密，就是加密在数据库中进行，但从程序的角度来看就好像没有加密一样。和列级加密不同的是，TDE 的级别是整个数据库。使用 TDE 加密的数据库文件不能附加到另一个没有证书的实例上；而使用 TDE 加密的数据库备份也不能在另一个没有证书的实例上进行数据库恢复，保证了其安全性。

SQL Server 提供了 DES、Triple DES、TRIPLE_DES_3KEY、RSA、RC2、RC4、DESX、AES 等加密算法，没有某种算法能适应所有要求，每种算法都有长处和短处，详细介绍请参考密码学相关书籍。

■ 13.5.2 数据加密和解密操作

在 SQL Server 2019 中，加密是分层级的，根层级的加密保护其子层级的加密。每个数据库实例都拥有一个服务主密钥（Service Master Key），这个密钥是整个实例的根密钥，在实例安装时自动生成，其本身由 Windows 提供的数据保护 API 进行保护，服务主密钥除了为其子节点提供加密服务之外，还用于加密一些实例级别的信息，如实例的登录名、密码和链接服务器的信息。

在服务主密钥之下的是数据库主密钥（Database Master Key），这个密钥由服务主密钥进行加密。这是一个数据库级别的密钥，可以用于为创建数据库级别的证书、对称或非对称密钥提供加密。每个数据库只能有一个数据库主密钥，通过 T-SQL 语句创建，示例代码如下。

```
USE bankcard
CREATE MASTER KEY ENCRYPTION BY PASSWORD ='1209QQ-1'
```

数据库主密钥由代码中所示的密码和服务主密钥共同保护。数据库主密钥创建成功后，我们就可以使用这个密钥创建对称密钥、非对称密钥或证书进行数据加密了。

1. 对称加密和解密

为保护某些敏感数据，SQL Server 可以对数据库表中特定列进行加密，即使数据库被泄露，没有密钥也无法查看这些信息。

首先在 bankcard 数据库中创建一个与 account 表内容相同的 account1 表，其中账号 AccNO 和身份证号 IDNO 两列进行对称加密和解密操作，加密后会存储为二进制大对象，所以定义为 varbinary 类型。account1 表结构如图 13-29 所示。

XYXS-2019LQUHHB...- dbo.account1

	列名	数据类型	允许 Null 值
🔑	AccNO	varbinary(500)	☐
	IDNO	varbinary(500)	☐
	Password	varchar(12)	☐
	OpenDate	date	☐
	CardType	nchar(3)	☐
	MoneyType	nvarchar(10)	☐
	Balance	money	☐
	ExpiryDate	date	☐

图 13-29　account1 表结构

操作步骤如下。

(1) 使用数据库主密钥 1209QQ-1 加密创建对称密钥。

```
CREATE SYMMETRIC KEY AN_ID_KEY13          --创建对称密钥 AN_ID_KEY13
WITH ALGORITHM =AES_256                   --选用的加密算法
ENCRYPTION BY PASSWORD ='1209QQ-1'        --使用数据库主密钥加密对称密钥
```

下面可以打开对称密钥 AN_ID_KEY13,用其加密和解密表中数据了。

当然,为了增加安全性,也可以多加一层保护,如用数据库主密钥加密创建证书、证书再加密创建的对称密钥,或者用数据库主密钥加密创建对称密钥或非对称密钥,对称密钥或非对称密钥再加密创建对称密钥。下面只给出一个用证书加密创建对称密钥的例子。

```
OPEN MASTER KEY                                  --打开数据库主密钥
DECRYPTION BY PASSWORD ='1209QQ-1'
GO
CREATE CERTIFICATE AN_ID_12                      --创建证书,证书名为 AN_ID_12
WITH SUBJECT='encrypt AccNO and IDNO',           --证书的主题
START_DATE='11/01/2022',                         --证书启用日期
EXPIRY_DATE='01/01/2025'                         --证书到期日期
GO
CREATE SYMMETRIC KEY AN_ID_KEY13
WITH ALGORITHM =AES_256
ENCRYPTION BY CERTIFICATE AN_ID_12               --使用证书 AN_ID_12 加密对称密钥
```

(2) 打开使用证书 AN_ID_12 加密的对称密钥。

```
OPEN SYMMETRIC KEY AN_ID_KEY13
DECRYPTION BY CERTIFICATE AN_ID_12
```

注:如果打开使用数据库主密钥创建的对称密钥,则直接使用 PASSWORD ='1209QQ-1'解密打开。

(3) 使用对称密钥 ENCRYPTBYKEY()函数加密表中某列的数据,语法格式为

```
ENCRYPTBYKEY(KEY_GUID('对称密钥名'), '明文')
```

其中,KEY_GUID('对称密钥名')为加密数据所使用对称密钥的 GUID(Globally Unique Identifier)值;明文为要加密的数据。下面向 account1 表插入一行数据,其中账号 AccNO 和身份证号 IDNO 两列进行对称加密。

```
INSERT INTO account1 values(ENCRYPTBYKEY(KEY_GUID('AN_ID_KEY13'), '436742800335120***03'),
ENCRYPTBYKEY(KEY_GUID('AN_ID_KEY13'), '133***198812110101'),'111222','2022-11-11','借记卡',
'人民币',5000,'2032-11-11')
```

(4) 用 SELECT 语句查询 account1 表中数据。

```
SELECT * FROM account1
```

查询结果如图 13-30 所示。

图 13-30　加密后数据的查询结果

(5) 使用对称密钥 DECRYPTBYKEY('密文')函数解密表中某列的数据,此函数返回的是 varbinary 类型的数据,需要数据类型转换才能阅读。下面查询 account1 表中数据,其中账号 AccNO 和身份证号 IDNO 两列进行对称密钥解密,并转换为字符类型显示。

```
SELECT CONVERT (VARCHAR, DECRYPTBYKEY (AccNO)) AS AccNO, CONVERT (VARCHAR, DECRYPTBYKEY
(IDNO)) AS IDNO, [password], OpenDate, CardType, MoneyType, Balance, ExpiryDate FROM account1
```

查询结果如图 13-31 所示。

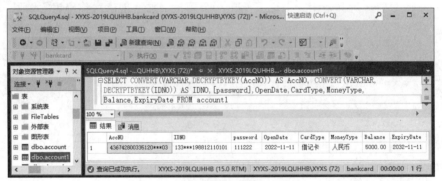

图 13-31　解密后数据的查询结果

(6) 关闭对称密钥。

```
CLOSE SYMMETRIC KEY AN_ID_KEY13
```

(7) 关闭数据库主密钥。

```
CLOSE MASTER KEY
```

2. 证书加密和解密

利用证书对 bankcard 数据库中 account1 表的密码 Password 列进行加密和解密。

首先将 account1 表的 Password 列的数据类型修改为 varbinary(500)类型,然后进行以下操作。

一个数据库只有一个主密钥,所以不需要再创建数据库主密钥,直接使用前面创建的数据库主密钥 1209QQ-1 加密创建证书。

(1) 创建一个证书,代码如下。

```
OPEN MASTER KEY                         --打开数据库主密钥
DECRYPTION BY PASSWORD = '1209QQ-1'
GO
CREATE CERTIFICATE CER_PWD123           --创建证书,证书名 CER_PWD 123
WITH SUBJECT='encrypt password',        --证书的主题
START_DATE='11/01/2022',                --证书启用日期
EXPIRY_DATE='11/01/2025'                --证书到期日期
GO
```

(2) 使用证书的公钥加密数据,用 EncryptByCert() 函数来完成,语法格式为

```
ENCRYPTBYCERT (CERT_ID('证书名'), '明文')
```

其中,CERT_ID('证书名')为加密数据所使用证书的 ID 值;明文为要加密的数据。

下面修改 account1 表中的 Password 列,进行证书加密。

```
UPDATE account1 SET Password=ENCRYPTBYCERT(CERT_ID('CER_PWD123'), Password)
```

(3) 使用证书的私钥解密数据,用 DECRYPTBYCERT('密文')函数来完成,此函数返回的是 varbinary 类型的数据,需要数据类型转换才能阅读。查询 account1 表中数据,其中账号 AccNO 和身份证号 IDNO 两列进行对称密钥解密,密码 Password 列进行证书解密,并都转换为字符类型显示。注意需要先打开对称密钥。

```
SELECT CONVERT (VARCHAR, DECRYPTBYKEY (AccNO)) AS AccNO, CONVERT (VARCHAR, DECRYPTBYKEY
(IDNO)) AS IDNO, CONVERT(VARCHAR, DECRYPTBYCERT(CERT_ID('CER_PWD123'), Password)) AS
Password,OpenDate,CardType, MoneyType, Balance,ExpiryDate FROM account1
```

对 account1 表中数据分别进行直接查询和解密查询,查询结果如图 13-32 所示。

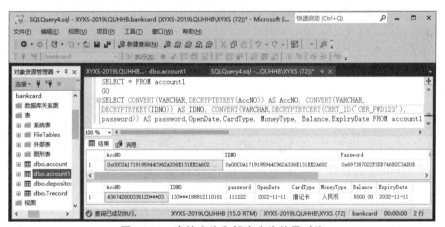

图 13-32 直接查询和解密查询结果对比

注意:使用证书加密是一种非对称加密操作,运行效率很低,所以最好不要在常用的数据列上使用,一般常用其加密对称密钥。同样,不提倡直接利用非对称密钥加密(EncryptByAsymKey())和解密(DecryptByAsymKey())数据列。

3. 使用透明数据加密和解密

之所以叫透明数据加密(TDE),是因为这种加密在使用数据库的程序或用户看来,就好像没有加密一样。TDE 是数据库级别的,开启 TDE 的数据库的数据和日志都会被自动加密,由数据引擎执行的。在写入数据时进行加密,在读出数据时进行解密,客户端程序完全不需要任何操作。

TDE 使用数据加密密钥(Database Encryption Key,DEK)进行加密。DEK 保存在

master 数据库中由服务主密钥保护，TDE 的保护层级如图 13-33 所示。

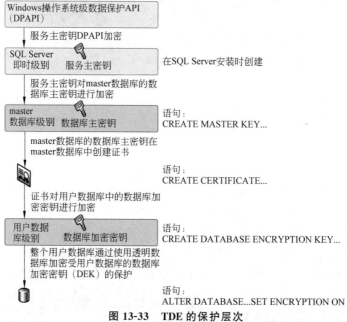

图 13-33　TDE 的保护层次

以对 teaching 数据库使用 TDE 为例，操作步骤如下。

(1) 在 master 数据库中创建数据库主密钥，代码如下。

```
USE master
CREATE MASTER KEY ENCRYPTION BY PASSWORD = '1209QQ-2'
```

(2) 同样，在 master 数据库中创建一个证书，代码如下。

```
CREATE CERTIFICATE CER_TDE12
WITH SUBJECT='USE TO TDE',
START_DATE='11/01/2022',
EXPIRY_DATE='11/01/2025'
GO
```

(3) 在 teaching 数据库中创建基于 CER_TDE12 证书的数据库加密密钥(DEK)，代码如下。

```
USE teaching
GO
CREATE DATABASE ENCRYPTION KEY
WITH ALGORITHM =AES_256
ENCRYPTION BY SERVER CERTIFICATE CER_TDE12
GO
```

(4) 修改 teaching 数据库，开启 TDE，代码如下。

```
ALTER DATABASE teaching
SET ENCRYPTION ON
```

也可以在 SSMS 中右击需要开启 TDE 的数据库，如 teaching，在弹出的快捷菜单中选择"任务"→"管理数据库加密"，如图 13-34 所示。

开启 TDE 后，系统将在后台启动一个进程，进行加密扫描，直到现有数据库中所有数据加密完成。TDE 的主要作用是如果数据库备份或数据文件被非法窃取，窃取者在没有数

第13章 数据库系统的安全性

图 13-34 开启 TDE

据加密密钥的情况下是无法恢复或附加数据库的。

另外,SQL Server 2019 的加密管理还包括驱动器级别的 BitLocker 加密、文件夹级别的 NTFS 加密、文件级别的备份加密,以及使用 Azure Key Vault 的可扩展密钥管理、Always Encrypted 保护敏感数据等,这里不再一一叙述。

习题 13

扫一扫

习题

扫一扫

自测题

第14章 数据库的备份与还原

避免数据丢失是数据库管理员需要面对的最关键的问题之一。尽管 SQL Server 2019 采取了许多措施保证数据库的安全性和完整性,但故障仍不可避免,仍会影响甚至破坏数据库,造成数据丢失。同时,还存在其他一些可能造成数据丢失的因素,如用户的操作失误、蓄意破坏、病毒攻击和自然界不可抗力等。因此,SQL Server 2019 制定了一个良好的备份还原策略,定期将数据库进行备份以保护数据库,以便在事故发生后还原数据库。

本章主要介绍数据库备份和还原的概念及其重要性,以及 SQL Server 2019 对数据库进行备份和还原操作的方法,并简单介绍数据库的分离和附加方法。

14.1 数据库备份简介

对于计算机用户,对一些重要文件、资料定期进行备份是一种良好的习惯。如果出现突发情况,如系统崩溃、系统遭受病毒攻击等,使得原先的文件遭到破坏以至于全部丢失,启用文件备份,就可以节省大量的时间和精力。

数据库备份就是在某种介质上(如磁盘、磁带等)创建完整数据库(或者其中一部分)的副本,并将所有数据项都复制到备份集,以便在数据库遭到破坏时能够恢复数据库。

对 SQL Server 2019 数据库或事务日志进行备份,就是记录在进行备份这一操作时数据库中所有数据的状态,以便在数据库遭到破坏时能够及时地将其还原。执行备份操作必须拥有对数据库备份的权限许可,SQL Server 2019 只允许系统管理员、数据库所有者和数据库备份执行者备份数据库。

SQL Server 2019 提供了高性能的备份和还原功能以及保护手段,以保护存储在 SQL Server 2019 数据库中的关键数据。通过适当的备份,可以使用户能够在发生多种可能的故障后恢复数据,这些故障主要包括系统故障、用户错误(如误删除了某张表或某些数据)、硬件故障(如磁盘驱动器损坏、自然灾害)。

■ 14.1.1 数据库备份计划

创建备份的目的是可以恢复已损坏的数据库。但是,备份和还原数据需要在特定的环境中进行,并且必须使用一定的资源。因此,在备份数据库之前,需要对备份内容、备份频率以及数据备份存储介质等进行计划。

1. 备份内容

备份内容主要包括系统数据库、用户数据库和事务日志。

系统数据库记录了 SQL Server 系统配置参数、用户资料以及所有用户数据库等重要信息,主要包括 master、msdb 和 model 数据库。

用户数据库中存储了用户的数据。由于用户数据库具有很强的区别性,即每个用户数据库之间的数据一般都有很大差异,所以对用户数据库的备份更加重要。

事务日志记录了用户对数据库中数据的各种操作,平时系统会自动管理和维护所有数据库事务日志。相比于数据库备份,事务日志备份所需要的时间较少,但是还原需要的时间较长。

2. 备份频率

数据库备份频率一般取决于修改数据库的频繁程度,以及一旦出现意外丢失的工作量的大小,还有发生意外丢失数据的可能性大小。

一般来说,在正常使用阶段,对系统数据库的修改不会十分频繁,所以对系统数据库的备份也不需要十分频繁,只需要在执行某些语句或存储过程导致 SQL Server 2019 对系统数据库进行了修改时备份。

当在用户数据库中执行了插入数据、创建索引等操作时,应该对用户数据库进行备份。此外,如果清除了事务日志,也应该备份数据库。

3. 备份存储介质

常用的备份存储介质包括硬盘、磁带和命令管道等。具体使用哪种介质,要考虑用户的成本承受能力、数据的重要程度、用户的现有资源等因素。确定在备份中使用的介质以后,一定要保持介质的持续性,一般不要轻易地改变。

4. 其他计划

(1) 确定备份工作的负责人。备份负责人负责备份的日常执行工作,并且要经常进行检查和督促。这样可以明确责任,确保备份工作得到人力保障。

(2) 确定使用在线备份还是脱机备份。在线备份就是动态备份,允许用户继续使用数据库。脱机备份就是在备份时,不允许用户使用数据库。虽然备份是动态的,但是用户的操作会影响数据库备份的速度。

(3) 确定是否使用备份服务器。在备份时,如果有条件最好使用备份服务器,这样可以在系统出现故障,迅速还原系统的正常工作。当然,使用备份服务器会增大备份的成本。

(4) 确定备份存储的地方。备份是非常重要的内容,一定要保存在安全的地方。在保存备份时应该实行异地存放,并且每套备份的内容应该有两份以上的备份。

(5) 确定备份存储的期限。对于一般性的业务数据,可以确定一个比较短的期限;但是对于重要的业务数据,需要确定一个比较长的期限。期限越长,需要的备份介质就越多,备份成本也随之增多。

总之,备份应该按照需要经常进行,并进行有效的数据管理。SQL Server 2019 备份可以在数据库使用时进行,但是一般在非高峰活动时备份效率更高。另外,备份是一种十分耗费时间和资源的操作,不能频繁操作。应该根据数据库的使用情况确定一个适当的备份周期。

14.1.2 数据库备份的类型

在 SQL Server 系统中，有 4 种备份类型，分别如下。
(1) 完整数据库备份。
(2) 差异数据库备份。
(3) 事务日志备份。
(4) 数据库文件或文件组备份。

1. 完整数据库备份

完整数据库备份将备份整个数据库，包括事务日志部分（以便可以恢复整个备份）。完整数据库备份代表备份完成时的数据库，通过包括在备份中的事务日志，可以使用备份恢复到备份完成时的数据库。

创建完整数据库备份是单一操作，通常会安排该操作定期发生。如果数据库主要是只进行读操作，那么完整数据库备份能有效地防止数据丢失。

完整数据库备份易于使用。因为完整数据库备份包含数据库中的所有数据，所以对于可以快速备份的小数据库，最佳方法就是使用完整数据库备份。但是，随着数据库的不断增大，完整备份需花费更多时间才能完成，并且需要更多的存储空间。因此，对于大型数据库，可以用差异数据库备份补充完整数据库备份。

2. 差异数据库备份

差异数据库备份只备份自上一次完整数据库备份发生改变的内容和在差异数据库备份过程中所发生的所有活动。差异数据库备份基于以前的完整数据库备份，因此，这样的完整数据库备份称为"基准备份"。差异备份比完整备份更小、更快，可以简化频繁的备份操作，降低数据丢失的风险。为了缩短还原频繁修改数据库的时间，可以执行差异备份。

如果数据库的某个子集比该数据库的其余部分修改得更为频繁，则差异数据库备份特别有用。在这些情况下，使用差异数据库备份，可以频繁执行备份，并且不会产生完整数据库备份的开销。

对于大型数据库，完整数据库备份需要大量磁盘空间。为了节省时间和磁盘空间，可以在一次完整数据库备份后安排多次差异备份。每次连续的差异数据库备份都大于前一次备份，这就需要更长的备份时间、还原时间和更大的空间。因此，可以定期执行新的完整备份以提供新的差异基准。

当使用差异数据库备份时，最好遵循以下原则。

在每次完整数据库备份后，定期安排差异数据库备份。例如，可以每 4 小时执行一次差异数据库备份，对于活动性较高的系统，此频率也可以更高。

在确保差异备份不会太大的情况下，定期安排新的完整数据库备份。例如，可以每周备份一次完整数据库。

3. 事务日志备份

备份事务日志可以记录数据库的更改，但前提是在执行了完整数据库备份之后。可以使用事务日志备份将数据库恢复到特定的即时点（如输入多余数据前的那一点）或恢复到故障点。

恢复事务日志备份时，SQL Server 2019 重做事务日志中记录的所有更改。当 SQL

Server 2019 到达事务日志的最后时,已重新创建了与开始执行备份操作的那一刻完全相同的数据库状态。如果数据库已经恢复,则 SQL Server 2019 将回滚备份操作开始时尚未完成的所有事务。

一般情况下,事务日志备份比数据库备份使用的资源少,因此可以比数据库备份更经常地创建事务日志备份,经常备份将减少丢失数据的危险。

图 14-1 所示为基于完整恢复模型(详见 14.2 节)的 1 个完整备份＋N 个连续的事务日志备份的策略。如果中间的日志备份 02 删除或损坏,则数据库只能恢复到日志备份 01 的即时点。

图 14-1 事务日志备份与恢复原理

假如日志备份 01、02 和 03 都是完整的,那么在恢复时,先恢复数据库完整备份,然后依次恢复日志备份 01、02 和 03。如果要恢复到故障点,就需要看数据库的当前日志是否完整,如果是完整的,可以做一个当前日志的备份,然后依次恢复到日志备份 04 就可以了。

4. 数据库文件或文件组备份

对超大型数据库执行完全数据库备份是不可行的,可以执行数据库文件或文件组备份。备份文件或文件组时,可以只备份 FILE 或 FILEGROUP 选项中指定的数据库文件。在备份数据库文件或文件组时应考虑以下几点。

(1) 必须指定逻辑文件或文件组。
(2) 必须执行事务日志备份,使还原的文件与数据库的其他部分相一致。
(3) 最多可以指定 16 个文件或文件组。
(4) 应制订轮流备份每个文件的计划。

14.2 数据库还原简介

备份是还原数据库最容易和最能防止意外的有效方法。没有备份,所有数据都可能会丢失,而且将造成不可挽回的损失,这时就不得不从源头重建数据;有了备份,万一数据库被损坏,就可以使用备份还原数据库。

14.2.1 数据库还原策略

还原数据库是一个装载数据库的备份,然后应用事务日志重建的过程,这是数据库管理员另一项非常重要的工作。应用事务日志之后,数据库就会回到最后一次事务日志备份之前的状况。在数据库备份之前,应该检查数据库中数据的一致性,这样才能保证顺利地还原数据库备份。在数据库的还原过程中,用户不能进入数据库,当数据库被还原后,数据库中的所有数据都被替换。数据库备份是在正常情况下进行的,而数据库还原是在诸如硬件故障、软件故障或误操作等非正常的状态下进行的,因而其工作更加重要和复杂。

数据还原策略认为所有数据库一定会在它们的生命周期的某一时刻需要还原。数据库管理员职责中很重要的部分就是将数据还原的频率降到最低,并在数据库遭到破坏之前进行监视,预计各种形式的潜在风险所能造成的破坏,并针对具体情况制订恢复计划,在破坏发生时及时地恢复数据库。

还原方案从一个或多个备份中还原数据,并在还原最后一个备份后恢复数据库。如果数据库做过完全备份和事务日志备份,那么还原它是很容易的,倘若保持着连续的事务日志,就能快速地重新构造和建立数据库。还原数据库是装载最近备份的数据库和应用事务日志重建数据库到失效点的过程。定点还原可以把数据库还原到一个固定的时间点,这种选项仅适用于事务日志备份。当还原事务日志备份时,必须按照它们建造的顺序还原。

在还原一个失效的数据库之前,调查失效背后的原因是很重要的。如果数据库的损坏是由介质错误引起的,那么就需要替换失败的介质。倘若是由于用户的问题而引起的,那么就需要针对发生的问题和今后如何避免采取相应的对策。如果是由系统故障或自然灾害引起的,那么就只能具体问题具体分析,根据损害的程度采取相应的对策。例如死机,只需重新启动操作系统和 SQL Server 服务器,重做没有提交的事务;如果数据库损坏,可以通过备份还原;而如果介质损坏,只能替换,等等。

14.2.2 数据库恢复模式

数据库的恢复模式是数据库遭到破坏时还原数据库中数据的数据存储方式,它与可用性、性能、磁盘空间等因素相关。备份和还原操作是在"恢复模式"下进行的,恢复模式是一个数据库属性,它用于控制数据库备份和还原操作基本行为。

每种恢复模式都按照不同的方式维护数据库中的数据和日志。SQL Server 2019 系统提供了 3 种数据库的恢复模式:完整恢复模式、简单恢复模式、大容量日志恢复模式。

1. 完整恢复模式

完整恢复模式是等级最高的数据库恢复模式。在完整恢复模式中,对数据库的所有操作都记录在数据库的事务日志中。即使那些大容量数据操作和创建索引的操作,也都记录在数据库的事务日志中。当数据库遭到破坏之后,可以使用该数据库的事务日志迅速还原数据库。

在完整恢复模式中,由于事务日志记录了数据库的所有变化,所以可以使用事务日志将数据库还原到任意的时刻点。但是,这种恢复模式耗费大量的磁盘空间。除非是那种事务日志非常重要的数据库备份策略,一般不使用这种恢复模式。

完整恢复模式的特点如下。

(1) 可以将数据库还原到故障点状态。

(2) 数据库可以采用 4 种备份方式中的任何一种。

(3) 可以还原到即时点。

这种模式的优点是数据丢失或损坏不导致工作损失,可还原到即时点。但所有修改都记录在日志中,发生某些大容量操作时日志文件增长太快。如果系统符合下列任何要求,则使用完整恢复模式。

(1) 用户必须能够恢复所有数据。

(2) 数据库包含多个文件组,并且希望逐段还原读写辅助文件组(以及只读文件组)。

(3) 必须能够恢复到故障点。

2. 简单恢复模式

简单恢复模式简略地记录大多数事务,所记录的信息只是为了在系统崩溃或还原数据备份之后确保数据库的一致性。

对于那些规模比较小的数据库或数据不经常改变的数据库,可以使用简单恢复模式。当使用简单恢复模式时,可以通过执行完整数据库备份和差异数据库备份来还原数据库,数据库只能还原到执行备份操作的时刻点。执行备份操作之后的所有数据修改都丢失并且需要重建。

简单恢复模式的特点如下。

(1) 允许将数据库还原到最新的备份。

(2) 数据库只能进行完整数据库备份和差异备份,不能进行事务日志备份以及文件和文件组备份。

(3) 不能还原到某个即时点。

这种模式的优点是所有操作使用最少的日志空间记录,节省空间,恢复模式最简单。如果系统符合下列所有要求,则使用简单恢复模式。

(1) 丢失日志中的一些数据无关紧要。

(2) 无论何时还原主文件组,用户都希望始终还原读写辅助文件组(如果有)。

(3) 是否备份事务日志无所谓,只需要完整差异备份。

(4) 不在乎无法恢复到故障点以及丢失从上次备份到发生故障时之间的任何更新。

3. 大容量日志恢复模式

就像完整恢复模式一样,大容量日志恢复模式也使用数据库备份和日志备份还原数据库。但是,在使用了大容量日志恢复模式的数据库中,其事务日志耗费的磁盘空间远远小于使用完整恢复模式的数据库的事务日志。

大容量日志恢复模式简略地记录大多数大容量操作(如索引创建和大容量加载),完整地记录其他事务,提高大容量操作的性能,常用作完整恢复模式的补充。

大容量日志恢复模式的特点如下。

(1) 还原允许大容量日志记录的操作。

(2) 数据库可以采用4种备份方式中的任何一种。

(3) 不能还原到某个即时点。

这种模式的优点是对大容量操作使用最少的日志记录,节省日志空间;缺点是丧失了恢复到即时点的功能,除非特别需要,否则不建议使用此模式。

在 SQL Server 2019 系统中有两种设置数据库恢复模式的方式,即 SSMS 界面方式和 ALTER DATABASE 语句。

这里主要介绍前一种方法。在 SSMS 中选择将要设置恢复模式的数据库,右击数据库,在弹出的快捷菜单中选择"属性",将弹出如图 14-2 所示的"数据库属性"对话框。单击"选项"选择页,可以从"恢复模式"下拉列表中选择恢复模式。

简单恢复模式同时支持数据库备份和文件备份,但不支持事务日志备份。备份非常易于管理,因为始终不会备份事务日志。但是,如果没有日志备份,数据库只能还原到最近数据备份的末尾。如果操作失败,则在最近数据备份之后所做的更新便会全部丢失。

在完整恢复模式和大容量日志恢复模式下,差异数据库备份将最大限度地减少还原数

图 14-2 设置数据库恢复模式

据库时回滚事务日志备份所需的时间。

事务日志备份只能与完整恢复模式和大容量日志记录恢复模式一起使用。在简单恢复模式下,事务日志有可能被破坏,所以事务日志备份可能不连续,不连续的事务日志备份没有意义,因为基于日志的恢复要求日志是连续的。

14.3 数据库备份操作

在 SQL Server 2019 中,数据库备份操作有两种方式:使用 SSMS 界面方式备份数据库和使用 T-SQL 语句备份数据库。

1. 使用 SSMS 界面方式备份数据库

【例 14-1】 在 SSMS 对象资源管理器中创建 teaching 数据库的完整数据库备份,操作步骤如下。

(1) 在 SSMS 对象资源管理器中展开 teaching 数据库。

(2) 右击 teaching 数据库,在弹出的快捷菜单中选择"任务"→"备份",弹出"备份数据库-teaching"对话框,如图 14-3 所示。

(3) 在"数据库"下拉列表中选择 teaching 作为准备备份的数据库。在"备份类型"下拉列表中选择需要的类型,这是第 1 次备份,选择"完整"选项。

(4) 由于没有磁带设备,所以只能备份到"磁盘"。单击"添加"按钮,重新选择路径和文件,最后单击"确定"按钮,如图 14-4 所示。

(5) 单击"介质选项"选择页,对"备份到现有介质集"选项进行设置,此选项的含义是备份媒体的现有内容被新备份重写。在"备份到现有介质集"选项中含有两个选项:"追加到现有备份集"和"覆盖所有现有备份集"。其中,"追加到现有备份集"是媒体上以前的内容保持不变,新的备份在媒体上次备份的结尾处写入;"覆盖所有现有备份集"是重写备份设备中任何现有的备份。此处选择"追加到现有备份集",单击"确定"按钮,数据备份完成,如图 14-5 所示。

第14章 数据库的备份与还原

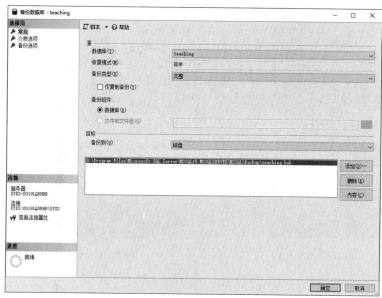

图 14-3 "备份数据库-teaching"对话框

图 14-4 选择备份目标

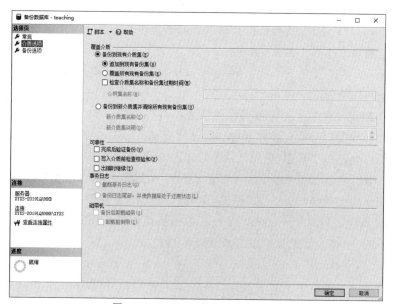

图 14-5 teaching 数据库备份完成

2. 使用 T-SQL 语句备份数据库

使用 T-SQL 语句备份数据库的基本语法格式如下。

```
BACKUP DATABASE { database_name | @database_name_var }
TO <backup_device > [ ,...n ]
[ WITH
    [ BLOCKSIZE ={ blocksize | @blocksize_variable } ]
    [ [ , ] DESCRIPTION ={ 'text' | @text_variable } ]
    [ [ , ] DIFFERENTIAL ]
    [ [ , ] EXPIREDATE ={ date | @date_var }]
    [ [ , ] PASSWORD ={ password | @password_variable } ]
    [ [ , ] FORMAT | NOFORMAT ]
    [ [ , ] { INIT | NOINIT } ]
]
```

参数说明：

(1) {database_name ｜ @database_name_var}：指定一个数据库，对该数据库进行完整数据库备份或差异数据库备份。如果作为变量(@database_name_var)提供，则可将该名称指定为字符串常量(@database_name_var = database name)或字符串数据类型(ntext 或 text 数据类型除外)的变量。

(2) <backup_device>：指定备份操作时要使用的逻辑或物理备份设备。可以是以下一种或多种形式。

① { logical_backup_device_name } ｜{ @logical_backup_device_name_var }：备份设备的逻辑名称，数据库将备份到该设备中。

② { DISK ｜ TAPE } = 'physical_backup_device_name' ｜ @physical_backup_device_name_var：允许在指定的磁盘或磁带设备上创建备份。在执行 BACKUP 语句之前不必存在指定的物理设备。如果存在物理设备且 BACKUP 语句中没有指定 INIT 选项，则备份将追加到该设备。

(3) BLOCKSIZE = { blocksize ｜ @blocksize_variable }：用字节数指定物理块的大小。在 Windows NT 系统上，默认设置是设备的默认块大小。一般情况下，当 SQL Server 选择适合设备的块大小时不需要此参数。

(4) DESCRIPTION = { 'text' ｜ @text_variable }：指定描述备份集的自由格式文本。该字符串最长可以有 255 个字符。

(5) DIFFERENTIAL：指定数据库备份或文件备份应该与上一次完整备份后改变的数据库或文件部分保持一致。差异备份一般会比完整备份占用更少的空间。对于上一次完整备份时备份的全部单个日志，使用该选项可以不必再进行备份。

(6) EXPIREDATE = { date ｜ @date_var }：指定备份集到期和允许被重写的日期。如果将该日期作为变量(@date_var)提供，则可以将该日期指定为字符串常量(@date_var = date)、字符串数据类型变量(ntext 或 text 数据类型除外)、smalldatetime 或 datetime 变量，并且该日期必须符合已配置的系统 datetime 格式。

(7) PASSWORD = { password ｜ @password_variable }：为备份集设置密码。PASSWORD 是一个字符串。如果为备份集定义了密码，必须提供这个密码才能对该备份集执行任何还原操作。

(8) FORMAT：指定应将媒体头写入用于此备份操作的所有卷。任何现有的媒体头都被重写。FORMAT 选项使整个媒体内容无效，即格式化备份设备。

（9）NOFORMAT：指定媒体头不应写入所有用于该备份操作的卷中，并且不会格式化备份设备，除非指定了 INIT 参数。

（10）INIT：如果备份集已经存在，新的备份集会覆盖旧的备份集。不会格式化备份设备。

（11）NOINIT：新的备份集会追加到旧的备份集的后面，不会覆盖。不会格式化备份设备。

注意：如果要备份特定的文件或文件组，在 BACKUP DATABASE 语句中加入 < file_or_filegroup > [,...n] 参数即可；如果要进行事务日志备份，则使用 BACKUP LOG。详细内容请参考 Microsoft SQL Server 2019 的联机帮助。

【例 14-2】 将整个 teaching 数据库完整备份到磁盘上，并创建一个新的媒体集。

```
BACKUP DATABASE teaching
TO DISK ='F:\BACKUP\teaching.Bak'
WITH FORMAT,
NAME ='teaching 的完整备份'
```

执行命令后，在对象资源管理器中右击 teaching 数据库，在弹出的快捷菜单中选择"任务"→"备份"，弹出"备份数据库-teaching"对话框，就可以看到创建后的备份文件，如图 14-6 所示。

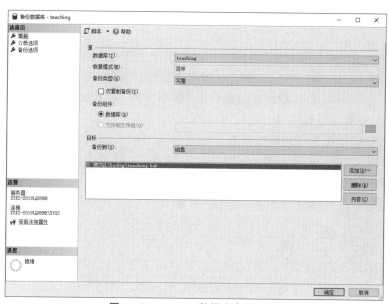

图 14-6 teaching 数据库备份文件

在 teaching 数据库中，创建一张任意的新表，表名为 Table_1。

【例 14-3】 创建 teaching 数据库的差异数据库备份。

```
BACKUP DATABASE teaching
TO DISK = 'F:\BACKUP\teaching 差异备份.Bak'
    WITH DIFFERENTIAL
```

执行命令后，可以以与上例相同的方法查看创建后的备份文件。

14.4 数据库还原操作

SQL Server 提供了两种数据库还原操作：自动还原和手动还原。

14.4.1 自动还原

自动还原是指数据库在每次出现错误或关机重启之后，SQL Server 都会自动运行带有容错功能的特性。SQL Server 用事务日志完成这项任务，它读取每个数据库事务日志的活动部分，并且检查所有自最新的检查点（检查点就是从内存中把数据变化永久写入数据库中的那个时间点）以来发生的事务，标识所有已经提交的事务，把它们重新应用于数据库，然后标识所有未提交的事务并回滚，这样保证删除所有未完全写入数据库的未提交事务。这个过程保证了每个数据库逻辑上的一致性。

SQL Server 最先还原 master 数据库，接着还原 model 数据库和 msdh 数据库，然后还原每个用户数据库，最后清除并启动 tempdb 数据库，结束还原过程。

14.4.2 手动还原

手动还原数据库需要指定数据库还原工作的应用程序和接下来的按照创建顺序排列的事务日志的应用程序。完成这些之后，数据库就会处于和事务日志最后一次备份一致的状态。

如果使用完全数据库备份还原，SQL Server 重新创建这些数据库文件和所有数据库对象；如果使用差异数据库备份还原，则可以还原最近的差异数据库备份。

在 SQL Server 2019 中，数据库还原操作有两种方式：使用 SSMS 界面方式还原数据库和使用 T-SQL 语句还原数据库。

1. 使用 SSMS 界面方式还原数据库

【例 14-4】 在 SSMS 对象资源管理器中利用 teaching 数据库的完整数据库备份还原 teaching 数据库，操作步骤如下。

（1）在对象资源管理器中展开 teaching 数据库。

（2）右击 teaching 数据库，在弹出的快捷菜单中选择"任务"→"还原"→"数据库"，弹出"还原数据库-teaching"对话框。

（3）选择要还原的目标数据库 teaching，选择用于还原的备份集为"teaching 的完整备份"，如图 14-7 所示。

（4）单击"选项"选择页，勾选"覆盖现有数据库"复选框；在"恢复状态"选项区域中，选择需要的选项，此处为默认的第 1 项，如图 14-8 所示。单击"确定"按钮，数据库还原操作完成。

打开 teaching 数据库，可以看到其中的数据进行了还原。看不到其中的 Table_1 表，因为只进行了完整数据库备份的还原。

【例 14-5】 在对象资源管理器中利用 teaching 数据库的差异数据库备份还原 teaching 数据库，操作步骤和还原完整数据库备份基本相同。

在"还原数据库-teaching"对话框中，选择用于还原的备份集为"teaching 的差异备份"，

第14章 数据库的备份与还原

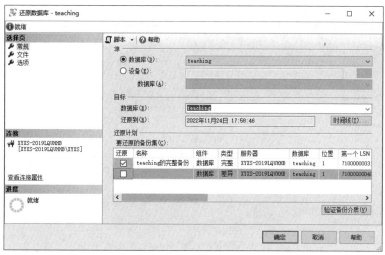

图 14-7 "还原数据库-teaching"对话框

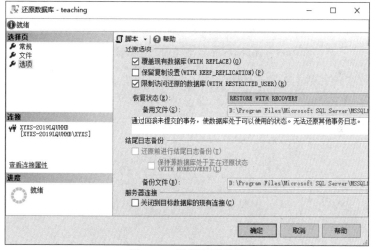

图 14-8 设置还原选项

"teaching 的完整备份"会自动被选中,因为在还原差异备份之前,必须先还原其基准备份,如图 14-9 所示,两个备份都选中。

还原操作完成后,打开 teaching 数据库,可以看到完整备份时的数据,也可以看到其中的 Table_1 表,因为还原了完整数据库备份后的差异数据库备份。

2. 使用 T-SQL 语句还原数据库

使用 T-SQL 语句还原数据库的基本语法格式如下。

```
RESTORE DATABASE { database_name | @database_name_var }
[ FROM <backup_device>[,...n ] ]
[ WITH
    [ FILE ={ backup_set_file_number | @backup_set_file_number } ]
    [ [ , ] KEEP_REPLICATION ]
    [ [ , ] MEDIANAME ={ media_name | @media_name_variable } ]
    [ [ , ] MEDIAPASSWORD ={ mediapassword | @mediapassword_variable } ]
    [ [ , ] MOVE 'logical_file_name_in_backup' TO 'operating_system_file_name' ]
[ ,...n ]
```

```
    [ [ , ] PASSWORD ={ password | @password_variable } ]
    [ [ , ] { RECOVERY | NORECOVERY | STANDBY ={standby_file_name | @standby_file_name
    _var } } ]
    [ [ , ] REPLACE ]
]
```

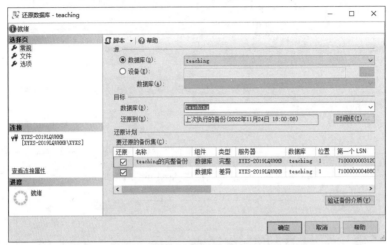

图 14-9　还原 teaching 数据库的差异数据库备份

大部分参数在备份数据时已经介绍过了,下面对一些没有介绍过的参数进行说明。

(1) KEEP_REPLICATION：将复制设置为与日志传输一同使用。设置该参数后,在备用服务器上还原数据库时,可防止删除复制设置。

(2) MOVE：将逻辑名指定的数据文件或日志文件还原到指定的位置。

(3) RECOVERY：回滚未提交的事务,使数据库处于可以使用状态。无法还原其他事务日志。

(4) NORECOVERY：不对数据库执行任何操作,不回滚未提交的事务。可以还原其他事务日志。

(5) STANDBY：使数据库处于只读模式。撤销未提交的事务,但将撤销操作保存在备用文件中,以便可以恢复效果逆转。

(6) standby_file_name | @standby_file_name_var：指定一个允许撤销恢复效果的备用文件或变量。

(7) REPLACE：会覆盖所有现有数据库以及相关文件,包括已存在的同名的其他数据库或文件。

【例 14-6】　将 teaching 数据库的完整数据库备份进行还原。

```
RESTORE DATABASE teaching
FROM DISK ='F:\BACKUP\teaching.Bak'
WITH REPLACE, NORECOVERY
```

【例 14-7】　将 teaching 数据库的差异数据库备份进行还原。

```
RESTORE DATABASE teaching
FROM DISK ='F:\BACKUP\teaching差异备份.Bak'
WITH RECOVERY
```

14.5 数据库分离与附加

SQL Server 2019 允许分离数据库的数据和事务日志文件，然后将其重新附加到同一台或另一台服务器上。分离数据库将从 SQL Server 删除数据库，但是保证在组成该数据库的数据和事务日志文件中的数据库完好无损。然后这些数据和事务日志文件可以用来将数据库附加到任何 SQL Server 实例上，这使数据库的使用状态与它分离时的状态完全相同。

例如，如果数据库系统安装在系统盘（如 C 盘），由于 C 盘容易受病毒侵害，用户也许希望将数据存放在非系统盘（如 D 盘），要做到这点很简单，并不需要重装数据库，只要把数据库"分离"，然后将相关文件移动到 D 盘的某个目录，再"附加"数据库即可。

■ 14.5.1 分离数据库

在 SQL Server 2019 中，数据库分离操作有两种方式：使用 SSMS 界面方式分离数据库和使用 T-SQL 语句分离数据库。

1. 使用 SSMS 界面方式分离数据库

在 SSMS 对象资源管理器中分离数据库的操作步骤如下。

（1）在对象资源管理器中展开要分离的数据库。

（2）右击数据库名称，在弹出的快捷菜单中选择"任务"→"分离"，如图 14-10 所示。

图 14-10 分离数据库菜单命令

（3）弹出"分离数据库"对话框，如图 14-11 所示。单击"确定"按钮即可完成数据库的分离。

图 14-11 "分离数据库"对话框

打开对象资源管理器,被分离的数据库就不存在了。但是,在存储此数据库的物理位置(即某磁盘目录下),其数据文件和日志文件仍然存在,可以任意复制。

注意：只有"使用本数据库的连接数"为 0 时,该数据库才能分离。所以,分离数据库时尽量断开所有对要分离数据库操作的连接,如果还有连接数据库的程序,会出现分离数据库失败提示,如图 14-12 所示。可以在图 14-11 中勾选"删除连接"复选框,从服务器强制断开现有的连接。

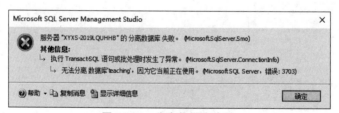

图 14-12 分离数据库失败

2. 使用 T-SQL 语句分离数据库

可以使用 sp_detach_db 系统存储过程分离数据库。sp_detach_db 存储过程从服务器分离数据库,并可以选择在分离前在所有表上运行 UPDATE STATISTICS。

语法格式如下。

```
sp_detach_db [ @dbname = ] 'dbname' [ , [ @skipchecks = ] 'skipchecks' ]
```

参数说明：

(1) [@dbname =] 'dbname'：要分离的数据库名称。@dbname 的数据类型为 sysname,默认值为 NULL。

(2) [@skipchecks =] 'skipchecks'：@skipchecks 的数据类型为 nvarchar(10),默认值为 NULL。如果为 true,则跳过 UPDATE STATISTICS；如果为 false,则运行 UPDATE STATISTICS。对于要移动到只读媒体上的数据库,此选项很有用。

【例 14-8】 分离 teaching 数据库,并将 skipchecks 设为 true。

```
EXEC sp_detach_db 'teaching', 'true'
```

14.5.2 附加数据库

与分离对应的是附加数据库操作。附加数据库可以很方便地在 SQL Server 2019 服务器之间利用分离后的数据文件和日志文件组织成新的数据库。数据库的附加好比是将衣服（数据库）重新挂上衣架（SQL Server 2019 服务器）。

在 SQL Server 2019 中，数据库附加操作有两种方式：使用 SSMS 界面方式附加数据库和使用 T-SQL 语句附加数据库。

1. 使用 SSMS 界面方式附加数据库

在 SSMS 对象资源管理器中附加数据库的操作步骤如下。

（1）在对象资源管理器中右击"数据库"，在弹出的快捷菜单中选择"附加"，如图 14-13 所示。

（2）弹出"附加数据库"对话框，单击"添加"按钮，如图 14-14 所示。

图 14-13 附加数据库菜单命令

图 14-14 "附加数据库"对话框

（3）弹出"定位数据库文件"对话框，选择要附加的磁盘上的数据库文件，单击"确定"按钮，如图 14-15 所示。

（4）返回"附加数据库"对话框，就可以看到添加进来的数据库的数据文件和日志文件，单击"确定"按钮，完成数据库的附加，如图 14-16 所示

2. 使用 T-SQL 语句附加数据库

可以使用 sp_attach_db 系统存储过程将数据库附加到当前服务器或使用 sp_attach_single_file_db 系统存储过程将只有一个数据文件的数据库附加到当前服务器。

图 14-15　附加的磁盘上的数据库文件

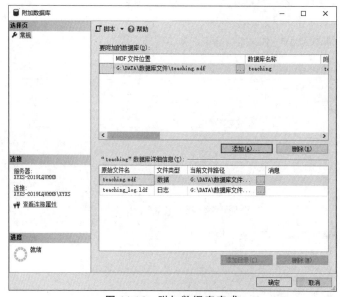

图 14-16　附加数据库完成

sp_attach_db 系统存储过程附加数据库的语法格式如下。

sp_attach_db [@dbname =] 'dbname', [@filename1 =] 'filename_n' [,...16]

参数说明：

（1）[@dbname =] 'dbname'：要附加到服务器的数据库的名称。该名称必须是唯一的。dbname 的数据类型为 sysname，默认值为 NULL。

（2）[@filename1 =] 'filename_n'：数据库文件的物理名称，包括路径。filename_n 的数据类型为 nvarchar(260)，默认值为 NULL。最多可以指定 16 个文件名。参数名称以 @filename1 开始，递增到 @filename16。文件名列表至少必须包括主文件，主文件包含指向数据库中其他文件的系统表。该列表还必须包括数据库分离后所有被移动的文件。

【例 14-9】 附加 teaching 数据库到当前服务器。

```
EXEC sp_attach_db @dbname ='teaching',
@filename1 ='G:\DATA\数据库文件\teaching.mdf',
@filename2 ='G:\DATA\数据库文件\teaching_log.ldf'
```

sp_attach_single_file_db 系统存储过程附加只有一个数据文件的数据库的语法格式如下。

```
sp_attach_single_file_db [ @dbname =] 'dbname', [ @physname =] 'physical_name'
```

其中，[@physname =] 'phsyical_name'为数据库文件的物理名称，包括路径。physical_name 的数据类型为 nvarchar(260)，默认值为 NULL。

【例 14-10】 附加 teaching 数据库到当前服务器。

```
EXEC sp_attach_single_file_db @dbname ='teaching',
    @physname ='G:\DATA\数据库文件\teaching.mdf'
```

分离和附加数据库的操作可以将数据库从一台计算机移动到另一台计算机，而不必重新创建数据库，当附加到数据库上时，必须指定主数据文件的名称和物理位置。主文件包含查找由数据库组成的其他文件所需的信息。如果存储的文件位置发生了改变，就需要手工指定辅助数据文件和日志文件的存储位置。

习题 14

扫一扫
习题

扫一扫
自测题

第15章 基于C# .NET的数据库应用系统开发

SQL Server 作为一个数据库管理系统，最终要向应用程序提供数据，供用户使用。所以数据库的开发是数据库系统必不可少的内容。

ASP.NET 是一种用于创建基于 Web 的应用程序编程模型。它在 Web 服务器的环境中运行，如 Microsoft 互联网信息服务器（Internet Information Server，IIS），并且根据服务浏览器请求指示在服务器上执行程序。

C#语言是 ASP.NET 平台的第一语言，也是目前程序开发人员使用广泛的开发工具。因此，如何使用 C#语言开发数据库应用程序是软件开发人员最有必要了解的技术之一。

本章首先介绍 C#语言及 ASP.NET 中的访问数据库组件 ADO.NET，然后介绍一个基于 C# .NET 的数据库系统开发实例——教学管理系统。

15.1 C#语言简介

自 20 世纪 80 年代以来，C/C++ 语言一直是使用广泛的商业化开发语言，但在带来强大控制能力和高度灵敏性的同时，其代价是相对较长的学习周期和较低的开发效率，同时对控制能力的滥用也给程序的安全性带来了潜在的威胁。C++语言过度的功能扩张也破坏了面向对象的设计理念。因此，软件行业迫切需要一种全新的现代程序设计语言，能够在控制能力与生产效率之间达到良好的平衡，特别是将高端应用开发与底层平台访问紧密结合在一起，并与 Web 标准保持同步，C#（读作 C-Sharp）语言就是这一使命的承担者。

C#语言是从 C/C++ 语言发展而来的，它汲取了包括 C++、Java、Delphi 在内的多种语言的精华，是一种简单易学、类型安全和完全面向对象的高级程序设计语言。它的设计目标就是在继承 C/C++ 语言强大功能的用时，兼有 RAD（快速应用程序开发）语言的高效性。作为.NET 的核心编程语言，C#语言充分享受了公共语言运行库（Common Language Runtime，CLR）所提供的优势，能够与其他应用程序方便地集成和交互。

C#语言的突出特点如下。

(1) 语法简洁。C#语言取消了指针，也不定义烦琐的伪关键字。它使用有限的指令、修饰符和操作符，语法上几乎不存在任何冗余，语言结构十分清晰。初学者通常能够快速掌握 C#语言基本特性，而 C/C++ 程序员转入 C# 则几乎不会有什么障碍。

（2）完全面向对象。C#语言具有面向对象的语言所应有的基本特性,即封装、继承和多态性。它禁止多继承,禁止各种全局方法、全局变量和常量。C#语言以类为基础构建所有类型,并通过命名空间对代码进行层次化的组织和管理。许多精巧的对象设计模式都在C#语言中得到了有效的应用。

（3）与 Web 紧密结合。借助 Web 服务框架,C#语言使网络开发和本地开发几乎一样简单。开发人员无须了解网络的细节,可以用统一的方式处理本地的和远程的 C#对象,而C#组件能够方便地转为 Web 服务,并被其他平台上的各种编程语言调用。

（4）目标软件的安全性。C#语言符合通用类型系统的类型安全性要求,并用 CLR 所提供的代码访问安全特性,从而能够在程序中方便地配置安全等级和用户权限。此外,垃圾收集机制自动管理对象的生命周期,这使得开发人员无须再负担内存管理的任务,应用程序的可靠性进一步得到提高。

（5）版本管理技术。C#语言内置了版本控制功能,并通过接口和继承实现应用的可扩展性。应用程序的维护和升级更加易于管理。

（6）灵活性与兼容性。C#语言允许使用非托管代码与其他程序(包括 COM 组件、WIN32API 等)进行集成和交互。它还可以通过委托(Delegate)模拟织针的功能,通过接口模拟多继承的实现。

15.2 使用 ADO.NET 访问 SQL Server 数据库

ADO.NET 是.NET Framework 的一套类库,使用户更加方便地在应用程序中使用数据。Microsoft 收集了过去几十年中最佳的数据连接的实践操作,并编写代码实现这些实践。这些代码被包装进一些对象中,以便其他软件可以方便地使用。

ADO.NET 中的代码处理了大量的数据库特有的复杂情况,所以当 ASP.NET 页面设计人员想读取或写入数据时,他们只须编写少量的代码,并且这些代码都是标准化的。就像 ASP.NET 一样,ADO.NET 不是一种语言,它是对象(类)的集合,在对象(类)中包含了由 Microsoft 编写的代码。可以使用诸如 C#或 Visual Basic 等编程语言在对象外部运行这些代码。

可以将 ADO.NET 看作一个介于数据源和数据使用者之间的非常灵巧的转换层。ADO.NET 可以接收数据使用者语言中的命令,然后将这些命令转换为在数据源中可以正确执行任务的命令。另外,ASP.NET 4.5 提供了服务器端数据控件,可以更方便地与 ADO.NET 交互工作,所以有时基本上减少了直接使用 ADO.NET 对象的需求。

15.2.1 ADO.NET 的对象模型

ADO.NET 是.NET 应用程序的数据访问模型,它能用于访问关系数据库系统。ADO.NET 对象模型有 5 个主要的组件,分别是 Connection 对象、Command 对象、DataReader 对象、DataSet 对象以及 DataAdapter 对象。

这几个对象组成的数据操作组件最主要是作为 DataSet 对象以及数据源之间的桥梁,负责将数据源中的数据读取到 DataSet 对象中,以及将数据存回数据源中的工作。ADO.NET 的对象结构模型如图 15-1 所示。

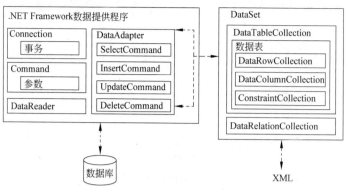

图 15-1　ADO.NET 的对象结构模型

1. Connection(连接)对象

Connection 对象表示与数据源之间的连接,用它来建立或断开与数据库的连接。Connection 对象起到渠道的作用,其他对象(如 DataAdapter 和 Command 对象)通过它与数据库通信,以提交查询并获取查询结果。

Connection 对象提供了对数据源连接的封装,其中包括连接方法及描述当前连接状态的属性。在 Connection 类中最重要的属性是 ConnectionString(连接字符串),该属性用来指定服务器名称、数据源信息及其他登录信息。

ConnectionString 中有两个重要的部分:字符串内容和数据提供器名称。字符串内容包含 DataSource(数据源)、Initial Catalog(默认连接数据库)以及用于描述用户身份的 User ID 和 Password。

2. Command(命令)对象

Command 对象主要用来对数据库发出一些指令,如对数据库下达查询、插入、修改、删除等数据指令,以及调用保存在数据库中的预存程序等。这个对象架构在 Connection 对象上,也就是 Command 对象是通过连接到数据源的 Connection 对象下达命令的。所以,Connection 对象连接到哪个数据库,Command 对象的命令就下达到哪里。

数据库支持多种不同类型的查询。有些查询通过引用一张或多张表(视图)或者是通过调用一个存储过程获取数据行,有些查询会对数据行进行修改,还有一些查询通过创建或修改表、视图或存储过程等对象对数据库的结构进行有关操作。可使用 Command 对象对数据库执行任意一种查询操作。

使用 Command 对象查询数据库相当简单。先将 Connection 属性设置为连接数据库的 Connection 对象,然后在 CommandText 属性中指定查询文本即可。

3. DataReader 对象

DataReader 对象用于以最快的速度检索并检查查询所返回的行。可使用 DataReader 对象检查查询结果,一次检查一行。当移向下一行时,前一行的内容就会被放弃。由 DataReader 对象返回的数据是只读的,不支持更新操作。所以,DataReader 对象使用起来不但节省资源,而且效率高。另外,因为 DataReader 对象不用把数据全部传回,所以降低了网络的负载。

4. DataSet 对象

DataSet 对象可视为暂存区,可以把数据库中查询到的信息保存起来,甚至可以显示整个数据库。从其名称可以看出,DataSet 对象包含一个数据集。可以将 DataSet 对象视为许多 DataTable 对象(存储在 DataSet 对象的 Tables 集合中)的容器。

创建 ADO.NET 的目的是帮助开发人员建立大型的多层数据库应用程序。有时,开发人员可能希望访问一个运行在中间层服务器上的组件,以获取许多表的内容。这时不必重复调用该服务器以便每次从一张表中获取数据,而是可以将所有数据都封装入一个 DataSet 对象之中,并在一次单独调用中将其返回。但 DataSet 对象的功能绝不仅仅是作为多个 DataTable 对象的容器。

存储在 DataSet 对象中的数据未与数据库连接。对数据所做的任何更改都将只是缓存在每个 DataRow 之中。要将这些更改传递给数据库时,将整个 DataSet 回传给中间层服务器可能并非一种有效方法。可以使用 GetChanges 方法仅从 DataSet 中选出被修改的行。通过这样的方式,可以在不同进程或服务器之间传递较少数据。

5. DataAdapter 对象

DataAdapter 对象充当数据库和 ADO.NET 对象模型中非连接对象之间的桥梁。DataAdapter 对象类的 Fill 方法提供了一种高效机制,用于将查询结果引入 DataSet 或 DataTable 中,以便能够脱机处理数据。还可以利用 DataAdapter 对象向数据库提交存储在 DataSet 对象中的挂起更改。

利用 DataAdapter 对象,可以设置 UpdateCommand、InsertCommand 以及 DeleteCommand 属性调用存储过程,这些存储过程将修改、添加或删除数据库中相应表的数据行。然后,可以只调用 DataAdapter 对象的 Update 方法,ADO.NET 就会使用所创建的 Command 对象向数据库提交 DataSet 中缓存的更改。

15.2.2 使用 ADO.NET 访问数据库的基本操作

ADO.NET 提供了两种访问数据库的方法,如图 15-2 所示。

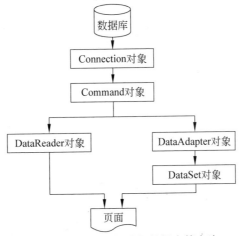

图 15-2 ADO.NET 访问数据库的方法

利用 Connection、Command 和 DataReader 对象访问数据库,只能从数据库读取数据,不能添加、修改和删除记录。如果只想进行查询,这种方式效率更高一些。

利用 Connection、Command、DataAdapter 和 DataSet 对象访问数据库,这种方式比较

灵活，不仅可以对数据库进行查询操作，还可以进行增加、删除和修改等操作。

访问数据库中的数据，首先要实现数据库的连接，然后才能实现对数据库的各种操作。下面以访问 SQL Server 数据库为例，介绍 ADO.NET 访问数据库的基本步骤。

（1）引入数据命名空间和 SQL 命名空间，语句分别为 using System.Data 和 using System.Data.SqlClient。

（2）创建连接对象并实例化，填充连接字符串变量以存放建立连接所需要的信息。例如，连接一个名为 teaching 的 SQL Server 数据库，语句如下。

```
SqlConnection con=new SqlConnection();
con.ConnectionString=@"Data Source=.\SQLEXPRESS;AttachDbFilename=E:\data\teaching_Data.MDF;Integrated Security=True;Connect Timeout=30;User Instance=True";
```

（3）打开数据库连接。

```
con.Open();
```

（4）使用连接。从数据源中读取数据或向数据源中写入数据。具体实现依据执行的 SQL 操作不同而有所区别。

首先要创建命令对象并实例化，填充命令字符串变量以存放对数据库的操作命令，即 SQL 语句。

如果只是从数据库读取数据，可以使用 DataReader 和 Command 对象的 ExecuteReader( )方法访问数据库；如果对数据库进行增、删、改等操作，可以直接使用 Command 对象的 ExecuteNonQuery( )方法；如果想在内存中直接操作数据库的数据，可以使用 DataAdapter 和 DataSet 对象，实现对数据库的查询和增、删、改等操作。

例如，只是从数据库读取数据，语句序列如下。

```
SqlCommand cmd=con.CreateCommand();          //创建命令对象并实例化
cmd.CommandText="select * from student";     //SqlCommand 的属性 CommandText 是一条 SQL 语句，
                                              student 为所连接数据库中的表
SqlDataReader dr=cmd.ExecuteReader();        //建立 DataReader 对象迅速获取查询结果
```

图 15-3 .NET 中的主要数据控件

也可以利用 .NET 中的控件实现数据库中数据的操作，如 GridView、FormView、DetailsView 和 DataList 控件等，主要数据控件如图 15-3 所示。

以 GridView 控件为例，显示数据库表中数据的步骤如下。

（1）在配置文件（web.config）中加入以下内容。

```
<connectionStrings>
 <add name="TeachingConnectionString" connectionString=
"Data Source = (LocalDB)\v11.0;AttachDbFilename =
|DataDirectory|\Teaching.mdf;Integrated Security=True; "
 providerName="System.Data.SqlClient" />
 </connectionStrings>
```

（2）为 GridView 新建数据源。选择 TeachingConnectionString 连接串，设置参数 SQL 查询语句，如 SELECT * FROM student。

（3）还可以为 GridView 控件进行属性设置，如分页显示、排序显示等。

GridView 控件显示数据库表中数据的样式如图 15-4 所示。

第15章 基于C# .NET的数据库应用系统开发

图 15-4　GridView 控件显示数据库表中数据的样式

15.3 LINQ to SQL 数据库技术

LINQ(Language Integrated Query)是一种与.NET Framework 使用的编程语言紧密集成的新查询语言,为查询数据提供了一个统一的方法,就像使用 SQL 查询数据库那样从.NET 编程语句中直接查询数据,并且具备很好的编译时语法检查、丰富的元数据、智能感知、静态类型等强类型语言的优点。除此之外,LINQ 还可以方便地对内存中的信息进行查询,而不只是查询外部数据源。事实上,LINQ 语法部分借鉴了 SQL 标准语言,熟悉 SQL 的编程人员更容易上手。

有 3 种独立的 ADO.NET 语言集成查询（LINQ）技术：LINQ to DataSet、LINQ to SQL 和 LINQ to Entities。LINQ to DataSet 提供针对 DataSet 的形式多样的优化查询；LINQ to SQL 可以直接查询 SQL Server 数据库架构；LINQ to Entities 允许查询实体数据模型。

如果使用基本的 SQL 查询语句与.NET 结合起来开发一个小型的后台管理系统,整个过程是怎样的？首先创建一个与数据库的连接,然后创建一个查询命令并存放到一个字符串变量中,接着打开数据库,执行并返回相应的结果,最后将数据库的连接关闭。

如果换作 LINQ 的话呢？答案是很简单,只要通过 LINQ to SQL 简单地将要操作的目标数据表映射成.NET 中的一个类,之后就是对类的对象直接调用了,也不用关心对数据库的连接与关闭。我们发现,LINQ 数据查询已经与.NET 浑然天成了。而且在用标准 SQL 查询语言实现后台数据库的访问时,如果查询命令字符串写错了,系统是不能在编译时检测出来的,只有运行时才会报错；而使用 LINQ 查询的话,由于机制本身的原因,能够在系统编译时及时通报错误,提高工程项目效率。

由于被集成到语言中,而不是特定的项目里,所以 LINQ 可以用于各种项目,包括 Web 应用程序、Windows 窗体应用程序、Console 应用程序等。

■ 15.3.1 使用 LINQ 技术查询数据

LINQ to SQL 是基于关系数据的.NET 语言集成查询,用于以对象形式管理关系数据,并提供了丰富的查询功能。LINQ to SQL 可以将大量的数据库对象(如表、视图、存储过程等)转换为可以在代码中访问的.NET 对象,然后在查询中使用这些对象或直接在数据绑定场景中使用它们。下面使用 LINQ 技术实现数据表在 GridView 控件中的数据显示功能。

(1) 在 Web 窗体页面中添加 GridView 控件。

(2) 在解决方案资源管理器中右击项目名,在弹出的快捷菜单中选择"添加新项",添加 LINQ to SQL 类视图文件,如图 15-5 所示。弹出对话框询问是否移至 App_Data 文件夹,单击"是"按钮,出现两个设计图面,如图 15-6 所示。当用户将数据表拖动到左侧的设计图面时,LINQ to SQL 会自动完成将表映射成一个.NET 类的操作;而将存储过程等拖动到右侧的设计图面时,会将其映射成为相应类中的方法。

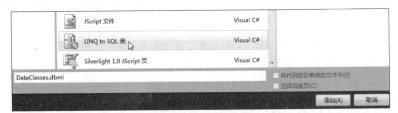

图 15-5 创建 LINQ to SQL 类

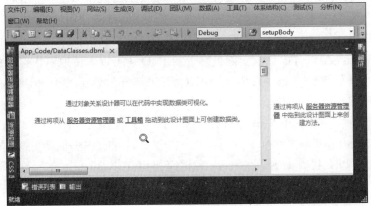

图 15-6 LINQ to SQL 类设计视图

(3) 将创建好的 Category 和 Products 数据表从服务器资源管理器中拖动到左侧的设计图面中并保存,如图 15-7 所示。

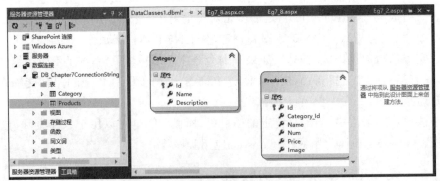

图 15-7 将数据表拖入设计视图

(4) 在后台.cs 文件的 Page_Load 事件中写入代码,实现 Category 数据表显示功能,代码如下。

```
public partial class Eg7_8 : System.Web.UI.Page
{
    //创建 LINQ to SQL 类的数据链接对象 db
    DataClasses1DataContext db =new DataClasses1DataContext();
    protected void Page_Load(object sender, EventArgs e)
    {
        //利用 LINQ 的 SELECT 语句实现数据库查询结果集
        var results =from r in db.Category
            select r;
        //给数据显示控件 GridView1 指明数据源,并实现数据绑定
        GridView1.DataSource =results;
        GridView1.DataBind();
    }
}
```

(5) 按 F5 键调试运行,即可将 Category 数据表的数据显示在 GridView 控件中。

LINQ To SQL 使用简单而灵活。通过将数据库对象(如表、视图、存储过程等)直接拖动到设计视图中,LINQ to SQL 系统就自动建立了数据库到.NET 类的映射。在 LINQ 基本语法中,db.Category 本身是由数据库中的一张数据表映射而来的,所以一定要注意,db.Category 指的是数据库中 Category 这张表的所有数据,即所有行数据的集合概念。

15.3.2 使用 LINQ 技术插入数据

下面通过增加一条商品记录说明 LINQ 的插入功能,步骤如下。

(1) 在页面设计视图添加 1 个下拉列表 DropDownList、4 个 TextBox 文本框、1 个 Button 按钮以及 1 个 Label 标签控件,前台页面设计如图 15-8 所示,此时注意由于主键 Id 设计为自累加功能,用户无须也不能给 Id 赋值。

(2) 为了保证商品种类数据来源于种类表,需要绑定数据给商品种类下拉列表;另外,为了友好化考虑,可以定义一个显示所有商品数据的方法,具体后台源代码如下。

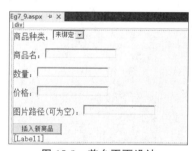

图 15-8 前台页面设计

```
DataClasses1DataContext db =new DataClasses1DataContext();
public void BindCategory()
{
    var results =from r in db.Category
            select r;
    DropDownList1.DataSource =results;
    DropDownList1.DataTextField = "Name";
    DropDownList1.DataValueField = "Id";
    DropDownList1.DataBind();
}
public void showAll()
{
    var results =from r in db.Products
            select r;
    GridView1.DataSource =results;
    GridView1.DataBind();
}
protected void Page_Load(object sender, EventArgs e)
{
```

```
        BindCategory();
        showAll();
    }
```

（3）“插入新商品”按钮的主要功能代码如下。

```
protected void Button1_Click(object sender, EventArgs e)
{
    Products newP = new Products();
    newP.Category_Id = int.Parse(DropDownList1.SelectedValue);
    newP.Name = TextBox1.Text;
    newP.Num = int.Parse(TextBox2.Text);
    newP.Price = decimal.Parse( TextBox3.Text);
    if (TextBox4.Text != "")
        newP.Image = TextBox4.Text;
    try
    {
        db.Products.InsertOnSubmit(newP);
        db.SubmitChanges();
        Label1.Text = "插入成功!";
        showAll();
    }
    catch
    {
        Label1.Text = "插入失败!";
    }
}
```

（4）运行时，在文本框中依次输入数据，如图 15-9 所示；然后单击“插入新商品”按钮，结果如图 15-10 所示。

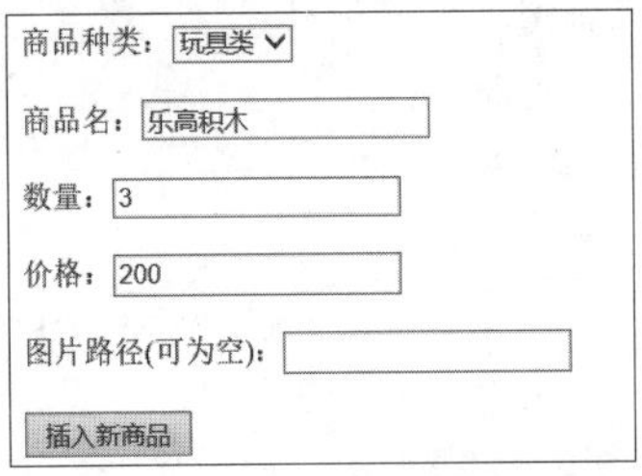

图 15-9　插入数据

Id	Category_Id	Name	Num	Price	Image
1	1	方便面	20	11.00	~/images/1/fbm.jpg
2	1	可乐	10	3.00	~/images/1/kl.jpg
3	2	芭比娃娃	5	50.00	~/images/2/bbww.jpg
4	2	变形金刚	3	88.00	~/images/2/bxjg.jpg
5	3	绿伞洗衣液	3	22.00	~/images/3/ls.jpg
6	3	大宝	4	10.00	~/images/3/db.jpg
7	4	手机	2	3000.00	~/images/4/sx.jpg
9	5	搓澡巾	2	2.00	~/images/5/czj.jpg
11	1	牛奶	10	3.00	
12	1	乐高积木	3	200	

图 15-10　插入数据结果

当要在一个事件中插入多行数据时，只须定义数据表类的多个对象并分别初始化，然后把这些对象保存到一个集合中，如列表 List，最后调用 InsertAllOnSubmit()方法即可。

■ 15.3.3　使用 LINQ 技术删除数据

删除数据与插入数据一样，也要确定对象。需要注意的是，如果只删除单一的对象，即只删除数据表中一行数据，那么在确定这个对象时，应选择像主键这样的能唯一标识对象的字段。获得了要删除的对象后，调用数据删除方法 DeleteOnSubmit()和数据库更新方法 SubmitChanges()，完成数据从数据库表中的删除操作。具体步骤如下。

（1）在页面设计视图添加一个 TextBox 文本框、一个 Button 按钮、一个 Label 标签以及一个 GridView 控件，前台页面设计如图 15-11 所示。

后台代码如下。

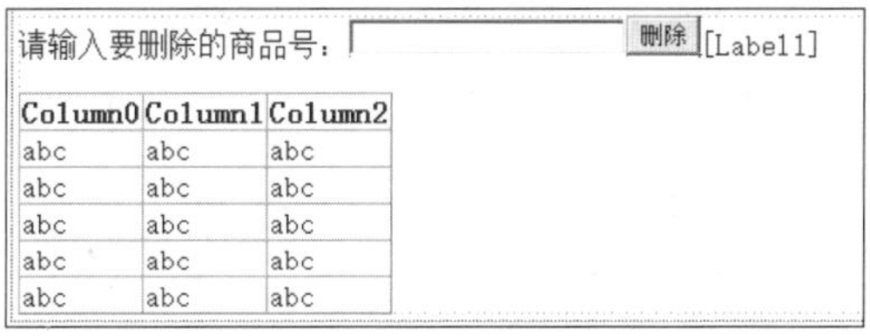

第15章 基于C# .NET的数据库应用系统开发

图 15-11 前台页面设计

```
DataClasses1DataContext db =new DataClasses1DataContext();
public void showAll()
{
    var results =from r in db.Products
                 select r;
    GridView1.DataSource =results;
    GridView1.DataBind();
}
protected void Page_Load(object sender, EventArgs e)
{
    showAll();
}

protected void Button1_Click(object sender, EventArgs e)
{
    if (TextBox1.Text !="")
    {
        int id =int.Parse(TextBox1.Text);
        var results =from r in db.Products
                     where r.Id ==id
                     select r;
        if (results.Count() >0)
            try
            {
                db.Products.DeleteAllOnSubmit(results);
                db.SubmitChanges();
                showAll();
                Label1.Text ="删除成功!";
            }catch { }
        else
            Label1.Text ="无相关记录可以删除";
    }
}
```

运行结果如图 15-12 所示。

图 15-12 删除数据运行结果

（2）当然，如果在 GridView 数据显示控件中每行增加一个"删除"按钮，用户需要删除哪行，只须单击该行的"删除"按钮即可实现删除功能，是最理想的一种方法。现在我们需要给 GridView 控件 "编辑列"，增加一个 "删除"按钮，添加过程如图 15-13 所示，添加后的 GridView 控件如图 15-14 所示。

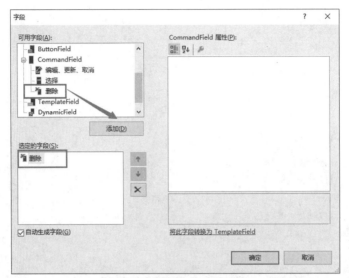

图 15-13 添加删除功能按钮

图 15-14 添加删除功能按钮后的 GridView 控件

（3）需要给 GridView 控件增加删除功能，代码如下。

```
protected void GridView1_RowDeleting(object sender, GridViewDeleteEventArgs e)
{
    var results = from r in db.Products
        where r.Id == int.Parse(GridView1.Rows[e.RowIndex].Cells[1].Text)
        select r;
    db.Products.DeleteAllOnSubmit(results);
    db.SubmitChanges();
    showAll();
}
```

（4）为了提升用户体验性，可增加是否确定删除功能，根据用户的选择结果决定是否删除，代码如下。

```
protected void GridView1_RowDataBound(object sender, GridViewRowEventArgs e)
{
    if (e.Row.RowType == DataControlRowType.DataRow)
    {
        LinkButton del = (LinkButton)e.Row.Cells[0].Controls[0];
        del.OnClientClick = "return confirm('确定删除该记录吗？')";
    }
}
```

（5）运行界面如图 15-15 所示。单击某行记录前的 "删除"按钮后，弹出如图 15-16 所示的对话框，用户单击 "取消"按钮表示不删除记录，单击 "确定"按钮即可删除相关记录。

第15章 基于C# .NET的数据库应用系统开发

Id	Category_Id	Name	Num	Price	Image
删除 1	1	方便面	20	11.00	~/images/1/fbm.jpg
删除 2	1	可乐	10	3.00	~/images/1/kl.jpg
删除 3	2	芭比娃娃	5	50.00	~/images/2/bbww.jpg
删除 4	2	变形金刚	3	88.00	~/images/2/bxjg.jpg
删除 5	3	绿伞洗衣液	3	22.00	~/images/3/ls.jpg
删除 6	3	大宝	4	10.00	~/images/3/db.jpg
删除 7	4	手机	2	3000.00	~/images/4/sx.jpg
删除 9	5	搓澡巾	2	2.00	~/images/5/czj.jpg
删除 14	1	牛奶	11	1.00	

图 15-15　删除记录运行界面

图 15-16　删除提示

■ 15.3.4　使用 LINQ 技术更新数据

如果只是更新数据表中的一行数据，只须根据条件获得更新行的对象，然后用这个对象直接引用更新字段，调用更新方法即可。操作步骤如下。

（1）在页面设计视图增加控件，如图 15-17 所示，注意 Panel 的初始化状态设为 false。

图 15-17　添加更新功能

（2）"读取该商品信息"按钮事件的代码如下。

```
protected void Button2_Click(object sender, EventArgs e)
{
   if(TextBox2.Text!="")
   {
      Panel1.Visible =true;
      int id =int.Parse(TextBox2.Text);
      Products UptProduct =db.Products.Where(r =>r.Id ==id).FirstOrDefault();
      TextBox3.Text =UptProduct.Category_Id.ToString();
      TextBox4.Text =UptProduct.Name;
      TextBox5.Text =UptProduct.Num.ToString();
      TextBox6.Text =UptProduct.Price.ToString();
      TextBox7.Text =UptProduct.Image;
   }
}
```

（3）"确定更新"按钮事件的代码如下。

```
protected void Button3_Click(object sender, EventArgs e)
{
   try
   {
      int id =int.Parse(TextBox2.Text);
      Products UptProduct =db.Products.Where(r =>r.Id ==id).FirstOrDefault();

      UptProduct.Category_Id =int.Parse(TextBox3.Text);
      UptProduct.Name =TextBox4.Text;
```

```
            UptProduct.Num = int.Parse(TextBox5.Text);
            UptProduct.Price = decimal.Parse(TextBox6.Text);
            UptProduct.Image = TextBox7.Text;
            db.SubmitChanges();
            showAll();
            Panel1.Visible = false;
            Label2.Text = "更新成功!";
        }
        catch
        {
            Label2.Text = "更新失败!";
        }
```

(4) 更新数据的运行过程如图 15-18 所示。修改数据，单击"确定更新"按钮，运行结果如图 15-19 所示。

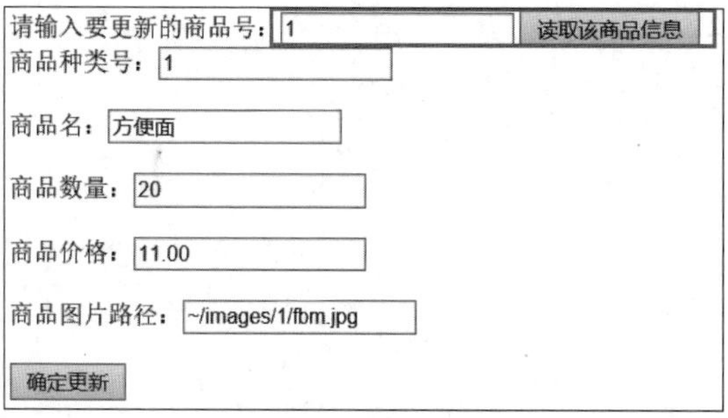

图 15-18　更新数据

图 15-19　更新数据运行结果

(5) 到这里，读者或许会想该如何用 LINQ To SQL 实现同时修改多行数据呢？其实，任何与数据库交互的程序代码，都不能在同一时刻修改多行，在最底层，也都是通过循环、逐行遍历，取得相应的值然后修改，这里的"同时修改"，应当做的是在一个事件方法中修改多行。我们给出一个简单的思路：使用 SELECT 关键字能够在 LINQ 循环结束后获得一个集合，然后结合 foreach 循环逐次读取其中一个对象进行修改，最后等 foreach 循环结束后更新数据库。感兴趣的读者可以查阅其他资料。

LINQ to SQL 与 ADO.NET 相比较，可以将 ADO.NET 看作 LINQ to SQL 的超集，ADO.NET 的实体数据模型比 LINQ to SQL 涉及的功能要多得多，LINQ to SQL 可以用作应用程序快速部署，而 ADO.NET 实体数据模型则可以用作企业级程序部署。另外，LINQ to SQL 只支持 SQL Server 数据库，ADO.NET 则支持各种基于 ADO.NET 数据提供程序的数据库(如 MySQL、Oracle 等)。

15.4　基于 C♯.NET 的数据库应用系统开发实例

本节通过一个完整的开发实例——教学管理系统，讨论后台数据库使用 SQL Server、前台开发工具使用 ASP.NET(C♯语言)进行数据库系统开发的过程和方法。

15.4.1 数据库设计

数据库应用系统的开发也是一项软件工程,称为数据库工程。按照规范化设置的方法,考虑数据库及其应用系统开发全过程,将教学管理系统数据库设计分为以下 6 个阶段:需求分析阶段、概念结构设计阶段、逻辑结构设计阶段、物理结构设计阶段、数据库实施阶段和运行与维护阶段。

1. 需求分析

通过对教学管理的日常工作进行详细的调查和分析,确定教学管理系统实现的功能。通过该系统,学校里不同角色的用户可以通过网络完成教学管理功能:管理员通过该系统实现对学生、教师、课程的添加和维护以及学生成绩的维护,并根据需要进行某些信息的查询;教师通过该系统实现查看个人任课情况、课程选修情况和对课程成绩的录入;学生通过该系统实现选课和个人成绩查询等功能;还有公共模块,如修改个人密码功能。

2. 概念结构设计

通过需求分析阶段的分析结果,本系统所要设计的实体和属性如下。

学生(学号,密码,姓名,性别,出生日期,专业,年级)

教师(教师号,密码,姓名,性别,学院)

课程(课程号,课程名,学分,学时)

管理员(管理员账号,姓名,密码)

系统的 E-R 图如图 15-20 所示,省略实体中的属性。

3. 逻辑结构设计

将概念设计阶段的 E-R 图转换为关系模式,设计出教学管理系统的逻辑结构,并根据程序需要设计视图。

1) 关系设计

根据转换原则转换为 5 个关系模式,关系的主码用下画线标出。

学生(<u>学号</u>,密码,姓名,性别,出生日期,专业,年级)

教师(<u>教师号</u>,密码,姓名,性别,学院)

课程(<u>课程号</u>,课程名,学分,学时,教师号)

选课(<u>学号,课程号</u>,成绩)

管理员(<u>管理员账号</u>,姓名,密码)

将关系模式转换为具体的 RDBMS 中支持的关系数据模型(表结构)。本系统在 SQL Server 数据库管理系统中共设计 5 张表,分别为学生表、教师表、课程表、选课表和管理员表。为保护数据的安全,我们将对学生、教师和管理员的密码进行加密保存,表结构如图 15-21~图 15-25 所示。

图 15-20 教学管理系统 E-R 图　　　　图 15-21 学生表

图 15-22 教师表　　　　图 15-23 课程表

图 15-24 选课表　　　　图 15-25 管理员表

2）设计视图

（1）学生视图：用于学生信息的查询和维护。创建代码如下。

```
CREATE VIEW student_view
AS SELECT    学号,姓名,性别,出生日期,专业,年级,密码
FROM         dbo.Student
```

（2）课程视图：用于课程信息的查询和维护。创建代码如下。

```
CREATE VIEW course_view
AS SELECT    课程号,课程名,学分,学时,教师号
FROM         dbo.Course
```

（3）教师视图：用于教师信息的查询和维护。创建代码如下。

```
CREATE VIEW teacher_view
AS SELECT    教师号,密码,姓名,性别,学院
FROM         dbo.Teacher
```

（4）选课视图：用于选课信息的查询和维护。创建代码如下。

```
CREATE VIEW CS_view
AS SELECT    学号,课程号,成绩
FROM         dbo.CS
```

（5）选课人数视图：用于管理员查询每门课的选修人数。创建代码如下。

```
CREATE VIEW [dbo].[Pnum]
    AS SELECT Course.课程号,课程名,Course.教师号,Teacher.姓名,学院, count (CS.课程号) as 选课人数
    FROM CS RIGHT JOIN COURSE ON CS.课程号=Course.课程号
    LEFT JOIN Teacher ON Teacher.教师号=Course.教师号
    GROUP BY Course.课程号,课程名,Course.教师号,Teacher.姓名,学院
```

（6）平均成绩视图：用于管理员查询每门课的平均成绩。创建代码如下。

```
CREATE VIEW [dbo].[Avg]
    AS SELECT Course.课程号,课程名,Course.教师号,Teacher.姓名,学院, avg (CS.成绩) as 平均成绩
    from CS join Course on CS.课程号=Course.课程号
    join Teacher on Teacher.教师号=Course.教师号
    group by Course.课程号,课程名,Course.教师号,Teacher.姓名,学院
```

4．物理结构设计

根据教学管理系统的数据操作需要，为各表设计索引文件。每张表已经按主码自动创建了一个聚集索引，其他索引如下。

第15章 基于C#.NET的数据库应用系统开发

(1) 按学生表的"姓名"列升序创建一个非聚集索引。
(2) 按学生表的"年级"列升序、"专业"列升序创建一个非聚集索引。
(3) 按课程表的"课程名"列升序创建一个非聚集索引。
(4) 按课程表的"教师号"列升序创建一个非聚集索引。
(5) 按教师表的"姓名"列升序创建一个非聚集索引。
(6) 按教师表的"学院"列升序创建一个非聚集索引。

5. 数据库实施

在 SQL Server 中创建 teaching 数据库,创建其中的 5 张表,并为表创建索引,然后向表中添加数据,创建 6 个视图。再根据程序功能设计 15 个存储过程和 3 个表值函数。

(1) loginMan 存储过程用于实现管理员登录。

```
CREATEPROCEDURE [dbo].[loginMan]
@mno char(10),@password varchar(20)
AS
OPEN SYMMETRIC KEY PWDKEY
DECRYPTION BY CERTIFICATE cert_Pwd
IF (SELECT convert(varchar(20),DECRYPTBYKEY(密码)) FROM Manager WHERE 管理员账号=@mno)=
@password
SELECT 姓名 FROM Manager WHERE 管理员账号=@mno
```

(2) loginStu 存储过程用于实现学生登录。

```
CREATEPROCEDURE [dbo].[loginStu]
@sno char(10),@password varchar(20)
AS
OPEN SYMMETRIC KEY PWDKEY
DECRYPTION BY CERTIFICATE cert_Pwd
IF (SELECT convert(varchar(20),DECRYPTBYKEY(密码)) FROM Student WHERE 学号=@sno)=
@password
SELECT 姓名 FROM Student WHERE 学号=@sno
```

(3) loginTea 存储过程用于实现教师登录。

```
CREATEPROCEDURE [dbo].[loginTea]
@tno char(10),@password varchar(20)
AS
OPEN SYMMETRIC KEY PWDKEY
DECRYPTION BY CERTIFICATE cert_Pwd
IF (SELECT convert(varchar(20),DECRYPTBYKEY(密码)) FROM Teacher WHERE 教师号=@tno)=
@password
SELECT 姓名 FROM Teacher WHERE 教师号=@tno
```

(4) addstudent 存储过程用于实现管理员添加学生信息。

```
CREATE PROCEDURE [dbo].[addstudent]
@sno char(10),@sname nvarchar(10),@ssex nchar(1),
@sbirthday date,@specialty nvarchar(10),@grade nchar(5),
@password varchar(20)
AS
OPEN SYMMETRIC KEY PWDKEY
DECRYPTION BY CERTIFICATE cert_Pwd
INSERT INTO Student VALUES (@sno,ENCRYPTBYKEY(KEY_GUID('PWDKEY'),
@password),@sname,@ssex,@sbirthday,@specialty,@grade)
```

(5) addteacher 存储过程用于实现管理员添加教师信息。

```
CREATE PROCEDURE [dbo].[addteacher]
@tno char(5),@tname nvarchar(10),@tsex nchar(1),
```

```
@institute nvarchar(10),@passward varchar(20)
AS
OPEN SYMMETRIC KEY PWDKEY
DECRYPTION BY CERTIFICATE cert_Pwd
INSERT INTO Teacher VALUES (@tno,ENCRYPTBYKEY(KEY_GUID('PWDKEY'),
@passward),@tname,@tsex,@institute)
```

(6) maNo_Pwd 存储过程用于实现管理员修改密码时验证旧密码输入是否正确。

```
CREATE PROCEDURE [dbo].[maNo_Pwd]
@mno char(5),@password varchar(20)
AS
OPEN SYMMETRIC KEY PWDKEY
DECRYPTION BY CERTIFICATE cert_Pwd
SELECT 姓名 FROM Manager WHERE 管理员账号=@mno AND
convert(varchar(20),DECRYPTBYKEY(密码))=@password
```

(7) stuNo_Pwd 存储过程用于实现学生修改密码时验证旧密码输入是否正确。

```
CREATE PROCEDURE [dbo].[stuNo_Pwd]
@sno char(10),@password varchar(20)
AS
OPEN SYMMETRIC KEY PWDKEY
DECRYPTION BY CERTIFICATE cert_Pwd
SELECT 姓名 FROM Student WHERE 学号=@sno AND
convert(varchar(20),DECRYPTBYKEY(密码))=@password
```

(8) teaNo_Pwd 存储过程用于实现教师修改密码时验证旧密码输入是否正确。

```
CREATE PROCEDURE [dbo].[teaNo_Pwd]
@tno char(5),@password varchar(20)
AS
OPEN SYMMETRIC KEY PWDKEY
DECRYPTION BY CERTIFICATE cert_Pwd
SELECT 姓名 FROM Teacher WHERE 教师号=@tno AND
convert(varchar(20),DECRYPTBYKEY(密码))=@password
```

(9) modiManPwd 存储过程用于实现管理员修改密码。

```
CREATE PROCEDURE [dbo].[modiManPwd]
@password varchar(20),@mno char(5)
AS
OPEN SYMMETRIC KEY PWDKEY
DECRYPTION BY CERTIFICATE cert_Pwd
UPDATE ma_view SET 密码=ENCRYPTBYKEY(KEY_GUID('PWDKEY'),@password)
WHERE 管理员账号=@mno
```

(10) modiStuPwd 存储过程用于实现学生修改密码。

```
CREATE PROCEDURE [dbo].[modiStuPwd]
@password varchar(20),@sno char(10)
AS
OPEN SYMMETRIC KEY PWDKEY
DECRYPTION BY CERTIFICATE cert_Pwd
UPDATE student_view SET 密码=ENCRYPTBYKEY(KEY_GUID('PWDKEY'),@password)
WHERE 学号=@sno
```

(11) modiTeaPwd 存储过程用于实现教师修改密码。

```
CREATE PROCEDURE [dbo].[modiTeaPwd]
@tno char(5),@password varchar(20)
AS
OPEN SYMMETRIC KEY PWDKEY
DECRYPTION BY CERTIFICATE cert_Pwd
```

```
UPDATE teacher_view SET 密码=ENCRYPTBYKEY(KEY_GUID('PWDKEY'),@password)
WHERE 教师号=@tno
```

(12) teacherQElect 存储过程用于实现教师查询学生选择某门课的选课情况。

```
CREATE PROCEDURE [dbo].[teacherQElect] @cno char(16)
AS IF (SELECT count(*) from Student,CS
        WHERE Student.学号=CS.学号 AND 课程号=@cno)>0
    SELECT Student.学号,姓名,年级,专业 FROM Student,CS
    WHERE Student.学号=CS.学号 AND 课程号=@cno
    ORDER BY 专业,年级
ELSE
    SELECT 0 AS 选课人数
RETURN
```

(13) teacher_cNO_Name 存储过程用于实现教师选择要查询学生选课的课程情况。

```
CREATE PROCEDURE [dbo].[teacher_cNO_Name] @tno char(5)
AS
SELECT DISTINCT Course.课程号,课程名 FROM Course,CS WHERE Course.课程号=CS.课程号
AND 教师号=@tno
```

(14) teacher_c_score 存储过程用于实现教师提交成绩时显示某门课的学生基本信息和成绩。

```
CREATE PROCEDURE [dbo].[teacher_c_score] @cno char(16)
AS
SELECT Student.学号,姓名,专业,年级,成绩 FROM Student,CS
WHERE Student.学号=CS.学号 AND 课程号=@cno
```

(15) teacher_cs_NO_Name 存储过程用于实现教师选择要提交成绩的课程。

```
CREATE PROCEDURE [dbo].[teacher_cs_NO_Name] @tno char(5)
AS
SELECT DISTINCT Course.课程号,课程名 FROM Course,CS WHERE Course.课程号=CS.课程号
AND 教师号=@tno
```

(16) stuscore 表值函数用于实现学生查询考试成绩。

```
CREATE FUNCTION [dbo].[stuscore](@sno varchar(11))
RETURNS TABLE
    AS
    RETURN
        SELECT CS.课程号,课程名,成绩 FROM CS,Course
        WHERE Course.课程号=CS.课程号 AND 学号=@sno
```

(17) SeltCourse1 表值函数用于实现学生选课时显示该学生还未选择的课程。

```
CREATE FUNCTION [dbo].[SeltCourse1]
( @sno char(10) )
RETURNS TABLE
AS
RETURN
SELECT Course.课程号, 课程名, 姓名 AS 教师姓名,学分,学时 FROM Course,
Teacher WHERE Course.教师号=Teacher.教师号 AND 课程号 not in
(SELECT 课程号 FROM CS where 学号=@sno)
```

(18) SeltCourse2 表值函数用于实现学生选课时显示该学生已经选择的课程。

```
CREATE FUNCTION [dbo].[SeltCourse1]
( @sno char(10) )
RETURNS TABLE
AS
```

```
RETURN
SELECT Course.课程号,课程名,姓名 AS 教师姓名,学分,学时 FROM Course,
Teacher WHERE Course.教师号=Teacher.教师号 AND 课程号 IN
(SELECT 课程号 FROM CS WHERE 学号=@sno)
```

为确保数据库安全,我们创建了 SQL Server 验证的登录账号 user1,作为应用系统连接数据库的账号,密码为"123…",并将其映射为 teaching 数据库的用户,将以上前4个视图的查询、插入、修改和删除数据的权限授予此用户,还为其授予其他视图的查询权限、所有存储过程的执行权限、所有函数的查询权限。

为实现密码列的加密,创建以下密钥和证书。

创建数据库主密钥。

```
USE teaching
CREATE MASTER KEY ENCRYPTION BY PASSWORD ='yinQQ-110'
```

使用数据库主密钥 yinQQ-110 加密创建的证书。

```
CREATE CERTIFICATE cert_Pwd              --创建证书,证书名 cert_Pwd
WITH SUBJECT='encrypt AcNo and pwd',     --证书的主题
START_DATE='01/01/2017',                 --证书启用日期
EXPIRY_DATE='01/01/2019'                 --证书到期日期
GO
```

用证书创建对称密钥。

```
CREATE SYMMETRIC KEY PWDKEY
WITH ALGORITHM =AES_256
ENCRYPTION BY CERTIFICATE cert_Pwd       --使用证书 cert_Pwd 加密对称密钥
```

插入或修改学生、教师和管理员的密码时,用对称密钥 PWDKEY 加密保存。

6. 运行与维护

数据库投入运行标志着开发任务的基本完成和维护工作的开始。维护工作的是一个长期的过程,包括对数据库设计的评价、调整、修改等工作,这里不再讲述。

15.4.2 应用系统设计与实现

根据需求分析阶段的系统功能,将教学管理系统分为4个模块,包括管理员管理模块、教师管理模块、学生管理模块和公共模块,如图 15-26 所示。

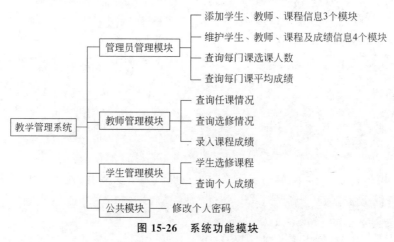

图 15-26 系统功能模块

第15章 基于C#.NET的数据库应用系统开发

根据以上4个模块，准备设计以下页面。

(1) 登录页：login.aspx。
(2) 管理员母版页：Site1.Master。
(3) 管理员主页：main.aspx。
(4) 添加学生页：adminStudentAdd.aspx。
(5) 学生信息维护页：adminStudentDetails.aspx。
(6) 添加课程页：adminCourseAdd.aspx。
(7) 课程信息维护页：adminCourseDetails.aspx。
(8) 添加教师页：adminTeacherAdd.aspx。
(9) 教师信息维护页：adminTeacherDetails.aspx。
(10) 成绩维护页：adminStudentScore.aspx。
(11) 查询每门课选修人数页：adminSearchNumber.aspx。
(12) 查询每门课平均成绩页：adminSearchScore.aspx。
(13) 教师母版页：Site2.Master。
(14) 教师主页：teacher.aspx。
(15) 教师查询任课信息页：teacherCourseDetails.aspx。
(16) 教师查询选课情况页：teacherQueryElect.aspx。
(17) 教师录入成绩页：teacherSubmitScore.aspx。
(18) 学生母版页：Site3.Master。
(19) 学生主页：student.aspx。
(20) 学生选修课程页：studentElect.aspx。
(21) 个人成绩查询页：studentQueryScore.aspx。
(22) 修改个人密码页：ModifyPwd.aspx。
(23) 系统退出页：quit.aspx。

1. 创建项目

(1) 启动 Microsoft Visual Studio 2013，进入.NET 的 IDE 界面，创建一个新项目。执行"文件"→"新建"→"项目"菜单命令，如图 15-27 所示。

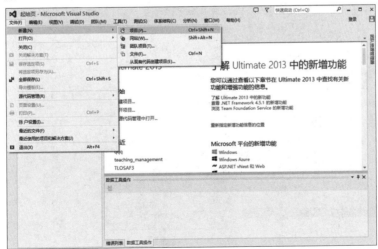

图 15-27　新建项目

（2）弹出"新建项目"对话框，选择建立基于 Visual C♯ 语言的 ASP.NET Web 应用程序，选择空项目模板（Empty），设置项目文件的名称及存储位置，解决方案名称为 teaching_management，如图 15-28 所示。

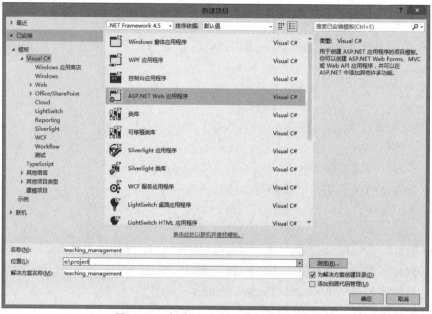

图 15-28　新建 ASP.NET Web 应用程序

（3）单击"确定"按钮，项目建立成功，在解决方案资源管理器中可以看到项目目录。下面可以在其中创建网页，右击项目名 teaching_management，在弹出的快捷菜单中选择"添加"→"新建项"，如图 15-29 所示。

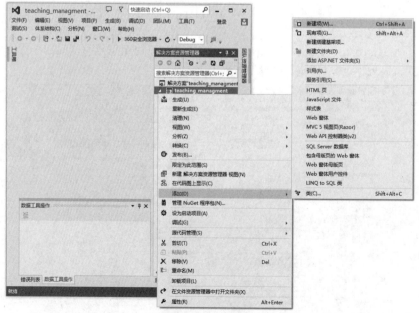

图 15-29　新建项

第15章 基于C#.NET的数据库应用系统开发

（4）弹出"添加新项-teaching_management"对话框，选择"Web 窗体"，命名为 login.aspx，如图 15-30 所示。

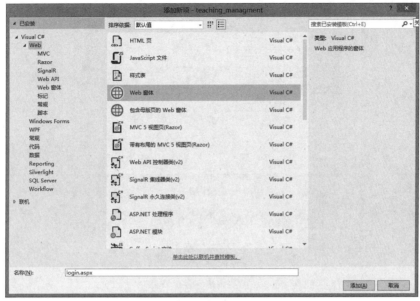

图 15-30 添加 login.aspx 页

（5）login.aspx 页添加成功后，在解决方案资源管理器中可以看到此文件，如图 15-31 所示，下面进行此网页的前台界面设计和后台代码编写。

图 15-31 login.aspx 页添加成功

在进行所有页面设计之前，在 web.config 文件中配置数据源连接，代码如下。

```
<connectionStrings>
  <add name="teachingConnectionString" connectionString="Data
  Source=(LOCAL)\YIN;Initial Catalog=teaching;User ID=user1;Password=123,,,"
  providerName="System.Data.SqlClient" />
</connectionStrings>
```

2. 设计登录页

登录页 login.aspx 是教学管理系统的入口页面，任何未登录的用户都不允许访问本系统的任何信息。教师、学生和管理员用户都可以通过登录页进入教学管理系统。

登录页的前台设计界面利用表格及各种 ASP.NET 控件（如 TextBox、Label、Button 等）来实现，如图 15-32 所示。

图 15-32 登录页的前台设计界面

登录页的后台功能代码如下。

```csharp
namespace teaching_management
{
    public partial class Login : System.Web.UI.Page
    {
        string s =System.Configuration.ConfigurationManager.ConnectionStrings
        ["TeachingConnectionString"].ConnectionString;          //连接串变量
        protected void Page_Load(object sender, EventArgs e)
        {
        }
        //登录按钮 Click 事件
        protected void Button1_Click(object sender, EventArgs e)
        {
            SqlConnection conn =new SqlConnection(s);
            string userName =TextBox1.Text.Trim();              /*用户的登录名*/
            string userPwd =TextBox2.Text.Trim();               /*用户的密码*/
            string userRole =RadioButtonList1.SelectedValue;    /*用户的角色*/
            string selectStr="";
            string pname;
            switch(userRole)
            {
                case "0" ://角色为教师
                    selectStr ="exec loginTea '" +userName +"','"+userPwd+"'";
                    break;
                case "1"://角色为学生
                    selectStr ="exec loginStu '" +userName +"','"+userPwd+"'";
                    break;
                case "2"://角色为管理员
                    selectStr ="exec loginMan '" +userName +"','"+userPwd+"'";
                    break;
            }
            SqlCommand cmd=new SqlCommand(selectStr,conn);
            conn.Open();
            SqlDataReader dr =cmd.ExecuteReader();
            if (dr.Read())
```

```
            {
                    Session["UserName"] =userName;
                    Session["UserN"] =(string) dr[0];     //获取用户姓名
                    Session["userRole"] =userRole;
                    TextBox1.Text ="";
                    TextBox2.Text ="";
                    Label3.Text ="";
                    switch (userRole)
                    {
                            case "0":
                                    Response.Redirect("teacher.aspx");
                                    break;
                            case "1":
                                    Response.Redirect("student.aspx");
                                    break;
                            case "2":
                                    Response.Redirect("Main.aspx");
                                    break;
                    }
             }
             else Label3.Text ="用户名或密码错误!";
        }
        //重置按钮 Click 事件
        protected void Button2_Click(object sender, EventArgs e)
        {
            TextBox1.Text ="";
            TextBox2.Text ="";
            Label3.Text ="";
            RadioButtonList1.SelectedValue ="1";
        }
    }
}
```

3. 设计管理员母版页

管理员母版页 Site1.Master 为所有管理员操作页面的母版。右击项目名 teaching_management，在弹出的快捷菜单中选择"添加"→"Web 窗体母版页"，如图 15-33 所示。

管理员母版页的前台设计界面利用表格及各种 ASP.NET 控件（如 Menu、Label、Button 等）来实现，其中，Menu 可以通过"编辑菜单项"进行子菜单设置，如图 15-34 所示。

在 Menu 的"菜单项编辑器"对话框中可以对各子菜单项某些属性进行设置。例如，"添加学生"菜单项的文本和链接页面设置如图 15-35 所示。

管理员母版页通过后台代码设置只有管理员才能进入，其他用户禁止进入，代码如下。

```
namespace teaching_management
{
    public partial class Site1 : System.Web.UI.MasterPage
    {
        protected void Page_Load(object sender, EventArgs e)
        {   //设置只有管理员用户可以进入
            if((string)Session["userRole"]!="2")
                Response.Redirect("Login.aspx");
            else
```

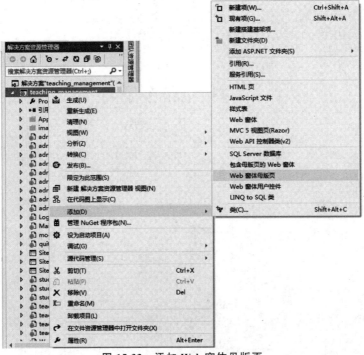

图 15-33 添加 Web 窗体母版页

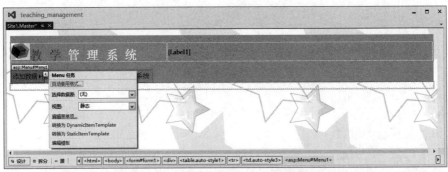

图 15-34 管理员母版页前台设计界面

```
            Label1.Text ="欢迎您:" +Session["userN"] +"~~~~~~~";
        }
    }
}
```

4．设计管理员主页

管理员主页 main.aspx 的界面和功能与管理员母版页完全相同，右击项目名 teaching_management，在弹出的快捷菜单中选择"添加"→"包含母版页的 Web 窗体"，如图 15-36 所示。

在弹出的"选择母版页"对话框中选择 Site1.Master 母版页，如图 15-37 所示，此页面只是一个导航页，不需要添加任何内容。

5．设计添加学生页

在创建添加学生页 adminStudentAdd.aspx 时要包含 Site1.Master 母版页。管理员用

· 296 ·

第15章 基于C#.NET的数据库应用系统开发

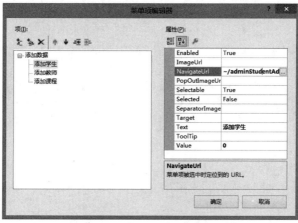

图 15-35 "菜单项编辑器"对话框

图 15-36 创建管理员主页

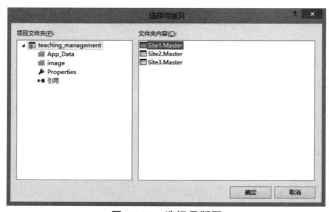

图 15-37 选择母版页

户在此页面可以完成新学生信息的添加,所以此页面的前台设计界面需添加表格及各种 ASP.NET 控件(如 TextBox、Button、DropDownList 等),如图 15-38 所示。

图 15-38　添加学生页前台设计界面

添加学生页的后台功能代码如下。

```
namespace teaching_management
{
    public partial class adminStudentAdd : System.Web.UI.Page
    {
        protected void Page_Load(object sender, EventArgs e)
        {
        }
        //添加按钮 Click 事件
        protected void Button1_Click(object sender, EventArgs e)
        {
            string s =System.Configuration.ConfigurationManager.ConnectionStrings
["TeachingConnectionString"].ConnectionString;
            SqlConnection conn =new SqlConnection(s);
            string insertStr ="EXEC addstudent '" +TextBox1.Text +"',N'" +
TextBox2.Text +"',N'" +RadioButtonList1.SelectedValue +"',N'" +TextBox3.Text +"',
N'" +DropDownList1.SelectedValue +"',N'" +DropDownList2.SelectedValue +"','" +
TextBox1.Text +"'";
SqlCommand cmd =new SqlCommand(insertStr, conn);
            conn.Open();
            int flag =cmd.ExecuteNonQuery();         //执行添加
            if (flag >0)                             //如果添加成功
                Label2.Text ="成功添加学生信息!";
            else                                     //如果添加失败
                Label2.Text ="添加学生信息失败,请查看输入是否正确!";
            conn.Close();
        }
        //重置按钮 Click 事件
        protected void Button2_Click(object sender, EventArgs e)
        {
            TextBox1.Text ="";
            TextBox2.Text ="";
            TextBox3.Text ="";
            RadioButtonList1.SelectedValue ="男";
        }
    }
}
```

添加成功后的页面运行结果如图15-39所示。

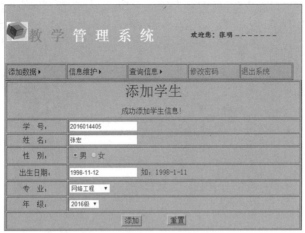

图 15-39　成功添加一条学生信息

6. 设计添加教师页

在创建添加教师页 adminTeacherAdd.aspx 时要包含 Site1.Master 母版页。管理员用户在此页面可以完成新教师信息的添加，所以此页面的前台设计界面需添加表格及各种 ASP.NET 控件（如 TextBox、Button、DropDownList 等），其中用 DropDownList 控件添加"学院"，绑定教师表中的学院列，并过滤掉重复行，如图15-40所示。

图 15-40　添加教师页前台设计界面

添加教师页的后台功能代码如下。

```
namespace teaching_management
{
    public partial class adminTeacherAdd : System.Web.UI.Page
    {
        protected void Page_Load(object sender, EventArgs e)
        {
        }
        //添加按钮 Click 事件
        protected void Button1_Click(object sender, EventArgs e)
        {
            string s =System.Configuration.ConfigurationManager.ConnectionStrings
             ["TeachingConnectionString"].ConnectionString;
```

```
            SqlConnection conn =new SqlConnection(s);
            string insertStr ="EXEC addteacher '" +TextBox1.Text +"',N'" +
TextBox2.Text +"',N'" +RadioButtonList1.SelectedValue +"',N'" +
 DropDownList1.SelectedValue +"','" +TextBox1.Text +"'";
            SqlCommand cmd =new SqlCommand(insertStr, conn);
            conn.Open();
            int flag =cmd.ExecuteNonQuery();
            if (flag >0)
                Label2.Text ="成功添加教师信息!";
            else
                Label2.Text ="添加教师信息失败,请查看输入是否正确!";
            conn.Close();
        }
        //重置按钮 Click事件
        protected void Button2_Click(object sender, EventArgs e)
        {
            TextBox1.Text ="";
            TextBox2.Text ="";
            RadioButtonList1.SelectedValue ="男";
        }
    }
}
```

添加成功后的页面运行结果如图 15-41 所示。

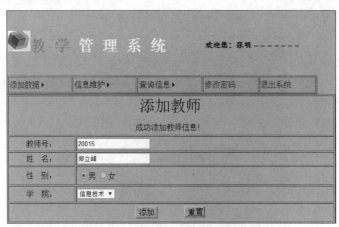

图 15-41 成功添加一条教师信息

7. 设计添加课程页

在创建添加课程页 adminCourseAdd.aspx 时也要包含 Site1.Master 母版页。管理员用户在此页面可以完成新课程信息的添加,所以此页面的前台设计界面需添加表格及各种 ASP.NET 控件(如 TextBox、Button、DropDownList 等),其中用 DropDownList 控件添加"教师号"下拉列表框,绑定教师表中的教师号列,如图 15-42 所示。

添加课程页的后台功能代码如下。

```
namespace teaching_management
{
    public partial class adminCourseAdd : System.Web.UI.Page
    {
        protected void Page_Load(object sender, EventArgs e)
```

第15章 基于C#.NET的数据库应用系统开发

```
    {
    }
//添加按钮 Click 事件
protected void Button1_Click(object sender, EventArgs e)
{
    string s =System.Configuration.ConfigurationManager.ConnectionStrings
    ["TeachingConnectionString"].ConnectionString;
    SqlConnection conn =new SqlConnection(s);
    string insertStr ="insert into Course_view(课程号,课程名,学分,学时,教师号)
values('"+TextBox1.Text +"',N'"+TextBox2.Text +"',"+DropDownList3.SelectedValue +",
" +DropDownList1.SelectedValue +",'" +DropDownList2.SelectedValue +"')";
    SqlCommand cmd =new SqlCommand(insertStr, conn);
    conn.Open();
    int flag =cmd.ExecuteNonQuery();
    if (flag >0)
        Label2.Text ="成功添加课程信息!";
    else
        Label2.Text ="添加课程信息失败,请查看输入是否正确!";
    conn.Close();
}
//重置按钮 Click 事件
protected void Button2_Click(object sender, EventArgs e)
{
    TextBox1.Text ="";
    TextBox2.Text ="";
    DropDownList3.SelectedValue ="1";
}
    }
}
```

添加成功后的页面运行结果如图 15-43 所示。

图 15-42 添加课程页前台设计界面

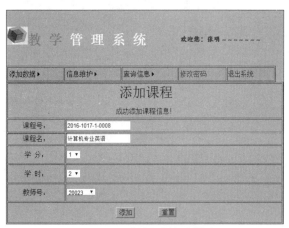

图 15-43 成功添加课程信息

8. 设计学生信息维护页

在创建学生信息维护页 adminStudentDetails.aspx 时要包含 Site1.Master 母版页。管理员用户在此页面可以完成学生信息的维护,包括学生信息的修改和删除。

学生信息维护页直接使用 GridView 控件的自带功能实现修改和删除。首先添加一个

GridView 控件,然后为其设置数据源为 teaching 数据库中的学生视图(student_view),并按专业和学号升序排序,前台设计界面如图 15-44 所示。

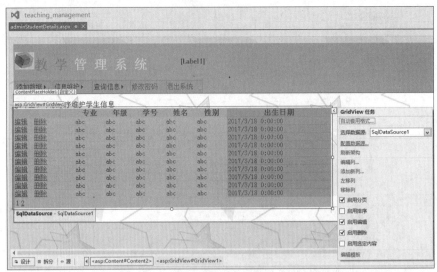

图 15-44 学生信息维护页前台设计界面

学生信息维护网页的运行情况如图 15-45 所示。

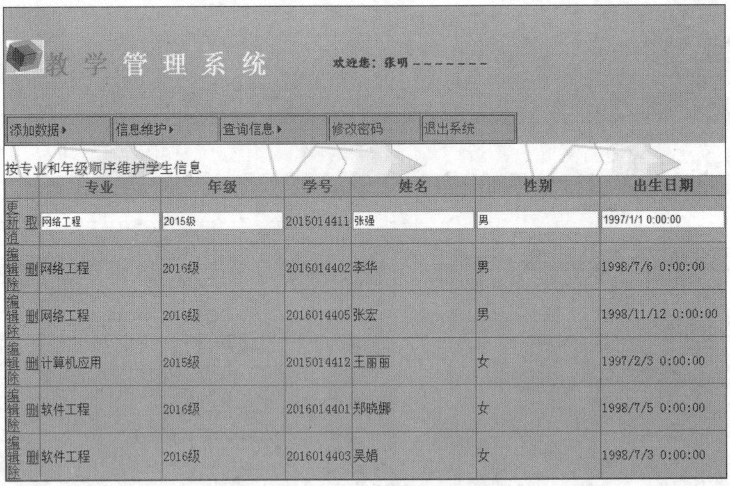

图 15-45 学生信息维护页

同样,在创建教师信息维护页 adminTeacherDetails.aspx 和课程信息维护页 adminCourseDetails.aspx 时也要包含 Site1.Master 母版页。管理员用户在这两个页面中可以完成教师信息和课程信息的维护,具体功能包括教师信息和课程信息的修改和删除。这两个页面的实现方式都与学生信息维护页面相似,不再赘述。

9. 学生成绩维护页

在创建学生成绩维护页 adminStudentScore.aspx 时要包含 Site1.Master 母版页。管理员用户在此页面可以完成学生成绩的维护,包括学生成绩的修改和删除。

学生成绩维护页直接使用 GridView 控件的自带功能来实现。首先添加一个 GridView 控件,然后为其设置数据源为 teaching 数据库中的选课视图(CS_view),前台设计界面如

图 15-46 所示。

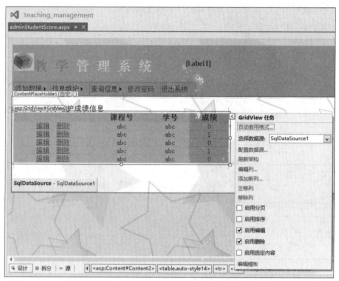

图 15-46 学生成绩维护页前台设计界面

学生信息维护页在编辑状态下只有成绩列可以修改或删除，如图 15-47 所示。

图 15-47 学生成绩维护页编辑状态

10. 查询每门课的选修人数页

在创建查询每门课的选修人数页 adminSearchNumber.aspx 时要包含 Site1.Master 母版页。管理员用户在此页面可以查询每门课的选修人数，以确定哪些课程适合开课，哪些课程不适合开课。

查询每门课的选修人数页直接使用 GridView 控件的自带功能来实现。首先添加一个 GridView 控件，然后为其设置数据源为 teaching 数据库中的选课人数视图(Pnum)，并按选课人数降序排序显示，前台设计界面如图 15-48 所示。

查询每门课的选修人数页运行结果如图 15-49 所示。

11. 设计查询每门课的平均成绩页

在创建查询每门课的平均成绩页面 adminSearchScore.aspx 时要包含 Site1.Master 母版页。管理员用户在此页面可以查询每门课的平均成绩，以了解学生考试成绩情况。

查询每门课的平均成绩页直接使用 GridView 控件的自带功能来实现。首先添加一个 GridView 控件，然后为其设置数据源为 teaching 数据库中的平均成绩视图 Avg，并按平均

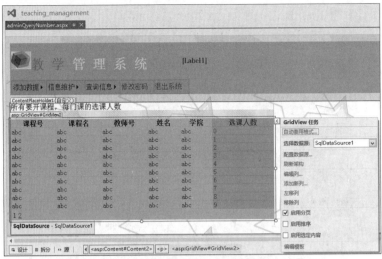

图 15-48　查询每门课的选修人数页前台设计界面

图 15-49　查询每门课的选修人数页

成绩降序排序显示,前台设计界面如图 15-50 所示。

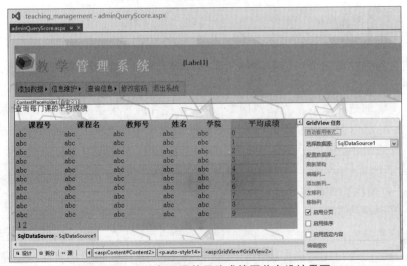

图 15-50　查询每门课的平均成绩页前台设计界面

查询每门课的平均成绩页运行结果如图 15-51 所示。

课程号	课程名	教师号	姓名	学院	平均成绩
2016-1017-1-0008	计算机专业英语	20023	王五	信息技术	89
2016-2017-2-0001	数据库技术	20021	张三	信息技术	
2016-2017-2-0002	计算机网络	20022	李四	信息技术	79
2016-2017-2-0003	JAVA语言	20023	王五	信息技术	73
2016-2017-2-0004	操作系统	20021	张三	信息技术	79
2016-2017-2-0005	计算机组成原理	20022	李四	信息技术	

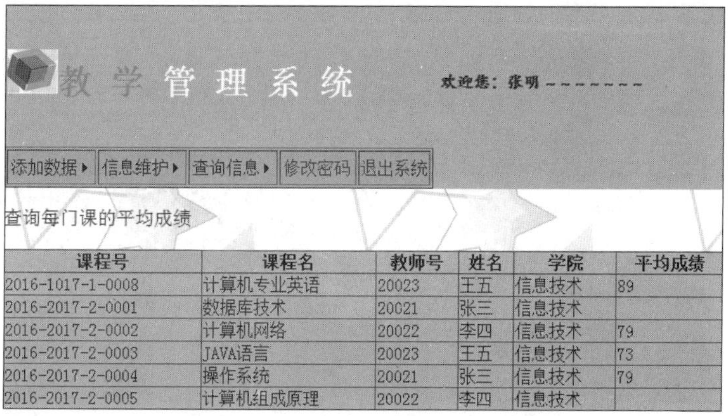

图 15-51　查询每门课的平均成绩页

12. 设计教师母版页和主页

教师母版页 Site2.Master 为所有教师操作页面的母版。其创建方法和管理员母版页相同,如图 15-52 所示。教师主页 teacher.aspx 的界面和功能与教师母版页完全相同,创建方法和管理员主页相同。

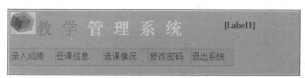

图 15-52　教师母版页前台设计界面

教师母版页通过后台代码设置只有教师用户才能进入,其他用户禁止进入,代码如下。

```
namespace teaching_management
{
    public partial class Site2 : System.Web.UI.MasterPage
    {
        protected void Page_Load(object sender, EventArgs e)
        {   //设置只有教师用户可以进入
            if ((string)Session["userRole"] !="0")
                Response.Redirect("Login.aspx");
            else
                Label1.Text ="欢迎您:" +Session["userN"] +"~~~~~~~~";
        }
    }
}
```

13. 设计教师查询任课信息页

在创建教师查询任课信息页 teacherCourseDetails.aspx 时要包含 Site2.Master 母版页。教师用户在此页面可以查看自己的任课情况,包括此教师所任课程的详细信息。

教师查询任课信息页使用 GridView 控件显示进行查询的教师所任课程的详细信息。添加一个 GridView 控件,为其设置数据源,查询 teaching 数据库中的课程视图(course_view),查询条件为登录教师的教师号,前台设计界面如图 15-53 所示。

教师查询任课信息页面的运行结果如图 15-54 所示。

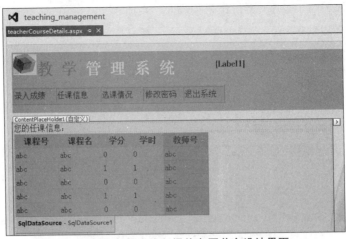

图 15-53 教师查询任课信息页前台设计界面

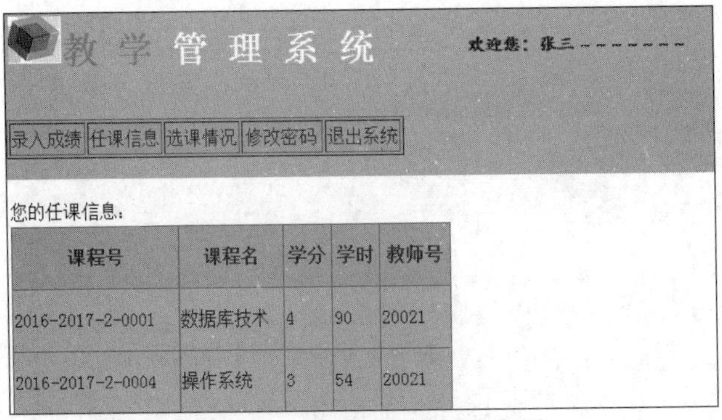

图 15-54 教师查询任课信息页

14. 设计教师查询选课情况页

在创建教师查询选课情况页 teacherQueryElect.aspx 时要包含 Site2.Master 母版页。教师用户在此页面可以查看自己所任课程的选修情况,包括选修每门课程的学生的详细信息。

教师查询选课情况页使用 GridView 控件显示进行查询的教师所任课程的选修情况。首先添加一个下拉列表框控件,用于选择要查询的课程名,再添加一个 GridView 控件,然后利用后台代码实现查询数据与此控件的绑定,前台设计界面如图 15-55 所示。

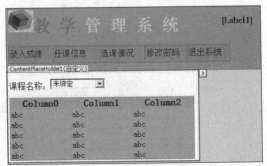

图 15-55 教师查询选课情况页前台设计界面

第15章 基于C#.NET的数据库应用系统开发

教师查询选课情况页的后台功能代码如下。

```
namespace teaching_management
{
    public partial class teacherQueryElect : System.Web.UI.Page
    {
        string s = System.Configuration.ConfigurationManager.ConnectionStrings["TeachingConnectionString"].ConnectionString;
        protected void Page_Load(object sender, EventArgs e)
        {
            if (!this.IsPostBack)
            {   //在DropDownList控件上绑定登录教师任课的课程号和课程名
                SqlConnection conn =new SqlConnection(s);
                string selectStr ="exec teacher_cNO_Name '" +(string)Session ["UserName"] + "'";   //执行teacher_cNO_Name存储过程查询任课的课程号和课程名
                DataSet ds =new DataSet();
                conn.Open();
                SqlDataAdapter da =new SqlDataAdapter(selectStr, conn);
                da.Fill(ds);
                conn.Close();
                DropDownList1.DataSource =ds.Tables[0].DefaultView;
                DropDownList1.DataTextField ="课程名";
                DropDownList1.DataValueField ="课程号";
                DropDownList1.DataBind();
                BindGridView();
            }
        }
        //创建方法,在GridView控件绑定数据
        private void BindGridView()
        {
            SqlConnection conn =new SqlConnection(s);
            //执行存储过程"teacherQElect"查询选修DropDownList中课程的学生信息
            string selectStr ="exec teacherQElect N'" +DropDownList1.SelectedValue +"'";
            SqlCommand cmd =new SqlCommand(selectStr, conn);
            conn.Open();
            SqlDataReader dr =cmd.ExecuteReader();
            GridView1.DataSource =dr;
            GridView1.DataBind();
            conn.Close();
        }
        protected void DropDownList1_SelectedIndexChanged(object sender, EventArgs e)
        { // DropDownList上选定值发生变化时执行BindGridView()方法
            BindGridView();
        }
    }
}
```

教师查询选课情况页的运行结果如图15-56所示。

15. 设计教师录入成绩页

在创建教师录入成绩页 teacherSubmitScore.aspx 时也要包含 Site2.Master 母版页。教师用户在此页面可以录入自己所任课程的考试成绩。

教师录入成绩页使用 GridView 控件显示选修了此教师所任课程的学生的基本信息和成绩,其中成绩被设置为文本框控件,可以录入和修改,其他均为只读的 Label 控件。首先添加一个下拉列表框控件,用于选择录入成绩的课程名,再添加一个 GridView 控件,然后利用后台代码实现查询数据与此控件的绑定,前台设计界面如图15-57所示。

教师录入成绩页的后台功能代码如下。

图 15-56　教师查询选课情况页

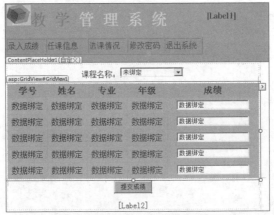

图 15-57　教师录入成绩页前台设计界面

```
namespace teaching_management
{
    public partial class teacherSubmitScore : System.Web.UI.Page
    {
        string s =System.Configuration.ConfigurationManager.ConnectionStrings
        ["TeachingConnectionString"].ConnectionString;
        protected void Page_Load(object sender, EventArgs e)
        {
            if(!this.IsPostBack)
            { //在 DropDownList 控件上绑定登录教师有学生选修的课程号和课程名
                SqlConnection conn =new SqlConnection(s);
                string selectStr="exec teacher_cs_NO_Name '" +
                        (string)Session["UserName"] +"'";
                DataSet ds =new DataSet();
                conn.Open();
                SqlDataAdapter da =new SqlDataAdapter(selectStr, conn);
                da.Fill(ds);
                conn.Close();
                DropDownList1.DataSource =ds.Tables[0].DefaultView;
                DropDownList1.DataTextField ="课程名";
                DropDownList1.DataValueField ="课程号";
                DropDownList1.DataBind();
                BindGridView();
            }
        }
        private void BindGridView()
```

第15章 基于C#.NET的数据库应用系统开发

```csharp
        {
            SqlConnection conn = new SqlConnection(s);
            //查询选修DropDownList中课程的学生基本信息及成绩
            string selectStr = "exec teacher_c_score N'" + DropDownList1.SelectedValue + "'";
            SqlCommand cmd = new SqlCommand(selectStr, conn);
            conn.Open();
            SqlDataReader dr = cmd.ExecuteReader();
            GridView1.DataSource = dr;
            GridView1.DataBind();
            conn.Close();
        }
        protected void DropDownList1_SelectedIndexChanged(object sender, EventArgs e)
        {
            BindGridView();
            Label2.Text = "";
        }
        protected void Button1_Click(object sender, EventArgs e)
        {
            SqlConnection conn = new SqlConnection(s);
            SqlCommand cmd = conn.CreateCommand();
            int score;
            string stuID;
            conn.Open();
            for (int i = 1; i < GridView1.Rows.Count; i++)
            {
                score = int.Parse(((TextBox)GridView1.Rows[i].FindControl("TextBox1")).Text.Trim());
                stuID = GridView1.Rows[i].Cells[0].Text;
                cmd.CommandText = "UPDATE cs_view set 成绩=" + score + "where 学号='" + stuID + "' and 课程号=N'" + DropDownList1.SelectedValue + "'";
                cmd.ExecuteNonQuery();
            }
            conn.Close();
            Label2.Text = "学生成绩录入并提交成功!";
        }
    }
}
```

教师录入和提交成绩,运行结果如图15-58所示。

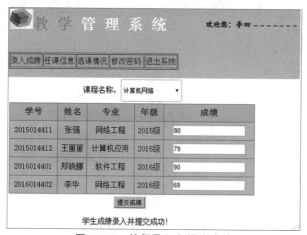

图15-58 教师录入和提交成绩

16. 设计学生母版页和主页

学生母版页Site3.Master为所有学生操作页面的母版,其创建方法和管理员母版页相同,如图 15-59 所示。学生主页 student.aspx 的界面和功能与学生母版页完全相同,创建方法和管理员主页相同。

图 15-59　学生母版页前台设计界面

学生母版页通过后台代码设置只有学生用户才能进入,其他用户禁止进入,代码如下。

```
namespace teaching_management
{
    public partial class Site3 : System.Web.UI.MasterPage
    {
        protected void Page_Load(object sender, EventArgs e)
        {   //设置只有学生用户可以进入
            if ((string)Session["userRole"] !="1")
                Response.Redirect("Login.aspx");
            else
                Label1.Text ="欢迎您:" +Session["userN"] +"~~~~~~~";
        }
    }
}
```

17. 设计学生选修课程页

在创建学生选修课程页 studentElect.aspx 时要包含 Site3.Master 母版页。学生用户在此页面可以选修自己想选的课程和退选已选择的课程。

学生选修课程页采用 GridView 控件显示此学生所有可选的课程和已选的课程。首先添加两个 GridView 控件,分别为它们设置可选的课程和已选的课程作为数据源,并分别在每个 GridView 控件的"编辑列"选项加入一个 ButtonField 按钮。将 GridView1 控件命名为 Selt,文本显示为"选修",如图 15-60 所示。GridView2 控件命名为 Tui,文本显示为"退选",然后利用后台代码实现选修和退选功能。

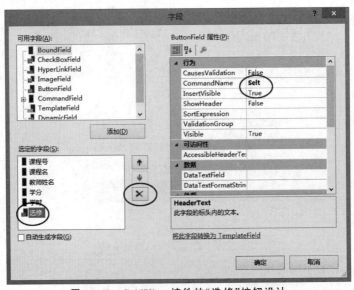

图 15-60　GridView 控件的"选修"按钮设计

学生选修课程页前台设计界面如图 15-61 所示。

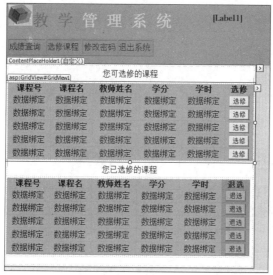

图 15-61 学生选修课程页前台设计界面

学生选修课程页的后台功能代码如下。

```csharp
namespace teaching_management
{
  public partial class studentElect : System.Web.UI.Page
  {
    string s = System.Configuration.ConfigurationManager.ConnectionStrings
    ["TeachingConnectionString"].ConnectionString;
    protected void Page_Load(object sender, EventArgs e)
    {
        BindGridView1();
        BindGridView2();
    }
    //GridView1 控件的 RowCommand 事件
    protected void GridView1_RowCommand(object sender, GridViewCommandEventArgs e)
    {
        if (e.CommandName == "Selt")   //如果单击"选修"按钮
        {  //取出选修课程所在的行索引
            int index1 = Convert.ToInt32(e.CommandArgument);
            //取出课程号主键值
            string CourseID = GridView1.Rows[index1].Cells[0].Text.ToString();
            SqlConnection conn = new SqlConnection(s);
            string insertStr = "insert into cs_view (学号,课程号) values('" + (string)Session
["UserName"] + "','N'" + CourseID + "')"; //插入选修课程
            conn.Open();
            SqlCommand cmd = new SqlCommand(insertStr, conn);
            cmd.ExecuteNonQuery();
            conn.Close();
            BindGridView1();
            BindGridView2();
        }
    }
    //GridView2 控件的 RowCommand 事件
    protected void GridView2_RowCommand(object sender, GridViewCommandEventArgs e)
    {
        if (e.CommandName == "Tui") //如果单击"退选"按钮
        {
```

```csharp
            int index1 = Convert.ToInt32(e.CommandArgument);
            string CourseID = GridView2.Rows[index1].Cells[0].Text.ToString();
            SqlConnection conn = new SqlConnection(s);
             string deleteStr = "delete from cs_view where 学号 = '" + (string) Session
["UserName"]+"' and 课程号=N'" +CourseID +"'";  //删除选修课程
            conn.Open();
            SqlCommand cmd = new SqlCommand(deleteStr, conn);
            cmd.ExecuteNonQuery();
            conn.Close();
            BindGridView2();
            BindGridView1();
        }
    }
    private void BindGridView1()
    {
        SqlConnection conn = new SqlConnection(s);
        string selectStr = "SELECT * FROM SeltCourse1(N'" + (string) Session ["UserName"] + "')";
        //调用 SeltCourse1 函数,查询登录的学生未选修的课程信息
        conn.Open();
        SqlCommand cmd = new SqlCommand(selectStr, conn);
        SqlDataReader dr = cmd.ExecuteReader();
        GridView1.DataSource = dr;
        GridView1.DataBind();
        conn.Close();
    }
    private void BindGridView2()
    {
        SqlConnection conn = new SqlConnection(s);
        string selectStr = "SELECT * FROM SeltCourse2(N'"+ (string) Session ["UserName"] +"')"; //
调用 SeltCourse2 函数,查询登录的学生已选修的课程信息
        conn.Open();
        SqlCommand cmd = new SqlCommand(selectStr, conn);
        SqlDataReader dr = cmd.ExecuteReader();
        GridView2.DataSource = dr;
        GridView2.DataBind();
        conn.Close();
    }
}
```

学生选修课程页的运行结果如图 15-62 所示。

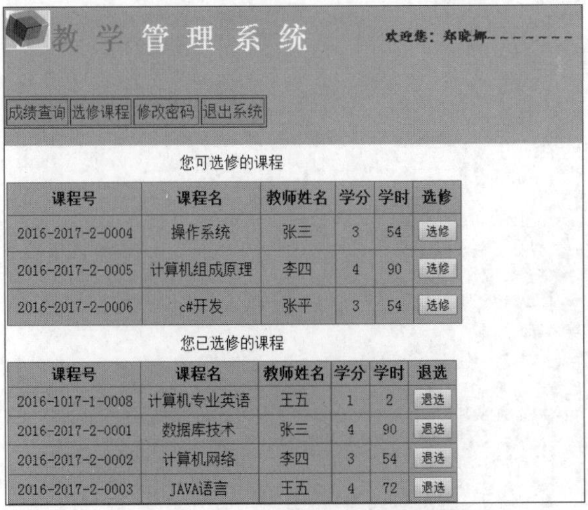

图 15-62　学生选修课程页

18. 设计学生个人成绩查询页

在创建学生个人成绩查询页 studentQueryScore.aspx 时要包含 Site3.Master 母版页。学生用户在此页面可以查看自己所选每门课程的成绩。

学生个人成绩查询页采用 GridView 控件显示进行查询的学生的考试成绩情况。添加一个 GridView 控件，然后利用后台代码实现查询数据与此控件的绑定，前台设计界面如图 15-63 所示。

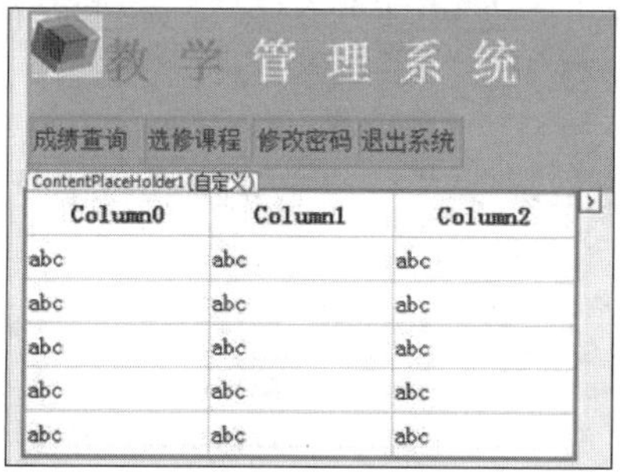

图 15-63 学生个人成绩查询页前台设计界面

学生个人成绩查询页的后台功能代码如下。

```csharp
namespace teaching_management
{
    public partial class studentQueryScore : System.Web.UI.Page
    {
        string s = System.Configuration.ConfigurationManager.ConnectionStrings["TeachingConnectionString"].ConnectionString;
        protected void Page_Load(object sender, EventArgs e)
        {
            SqlConnection conn = new SqlConnection(s);
            //调用 stuscore 函数,查询登录的学生已选修的课程的成绩信息
            string SqlStr = "select * from stuscore(" + "'" + (string)Session["UserName"] + "')";
            conn.Open();
            SqlCommand cmd = new SqlCommand(SqlStr, conn);
            SqlDataReader dr = cmd.ExecuteReader();
            GridView1.DataSource = dr;
            GridView1.DataBind();
            conn.Close();
        }
    }
}
```

学生个人成绩查询页的运行结果如图 15-64 所示。

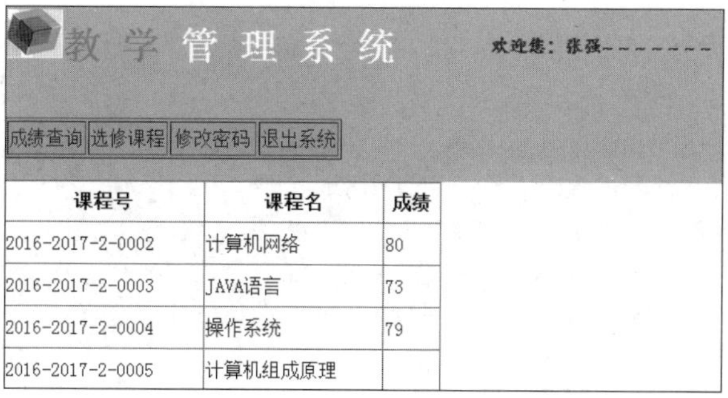

图 15-64 学生个人成绩查询页

19. 设计修改密码页

所有登录用户都可以进入修改密码页 ModifyPwd.aspx,登录用户在此页面可以修改自己的登录密码。

修改密码页设计前台设计界面利用表格及各种 ASP.NET 控件（如 TextBox、Button 等）来实现,如图 15-65 所示。

图 15-65 修改密码页前台设计界面

修改密码页的后台功能代码如下。

```
namespace teaching_management
{
    public partial class modifyPwd : System.Web.UI.Page
    {
        string s = System.Configuration.ConfigurationManager.ConnectionStrings["TeachingConnectionString"].ConnectionString;
        protected void Page_Load(object sender, EventArgs e)
        {
        }
        //确定按钮的 Click 事件
        protected void Button1_Click(object sender, EventArgs e)
        {
            if (TextBox2.Text !=TextBox3.Text)
                Label1.Text ="两次输入不一致!";
            else
            {
                string username =Session["userName"].ToString();
                string selectStr ="";
                string updateStr ="";
                switch (Session["userRole"].ToString())
                {
                    case "0":    //身份为教师
                        selectStr="EXEC teaNo_Pwd '"+username+"','"+TextBox1.Text.Trim() +"'";
                        updateStr ="EXEC modiTeaPwd '" +TextBox2.Text +"','" +username +"'";
                        break;
                    case "1":    //身份为学生
                        selectStr="EXEC stuNo_Pwd '"+username+"','"+TextBox1.Text.Trim() +"'";
                        updateStr ="EXEC modiStuPwd '" +TextBox2.Text +"','" +username +"'";
                        break;
                    case "2":    //身份为管理员
                        selectStr ="EXEC maNo_Pwd '"+username+"','" +TextBox1.Text.Trim() +"'";
                        updateStr ="EXEC modiManPwd '" +TextBox2.Text +"','" +username +"'";
                        break;
                }
                SqlConnection conn =new SqlConnection(s);
                SqlCommand cmd =new SqlCommand(selectStr, conn);
                conn.Open();
```

```csharp
            SqlDataReader dr = cmd.ExecuteReader();
            if(dr.Read())    //如果用户存在且输入的密码正确,修改密码
            {
               dr.Close();
               SqlCommand updateCmd = new SqlCommand(updateStr, conn);
               int i = updateCmd.ExecuteNonQuery();
               if(i>0)
                  {
Label2.Text ="成功修改密码!";
                  }
            else
            {
              Label2.Text ="修改密码失败!";
              }
            }
            else
            {
              Label2.Text="您输入的旧密码错误,检查后重新输入!";
              }
            conn.Close();
            }
        }
        //重置按钮的 Click 事件
        protected void Button2_Click(object sender, EventArgs e)
        {
           TextBox1.Text ="";
           TextBox2.Text ="";
           TextBox3.Text ="";
           Label1.Text ="";
        }
        //返回按钮的 Click 事件
        protected void Button3_Click(object sender, EventArgs e)
        {
           switch (Session["userRole"].ToString())
           {
              case "0":     //身份为教师
                 Response.Redirect("teacher.aspx");
                 break;
              case "1":     //身份为学生
                 Response.Redirect("student.aspx");
                 break;
              case "2":     //身份为管理员
                 Response.Redirect("Main.aspx");
                 break;
           }
        }
    }
}
```

20. 设计退出系统页

所有登录用户都可以通过"退出系统"菜单执行退出系统页 quit.aspx 中的代码,实现系统退出。后台代码如下。

```csharp
namespace teaching_management
{
    public partial class quit : System.Web.UI.Page
```

```
    {
        protected void Page_Load(object sender, EventArgs e)
        {
            Session["userRole"] ="";
            Session["userN"] ="";
            Response.Redirect("Login.aspx");
        }
    }
```

习题 15

扫一扫
习题

扫一扫
自测题

附录A 实　　验

读者可以扫描下方二维码进行在线学习。

扫一扫

实验

参 考 文 献

[1] 尹志宇,郭晴. 数据库原理与应用教程:SQL Server 2008:微课视频版[M]. 3版. 北京:清华大学出版社,2021.
[2] 尹志宇,郭晴. 数据库原理与应用教程:SQL Server 2012[M]. 2版. 北京:清华大学出版社,2023.
[3] 秦婧. SQL Server 2012 王者归来:基础、安全、开发及性能优化[M]. 北京:清华大学出版社,2014.
[4] 解春燕. ASP.NET 网站开发教程[M]. 北京:清华大学出版社,2017.

图书资源支持

感谢您一直以来对清华版图书的支持和爱护。为了配合本书的使用,本书提供配套的资源,有需求的读者请扫描下方的"书圈"微信公众号二维码,在图书专区下载,也可以拨打电话或发送电子邮件咨询。

如果您在使用本书的过程中遇到了什么问题,或者有相关图书出版计划,也请您发邮件告诉我们,以便我们更好地为您服务。

我们的联系方式:

清华大学出版社计算机与信息分社网站:https://www.shuimushuhui.com/

地　　址:北京市海淀区双清路学研大厦 A 座 714

邮　　编:100084

电　　话:010-83470236　010-83470237

客服邮箱:2301891038@qq.com

QQ:2301891038(请写明您的单位和姓名)

资源下载:关注公众号"书圈"下载配套资源。

书圈

清华计算机学堂

观看课程直播